普通高等教育机器人工程系列教材

工业机器人编程项目实战

GONGYE JIQIREN
BIANCHENG XIANGMU SHIZHAN

虎睿俊 等
兰潘樊
编著

化学工业出版社
·北京·

内 容 简 介

本书是《工业机器人系统与编程详解》一书理实一体化教学的同步配套实践教材，主要面向新型工业化时期智能及高端装备制造领域，结合新工科复合型专业技术人才综合能力培养的教学诉求，并融入作者十余载对工业机器人应用的实践总结及教学经验编写而成。

全书共包括十一个实践任务，遵循工业机器人系统编程技术的普及与深化，囊括工业机器人安全认知、机器人移载、机器人焊接和机器人智能化作业等典型项目，包含搬运、上下料、码垛、平焊、平角焊、船形焊和自适应上下料等场景任务。

本书内容丰富、结构清晰、形式新颖、项目典型，通过设置学习目标、学习导图、任务提出、知识准备、任务分析、任务实施、任务评价和任务拓展等环节，搭配微视频和微场景等数字资源，创设优质工程任务集、典型行业场景学习平台，构建项目式富媒体教材。

本书适合作为大中专院校电子信息、自动化等相关专业的教材，也可供行业、企业及机器人联盟和培训机构的相关技术人员参考。

图书在版编目（CIP）数据

工业机器人编程项目实战 / 兰虎等编著. -- 北京：化学工业出版社，2025. 9. --（普通高等教育机器人工程系列教材）. -- ISBN 978-7-122-48195-5

Ⅰ. TP242.2

中国国家版本馆CIP数据核字第2025RH9718号

责任编辑：于成成　李军亮　　　　　　文字编辑：吴开亮
责任校对：宋　夏　　　　　　　　　　装帧设计：王晓宇

出版发行：化学工业出版社（北京市东城区青年湖南街13号　邮政编码100011）
印　　装：中煤（北京）印务有限公司
787mm×1092mm　1/16　印张17　字数397千字　2025年8月北京第1版第1次印刷

购书咨询：010-64518888　　　　　　　售后服务：010-64518899
网　　址：http://www.cip.com.cn

当前，机器人产业蓬勃发展，正极大地改变着人类生产和生活方式，为经济社会发展注入强劲动能。通过持续创新、深化应用，全球机器人产业规模快速增长，集成应用大幅拓展。自 2013 年以来，我国工业机器人市场已连续十一年稳居全球第一。过去 10 年间，制造业机器人密度从每万名工人 49 台激增至 470 台。《"十四五"机器人产业发展规划》也明确指出，进一步拓展机器人应用的深度和广度，开展深耕行业应用、拓展新兴应用、做强特色应用的"机器人＋"应用专项行动，力争"十四五"期间我国制造业机器人密度实现翻番。

然而，目前我国智能及高端装备制造领域综合素质高、技术全面、技能熟练的专业技术人才匮乏，这成为制约创新驱动发展和制造强国建设的难题。智能制造场景之创新、技术之融合、协同之丰富对产业技术人才提出了极高要求，不仅需要具备数字技术与生产制造的跨领域知识储备，而且需要懂得如何与机器或数字化工具协同工作，还需要在机器或数字语言与实际制造场景之间做好"翻译"，如此高素质复合型专业技术人才虚位以待、高薪难求已是不争的事实。

在此背景下，全国高校围绕"四新"建设改革如火如荼。从教育部官网可以获悉，2015—2024 年全国已有 367 所高校成功申报"机器人工程"专业，2017—2024 年全国已有 337 所高校成功申报"智能制造工程"专业。工业机器人编程类课程是机器人工程和智能制造工程专业的主干课程之一，其课程教材作为人才培养关键环节和核心要素，是实施数字时代高等教育学习革命、质量革命和高质量发展的内在迫切需求。

本书是面向智能制造工程技术人员新职业，根据教育部高等学校自动化类专业教学指导委员会新颁布的教学标准，结合新工科复合型专业技术人才综合能力培养的教学诉求，并融入作者十余载对工业机器人应用的实践总结及教学经验，通过高校、教仪公司、数字平台公司和出版社"四元协同"形式，编写的融微课、微视频、微场景等于一体的富媒体新形态教材。

全书共四个项目、十一个任务，采用理实一体化形式，介绍工业机器人系统编程技术，囊括工业机器人安全认知、机器人移载、机器人焊接和机器人智能化作业等典型项目，包含搬运、上下料、码垛、平焊、平角焊、船形焊和自适应上下料等场景任务。各项目下设若干任务，通过学习目标、学习导图、任务提出、知识准备、任务分析、任务实施、任务评价和任务拓展八大环节的教学设计，促进智能装备与产线开发和应用等领域的价值塑造、知识应用及能力训练。

本书特点如下：

① 理论与实践紧密结合，配套教材助力深度学习　本书与配套的理论教材《工业机器人系统与编程详解》相辅相成，形成了一套完整的学习体系。实践教材侧重于工业机器人系统集成的实际应用，通过丰富的项目任务，引导学生深入理解工业机器人编程的核心概念和操

作技巧；配套的理论教材则提供深入的理论知识和工程案例，为实践应用提供坚实的理论基础。学生可以在学习实践教材时，随时查阅配套的理论教材以获取更深入的理论支持；同样，在学习理论教材时，也可以通过实践教材中的项目任务加深理解和记忆。

② 数字资源辅助实践，轻松寓教提升兴趣层次 通过仿真及微视频等形式，本书将繁杂的实践操作转化为直观、生动的影像，任务提出、任务分析和任务实施均配有微视频，助力学生把控实践要点和领悟工程经验，促进学生在轻松愉快的氛围中提升工程实践能力和知识应用水平。

③ 活页设计编排形式，灵活选择适配教学需求 本书采用活页式设计，每个项目任务及其实践报告可以灵活拆下，教师可以根据课程大纲选择项目任务，学生可以在实践过程中随时记录数据、观察现象，并将实践报告作为学习成果进行展示和交流。

为方便"教"和"学"，本书配套课程大纲、实践报告、仿真及微视频动画（采用二维码技术呈现，扫描二维码可直接观看视频内容）等数字资源包，并提供知识图谱和能力图谱。

本书内容丰富、结构清晰、形式新颖、术语规范，既适合作为普通高等院校机械类、电子信息类、自动化类等相关专业的教材，也可供行业、企业及机器人联盟和培训机构的相关技术人员参考。

本书由浙江师范大学兰虎、潘睿、樊俊等编著，浙江师范大学温建明担任主审。项目1由樊俊编写，项目2由浙江师范大学邵金均编写，项目3由兰虎和北华航天工业学院孔祥霞编写，项目4由潘睿编写。全书由兰虎统稿，浙江师范大学苗文磊、赵佳、陈煜、陈圆圆、王琴和何雨柯共同负责配套数字资源开发。

从目标决策、体系构建、内容重构、教学设计、项目遴选、形式呈现、合同签订、定稿出版，本书的开发工作历时一年之久，衷心感谢参与本书编写的所有同仁的呕心付出！特别感谢高等教育科学研究规划课题（23SZH0202）、浙江省教育厅科研项目（Y202353534）、浙江省高等教育"十四五"教学改革项目（jg20220132）、浙江省普通本科高校"十四五"首批"四新"重点教材建设项目（浙高教学会〔2023〕1号）和浙江师范大学教材建设基金等给予的经费支持！感谢金华慧研科技有限公司、上海明材数字科技有限公司等给予的教材资源支持！

由于编者水平有限，书中难免有不当之处，恳请读者批评指正，可将意见和建议反馈至E-mail：lanhu@zjnu.edu.cn。

兰　虎

图 形 符 号

●   路径点

✺   停止点

◉   非作业点 / 空走点

◉   作业点

⇣   到达指令位姿

⇡   离开指令位姿

⇣   沿指令路径运动

⇣   沿点动路径运动

            关节运动

            直线运动

            圆弧运动

            原点（HOME）

            夹持器张开

            夹持器闭合

            机器人焊枪灭弧

            机器人焊枪引弧

目录
CONTENTS

本书二维码视频清单

序号	视频名称	页码	序号	视频名称	页码
1	机器人搬运任务示范	030	20	机器人平焊运动规划	138
2	机器人搬运运动规划	033	21	机器人平焊任务编程	140
3	机器人搬运任务编辑	036	22	机器人平焊工艺调试	142
4	机器人搬运 I/O 调试	038	23	机器人平角焊任务示范	147
5	机器人搬运节拍优化	038	24	机器人平角焊运动规划	157
6	机器人上下料任务示范	043	25	机器人平角焊任务编程	161
7	机器人上下料运动规划	052	26	机器人平角焊工艺调试	163
8	机器人上下料任务编辑	057	27	机器人船形焊任务示范	169
9	机器人上下料 I/O 调试	057	28	机器人船形焊运动规划	176
10	机器人码垛任务示范	065	29	机器人船形焊任务编程	179
11	机器人码垛运动规划	072	30	机器人船形焊工艺调试	181
12	机器人码垛语句块的生成	076	31	机器人工件坐标系设置	222
13	机器人码垛任务编辑	077	32	三点法设置机器人工件坐标系	224
14	机器人码垛工艺调试	078	33	四点法设置机器人工件坐标系	224
15	机器人工具坐标系设置	117	34	机器人工件坐标系初始化	224
16	机器人工具坐标系初始化	120	35	机器人自适应上料任务示范	235
17	六点法设置机器人工具坐标系	120	36	机器人自适应上料基准位置设置	241
18	三点法设置机器人工具坐标系	120	37	机器人自适应上料任务编程	253
19	机器人平焊任务示范	133	38	机器人自适应上料综合调试	256

项目 1
工业机器人安全认知

工业机器人（Industrial Robot）是一种面向工业领域且具有一定程度的自主能力，可在特定环境内运动以执行预期任务的可编程执行机构。其集现代制造技术、新型材料技术和信息控制技术为一体，是智能制造装备的代表性产品。机器人的研发、制造、应用成为衡量一个国家科技创新和高端制造业水平的重要标志，世界制造强国予以高度重视。

本项目介绍工业机器人系统组成和安全防护常识两方面的内容，帮助学生科学地认知机器人的工作原理，厘清机器人系统的组成，了解机器人的应用边界，明确机器人装备的特点及安全注意事项，掌握机器人技术的演变与发展方向，为后续工业机器人任务编程夯基。

学习目标

【价值塑造】

① 寻找机器人在生产生活中的应用资料，学习机器人机械结构源于自然界生生万物的匠心巧思，领悟机器人的研发初衷和技术更迭，培养学生顺势而为、范水模山的学习能力，鼓励学生积极思考，提高其辩证分析能力。

② 结合工业机器人系统知识学习，熟练掌握相关安全标识，增强学生安全意识，提升应急处理能力，保障技术工作的合规性。

【知识运用】

① 能够理解典型工业机器人的系统组成。
② 能够掌握工业机器人的安全标识及其表达内容。

【能力训练】

① 能够完成工业机器人系统的模块辨识及功能描述。
② 能够遵循安全操作规程，完成安全警示。

学习导图

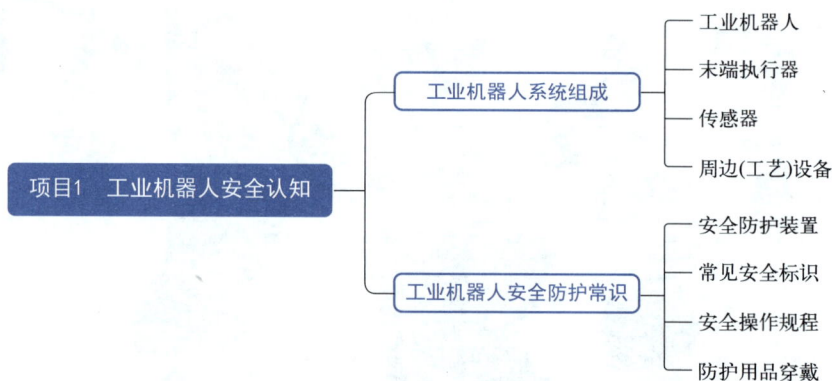

任务提出

焊接机器人是一种集光、机、电于一体的柔性数字化装备，在其应用编程、调试和维护过程中的作业安全至关重要。从工艺角度而言，伴随焊接产生的烟尘、弧光、噪声、废气、残渣、飞溅和电磁辐射等可能危害人体健康；从设备角度来讲，焊接机器人末端最高速度可达 2～4m/s，尤其是焊枪前端为裸露的钢质焊丝，稍有不慎就会发生碰撞和划伤等人机损伤事故。因此，规范管理和维护焊接机器人的安全标识，是安全、高效地使用机器人焊接的首要前提。

本项目通过安装（贴）焊接机器人工作站的安全标识，使学员熟知常见的机器人安全标识、防护装置和操作规程。

1.1 工业机器人系统组成

　　工业机器人系统由工业机器人、末端执行器，以及为使机器人完成某些任务所需要的工艺设备、周边装置、外部辅助轴或传感器构成。

1.1.1 工业机器人

　　工业机器人（图 1-1）主要由机构模块、控制模块及相应的连接电缆构成，其系统架构如图 1-2 所示。机构模块（操作机）用于机器人运动的传递和运动形式的转换，由驱动机构直接或间接驱动关节模块和连杆模块；控制模块（控制器和示教盒）用于记录机器人的当前运行状态，实现机器人传感、交互、控制、协作、决策等功能，由主控模块、伺服驱动模块、输入/输出（I/O）模块、安全模块和传感模块等构成，各子模块之间通过CANopen、EtherNet、EtherCAT、DeviceNet、PowerLink 等一种或几种统一协议进行通信，并预留一定数量的物理接口，如 USB、RS232、RS485、CAN、以太网等。

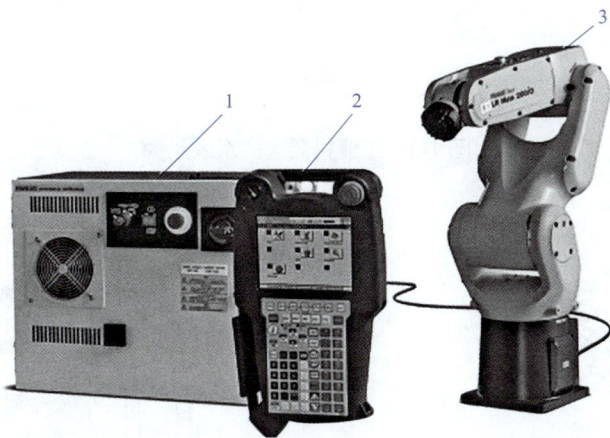

图 1-1　工业机器人的基本组成
1—机器人控制器；2—示教盒；3—操作机（机器人本体）

　　① 操作机　操作机（Manipulator）是机器人执行任务的机械主体，主要由关节和连杆构成。图 1-3 所示为六轴多关节型机器人操作机的基本结构。按照从下至上的顺序，垂直串联多关节型机器人操作机由机座、腰、肩、手臂和手腕构成，各构件之间通过"关节"串联起来，而且每个关节均包含一根及以上可独立转动（或移动）的运动轴。为使工业机器人在不同领域发挥作用，机器人手腕末端被设计成标准的机械接口（法兰或轴），用于安装执行任务所需要的末端执行器或末端执行器连接装置。通常将腰、肩、肘三根关节运动轴合称为主关节轴，用于支承机器人手腕并确定其空间位置；将腕关节运动轴称为副关节

轴，用于支承机器人末端执行器并确定其空间位置和姿态。机器人操作机可以看作定位机构（手臂）连接定向机构（手腕），手腕端部末端执行器的位姿调整可以通过主、副关节的多轴协同运动完成。

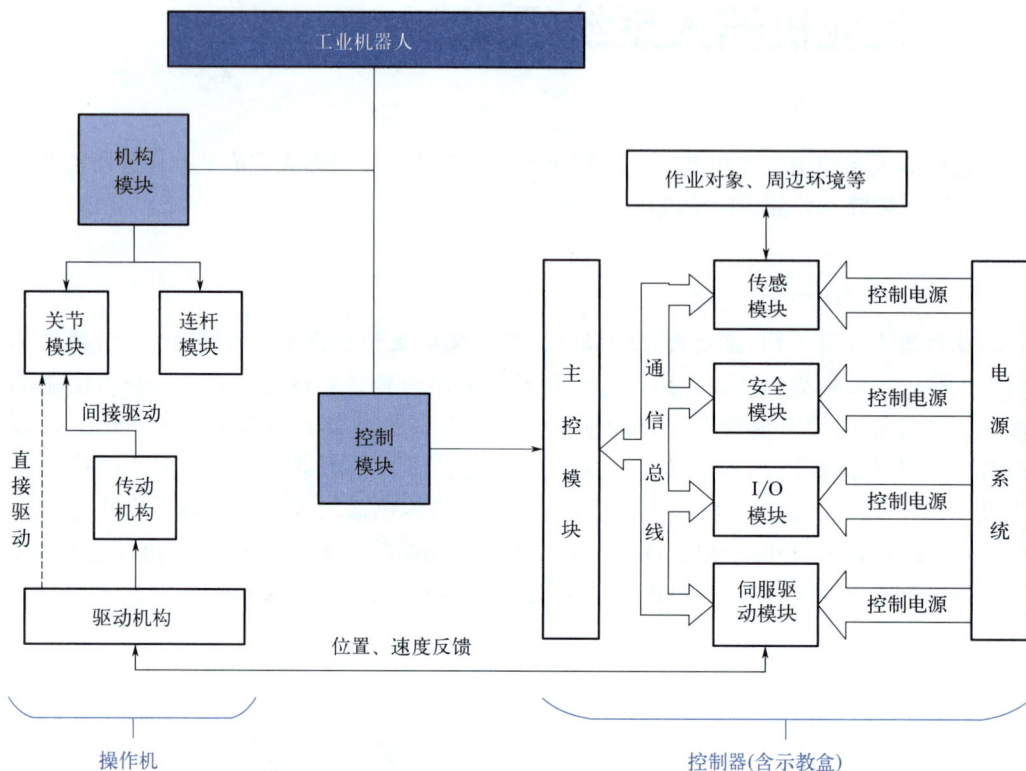

图1-2　工业机器人的系统架构

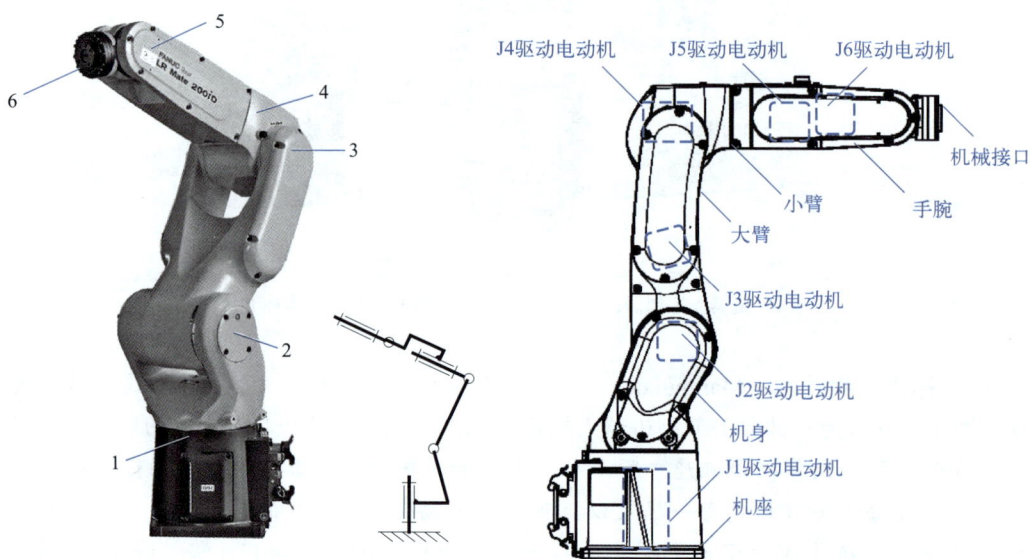

图1-3　六轴多关节型机器人操作机的基本结构

1—腰关节（J1-axis）；2—肩关节（J2-axis）；3—肘关节（J3-axis）；4～6—腕关节（J4-axis/J5-axis/J6-axis）

若让机器人"舞动"起来，需要对机器人的关节配置直接或间接动力驱动装置。按照动力源的类型不同，可将工业机器人关节的驱动方式分为液压驱动、气压驱动和电动驱动三种类型。其中，电动驱动（如步进电动机、伺服电动机等）是现代工业机器人主流的一种驱动方式，而且基本每根关节运动轴安装一台驱动电动机。目前，大多数工业机器人使用的伺服电动机额定功率小于 5kW（额定转矩小于 30N·m），对于中型及以上关节型机器人而言，伺服电动机的输出转矩通常远小于驱动关节所需的力矩，须采用伺服电动机搭配精密减速器的间接驱动方式，利用减速器行星轮系的速度转换原理，将电动机轴传递的转速降低，以获得更大的输出转矩。减速器的类型繁多，但应用于工业机器人关节传动的高精密减速器以 RV 摆线针轮减速器和谐波齿轮减速器较为主流。后者体积小、重量轻，适用于承载能力较小的关节部位，通常被安装在机器人腕关节处；前者承载力强，适用于承载能力较大的关节部位，是中型、重型和超重型工业机器人关节驱动的核心部件。

② 控制器　控制器（Control System）可看作工业机器人的"大脑"，是实现机器人传感、交互、控制、协作和决策等功能硬件及若干应用软件的集合，是机器人"智力"的集中体现。在工程实际中，控制器的主要任务是根据任务程序指令及传感器反馈信息支配操作机完成规定的动作和功能，并协调机器人与周边辅助设备进行通信，其典型硬件架构如图 1-4 所示。

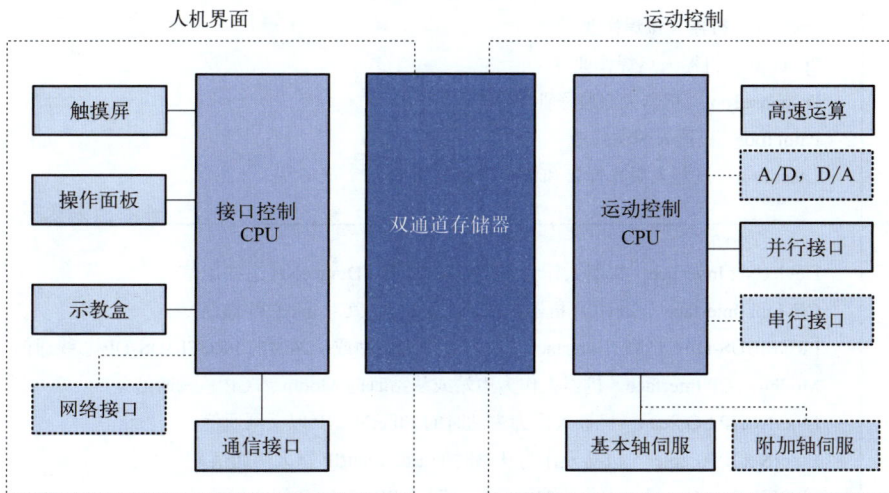

图 1-4　工业机器人控制器架构示意

硬件决定性能边界，软件发挥硬件性能并定义产品的行为，通过"软件革命"驱动的工业机器人创新发展成为主流趋势。目前，不少优秀的工业软件公司利用从机器人制造商定制的专用机器人，搭配自己开发的应用软件包在某个细分领域"独领风骚"，如德国杜尔（Dürr）、日本松下（Panasonic）等。全球工厂自动化行业领先的发那科（FANUC）机器人公司凭借强大的研发、设计及制造能力，基于自身硬件平台为用户提供软件、控制系统及传感系统（表 1-1），用户可借助内嵌于机器人控制器中的应用软件快速建立机器人系统。

表 1-1　工业机器人控制器的应用软件（以 FANUC 机器人为例）

功能模块	应用软件
控制	Robot Link　多机器人协调（同）运动控制 Coordinated Motion Function　外部附加轴的协调运动控制 Line Tracking　移动输送线（带）同步控制 Integrated Programmable Machine Controller　控制器内置软 PLC
传感	*i*RCalibration　视觉辅助单轴 / 全轴零点标定和工具中心点（TCP）标定 *i*RVision 2D Vision Application　工件位置和机器人抓取偏差 2D 视觉补偿 *i*RVision 3D Laser Vision Sensor Application　工件位置和机器人抓取偏差 3D 激光视觉补偿 *i*RVision Inspection Application　机器人视觉测量 *i*RVision Visual Tracking　视觉辅助移动输送带拾取、装箱、整列等作业 *i*RVision Bin Picking Application　视觉辅助散堆工件拾取 Force Control Deburring Package　力控去毛刺
工艺	HandlingTool　机器人搬运作业 PalletTool　机器人码垛作业 PickTool　机器人拾取、装箱、整列等作业 ArcTool　机器人弧焊作业 SpotTool　机器人点焊作业 DispenseTool　机器人涂胶作业 PaintTool　机器人喷漆作业 LaserTool　机器人激光焊接和切割作业
通信	DeviceNet Interface　机器人作为主站或从站时的 DeviceNet 总线通信 CC-Link Interface（Slave）机器人作为从站时的 CC-Link 总线通信 PROFIBUS-DP（12M）Interface　机器人作为主站或从站时的 PROFIBUS-DP 总线通信 Modbus TCP Interface　机器人作为主站或从站时的 Modbus TCP 总线通信 EtherNet/IP I/O Scan　机器人作为主站时的 EtherNet/IP 以太网通信 EtherNet/IP Adapter　机器人作为从站时的 EtherNet/IP 以太网通信 PROFINET I/O　机器人作为主站或从站时的 PROFINET 以太网通信 EtherCAT Slave　机器人作为从站时的以太网通信 CC-Link IE Field Slave　机器人作为从站时的 CC-Link IE Field 以太网通信

③ 示教盒　示教盒（Teach Pendant）是与机器人控制器相连，用于机器人手动操作、任务编程、诊断控制及状态确认的手持式人机交互装置。作为选配件，用户可通过计算机或平板电脑代替示教盒进行机器人运动控制和程序编辑等操作。由于国际上暂无统一标准，目前已投入市场的示教盒多属于品牌专用，如图 1-5 所示。例如，KUKA（库卡）机器人配备的 smartPAD、ABB 机器人配备的 FlexPendant、FANUC 机器人配备的 *i*Pendant、Motoman（安川电机）机器人配备的 DX200 等。

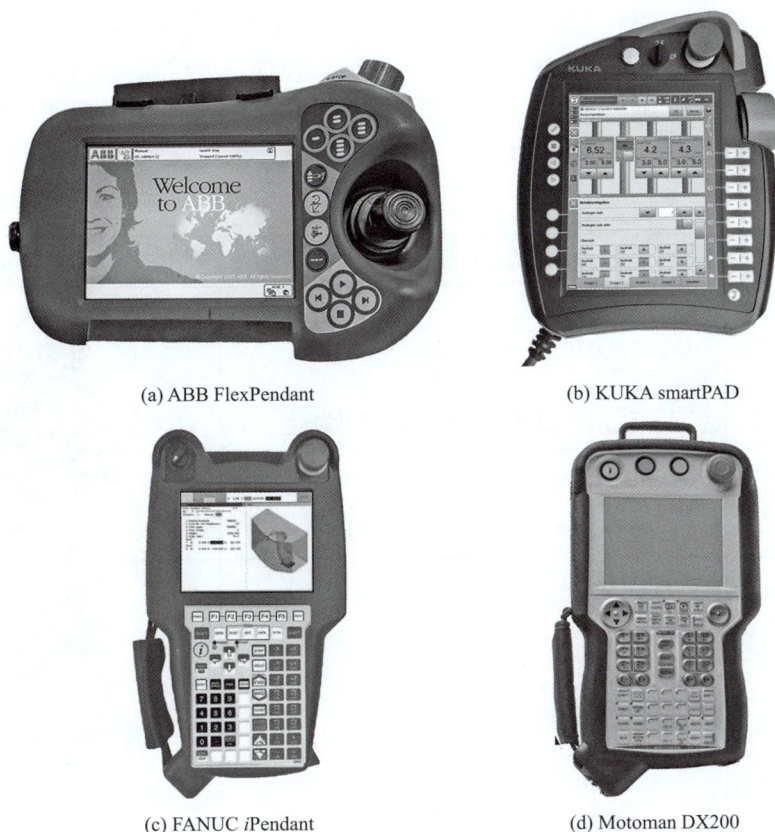

(a) ABB FlexPendant

(b) KUKA smartPAD

(c) FANUC *i*Pendant

(d) Motoman DX200

图 1-5　世界著名工业机器人专用示教盒

1.1.2　末端执行器

末端执行器（End Effector）是安装在机器人手腕端部机械接口处直接执行任务的装置，它是机器人与作业对象、周边环境交互的前端。在 GB/T 19400—2003《工业机器人　抓握型夹持器物体搬运　词汇和特性表示》中，将末端执行器分为工具型末端执行器和夹持型末端执行器两种类型。

① 工具型末端执行器　工具型末端执行器是本身能进行实际工作，但由机器人手臂移动或定位的末端执行器，如弧焊焊枪［图 1-6（a）］、点焊焊钳、研磨头、喷砂器、喷枪［图 1-6（b）］、胶枪、自动螺丝刀（螺钉旋具）等。

(a) 弧焊焊枪

(b) 喷枪

图 1-6　工具型末端执行器

② 夹持型末端执行器　夹持型末端执行器（以下简称夹持器）是夹持物体或物料的末端执行器。按照夹持原理的不同，可将夹持器分为抓握型夹持器和非抓握型夹持器两种类型，见表 1-2。前者用一个或多个手指搬运物体；后者是以铲、钩、穿刺和黏着，或者以真空 / 磁性 / 静电等悬浮方式搬运物体。

表 1-2　夹持器的类型及其用途

夹持类型		驱动方式	应用场合	夹持器示例
抓握型夹持器	外抓握（外卡式）	气动 / 电动 / 液压	主要用于长轴类工件的搬运	
	内抓握（内胀式）	气动 / 电动 / 液压	主要用于以内孔作为抓取部位的工件	
非抓握型夹持器	气吸附	气动	主要用于表面坚硬、光滑、平整的轻型工件，如汽车覆盖件、金属板材等	
	磁吸附	电动	主要用于对磁力（或电磁力）产生感应的工件，对于要求不能有剩磁的工件，吸取后要退磁处理，并且高温不可使用	
	粘接式	—	主要用于平整、光滑或多孔物件的无痕夹持，无须清洁步骤，紧凑无痕壁虎型单垫粘接夹持器无须电力或空气供应，即插即用	

夹持器类型	驱动方式	应用场合	夹持器示例
非抓握型夹持器 托铲式	—	主要用于集成电路制造、半导体照明、平板显示等行业，如真空硅片、玻璃基板的搬运	

1.1.3　传感器

除依靠"肢体"和"大脑"外，工业机器人还需要先进的传感装置来丰富自己的"知觉"，以提升对自身状态和外部环境的"感知"能力。概括来讲，机器人传感器（Robot Sensor）可以分为以下两类：一是内部状态传感器，是指用于满足机器人末端执行器的运动要求和碰撞安全而安装在操作机上的位置、速度、碰撞等传感器，如旋转编码器、力觉传感器、防碰撞传感器等；二是外部状态传感器，是指第二代和第三代工业机器人系统中用于感知外部环境状态所采用的传感器，如视觉传感器、超声波传感器、接触觉/接近觉传感器、激光雷达等。常见的工业机器人传感器及其应用场合见表 1-3。图 1-7 所示为工业机器人视觉传感原理。智能化机器人焊接系统配备 2D 广角工业相机，能够对焊接平台上的组件进行全景拍照，识别组件类型和测量几何尺寸，进行目标粗定位，以及规划机器人焊接初始路径；然后通过 3D 激光视觉精确纠偏焊缝位置，识别坡口类型，并自主规划焊道排布、焊接路径、焊枪姿态和工艺参数，生成多层多道焊接任务程序，实现机器人自主焊接作业。

表 1-3　常见的工业机器人传感器

传感器类别		工作原理	应用场合	夹持器示例
内部状态传感器	旋转编码器	又称码盘，按照码盘的刻孔方式不同，可将其分为增量式和绝对式两类。增量式编码器是将角位移转换成周期性的电信号，再把电信号转变成计数脉冲，用脉冲的个数表示位移的大小；绝对式编码器的每一个位置对应一个确定的数字码，因此其示值只与测量的起始和终止位置有关，而与测量的中间过程无关	主要用于测量机器人操作机各运动关节（轴）的角位置和角位移	
	力觉传感器	通过检测弹性体变形来间接测量所受力，目前出现的六维力觉传感器可实现全力信息的测量，一般安装于机器人关节处	主要用于测量机器人自身力与外部环境力之间的相互作用力	

续表

传感器类别		工作原理	应用场合	夹持器示例
内部状态传感器	防碰撞传感器	在机器人操作机和末端执行器发生碰撞时提前或同步检测到这一碰撞，防碰撞传感器发送一个信号给机器人控制器，机器人会立即停止或避免碰撞发生	主要用于检测机器人操作机和末端执行器与工件、夹具及周边设备之间发生的碰撞，是一种机器人过载保护装置	
外部状态传感器	视觉传感器	利用光学元件和成像装置获取外部环境图像信息的仪器，是整个机器视觉系统信息的直接来源，通常用图像分辨率来描述视觉传感器的性能	主要用于机器人引导（定位、纠偏、实时反馈）、物品检测（防错、计数、分类、表面伤损）和测量（距离、角度、平面度、表面轮廓等）	
	超声波传感器	将超声波信号（振动频率高于20kHz的机械波）转换成其他能量信号（通常是电信号）的传感器	主要用于检测机器人与周围对象物或障碍物的接近程度，避免碰撞	
	接触觉/接近觉传感器	采用机械接触式或非接触式（光电式、光纤式、电容式、电磁感应式、红外式、微波式等）原理感知相距几毫米至几十厘米内对象物或障碍物的距离、相对倾角甚至表面性质的一种传感器	主要用于感知机器人与周围对象物或障碍物的接近程度，判断机器人是否接触物体，避免碰撞，实现无冲击接近和抓取操作	
	激光雷达	雷达是一种利用电磁波原理（通常是微波或无线电波）发射电磁波信号并接收从目标反射回来的回波信号来检测目标物体的位置、距离、速度等信息的传感器	主要用于环境感知，建图，目标探测、跟踪与识别，以及环境监测、地形绘制、导航辅助等应用	

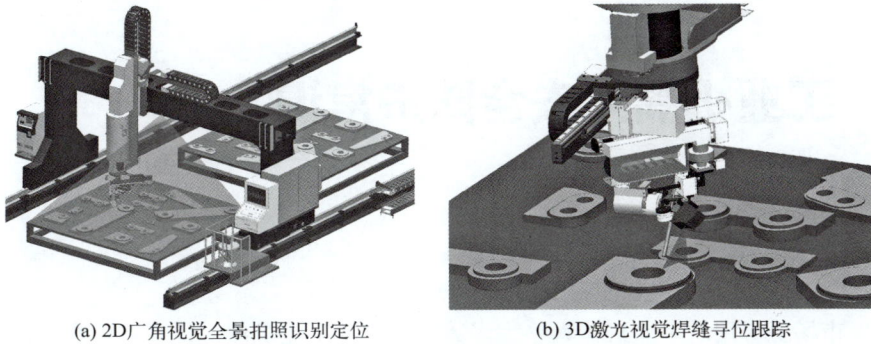

(a) 2D广角视觉全景拍照识别定位　　　　　(b) 3D激光视觉焊缝寻位跟踪

图 1-7　工业机器人视觉传感原理

1.1.4　周边（工艺）设备

工业机器人作为高效、柔性的先进机电装备，给它安装什么样的"手"（末端执行器）、配置什么样的周边（工艺）设备、设置什么样的运动路径，它就可以完成什么样的任务。通过"机器人＋"自动化集成技术，可以将其转换成各种机器人柔性系统，如机器人焊接系统、机器人上下料系统、机器人折弯系统等，以适应当今多品种、小批量、大规模的柔性制造模式。图 1-8 所示的钢结构机器人焊接系统，集成了焊接电源、送丝机构、机器人焊枪、焊接变位机、护栏及安全光幕等工艺设备和装置，以及焊接工艺软件包，适用于各类通用设备、专用设备和金属船舶制造等自动化焊接作业。

图 1-8　钢结构机器人焊接系统

1—护栏；2—焊件；3—送丝机构；4—操作机；5—机器人焊枪；6—焊接电源；
7—控制器；8—焊接变位机；9—安全光幕

综上所述，一套较完整的工业机器人系统主要由机械、控制和传感三部分组成，分别负责机器人的动作、思维和感知能力。机械部分包括主体结构（执行机构）和驱动系统，通常是指操作机，它是机器人完成作业动作的机械主体；控制部分包括控制器和示教盒，用于对驱动系统和执行机构发出指令信号，并进行运动和过程等控制；传感部分则主要实现机器人自身及外部环境状态的感知，为控制决策提供反馈。

1.2 工业机器人安全防护常识

1.2.1 安全防护装置

目前，市场上应用的工业机器人绝大多数属于传统工业机器人，即需要在机器人最大空间边界使用固定式防护装置（可拆卸的护栏、屏障、保护罩等）或活动式防护装置（手动操作或电动的各种门和保护罩等）规划出安全防护空间，如图1-9所示。

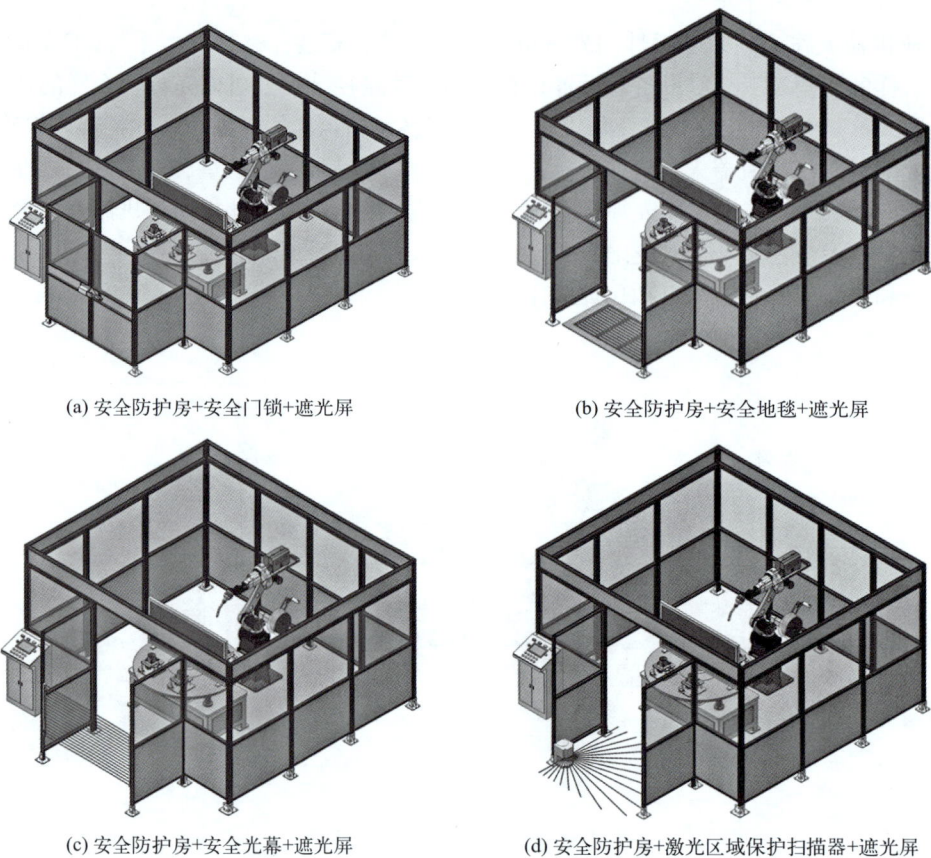

(a) 安全防护房+安全门锁+遮光屏

(b) 安全防护房+安全地毯+遮光屏

(c) 安全防护房+安全光幕+遮光屏

(d) 安全防护房+激光区域保护扫描器+遮光屏

图1-9　工业机器人系统安全防护装置

1.2.2 常见安全标识

为预防工业机器人功能测试、编程和操作过程中发生安全事故，通常在机器人系统各模块的醒目位置安装（贴）相应的安全标识，如图1-10所示。表1-4所示是工业机器人系统配置的禁止、警告、指令和提示等常见安全标识。

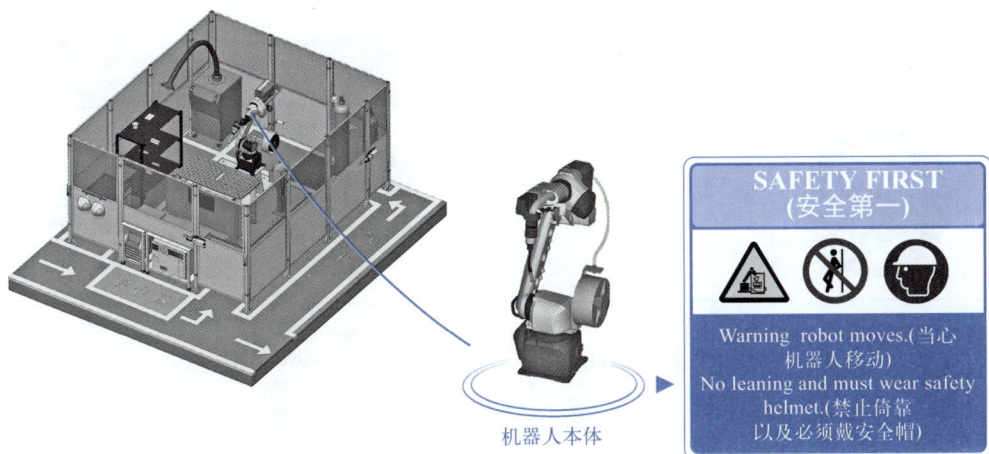

机器人本体

Warning robot moves.(当心机器人移动)
No leaning and must wear safety helmet.(禁止倚靠以及必须戴安全帽)

图 1-10 禁止倚靠标识

表 1-4 常见的工业机器人系统安全标识

编号	图形标志	图标名称	编号	图形标志	图标名称
1		当心机器人移动 Warning robot moves	6		当心焊接飞溅 Warning weld spatter
2		当心高压气体 Warning compressed gas	7		当心高温表面 Warning hot surface
3		注意安全 Warning welding in progress	8		当心触电 Warning electric shock
4		当心弧光 Warning arc flash	9		禁止倚靠 No leaning
5		当心焊接烟尘 Warning weld fumes	10		禁止吸烟 No smoking

续表

编号	图形标志	图标名称	编号	图形标志	图标名称
11		必须戴安全帽 Must wear safety helmet	14		必须穿工作服 Must wear working suite
12		必须戴焊接面罩 Must wear welding mask	15		必须戴防护手套 Must wear protective glove
13		必须戴防尘口罩 Must wear dustproof mask	16		必须穿防护鞋 Must wear protective shoes

1.2.3　安全操作规程

工业机器人及其系统和生产线的相关潜在危险（如机械危险、电气危险和噪声危害等）已得到广泛承认。鉴于工业机器人在应用中的危险具有可变性质，《工业环境用机器人　安全要求　第1部分：机器人》（GB 11291.1—2011）提供了在设计和制造工业机器人时的安全保证建议；《机器人与机器人装备 工业机器人的安全要求　第2部分：机器人系统与集成》（GB 11291.2—2013）提供了从事工业机器人系统集成、安装、功能测试、编程、操作、保养和维修的人员安全防护准则。机器人现场工程师应接受相关的专业培训，下面仅列出手动模式和自动模式下的一般注意事项。

①手动模式　手动模式（Manual Mode）分为手动降速模式（T1模式或示教模式）和手动高速模式（T2模式或高速程序验证模式）。在手动降速模式下，机器人工具中心点（TCP）的运行速度限制在250mm/s以内，确保机器人现场工程师有足够的时间从危险运动中脱身或停止机器人运动。手动降速模式适用于机器人的慢速运行、任务编程及程序验证，也可用于执行机器人的某些维护任务；在手动高速模式下，机器人能以指定的最大速度（高于250mm/s）运行，适合程序验证和试运行。在手动模式下，机器人的使用安全要求如下所述：

a. 严禁携带水杯和饮品进入安全防护空间。

b. 严禁用力摇晃和扳动操作机，禁止在操作机上悬挂重物，禁止倚靠机器人控制器或其他控制柜。

c. 在使用示教盒和操作面板时，为防止发生误操作，禁止戴手套进行操作，应穿戴适用于作业内容的安全帽、工作服和劳保鞋等。

d. 非工作需要，不宜擅自进入安全防护空间，若机器人现场工程师需要进入安全防护空间，应随身携带示教盒，防止他人误操作。

e. 在编程与操作前，应仔细确认机器人系统安全防护装置和互锁功能正常，并确认示教盒能正常操作。

f. 点动机器人时，应事先考虑机器人操作机的运动趋势，宜选用低速模式。

g. 在点动机器人过程中，应排查规避危险或逃生的退路，以避免由于机器人和外围设备而堵塞路线。

h. 时刻注意周围是否存在危险，以便在需要时随时按下【紧急停止】按钮。

② 自动模式　机器人控制系统按照任务程序运行的一种操作方式，也称为 Auto 模式或生产模式（Automatic Mode）。当查看或测试机器人系统对任务程序的反应时，机器人使用的安全要求如下所述。

a. 执行任务程序前，应确认安全栅栏或安全防护区域内没有非授权人员停留。

b. 检查安全保护装置安装到位且处于运行中，如有任何危险或故障发生，在执行任务程序前，应排除故障或危险并完成再次测试。

c. 机器人现场工程师仅执行本人编制或了解的任务程序，否则应在手动模式下进行程序验证。

d. 在执行任务过程中，操作机在短时间内未做任何动作，切勿盲目认为程序执行完毕，此时机器人系统极有可能在等待使它继续动作的外部输入信号。

点拨

现场工程师可以通过机器人控制器操作面板或 / 和示教盒上的【模式】旋钮实现手动模式和自动模式的切换，如图 1-11 所示。

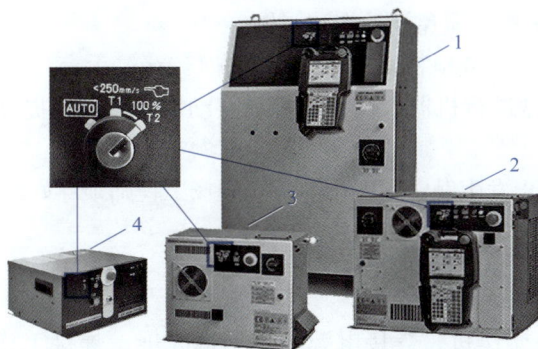

图 1-11　工业机器人控制器（FANUC R-30iB）

1—B-Cabinet；2—A-Cabinet；3—Mate Cabinet；4—Open-Air Cabinet

1.2.4　防护用品穿戴

一般来讲，机器人作业现场环境较为恶劣，噪声、弧光、废气、飞溅和电磁辐射等可能会危害人体健康，因此在作业开始前机器人现场工程师须穿戴好防护用品（图 1-12），具体要求如下所述。

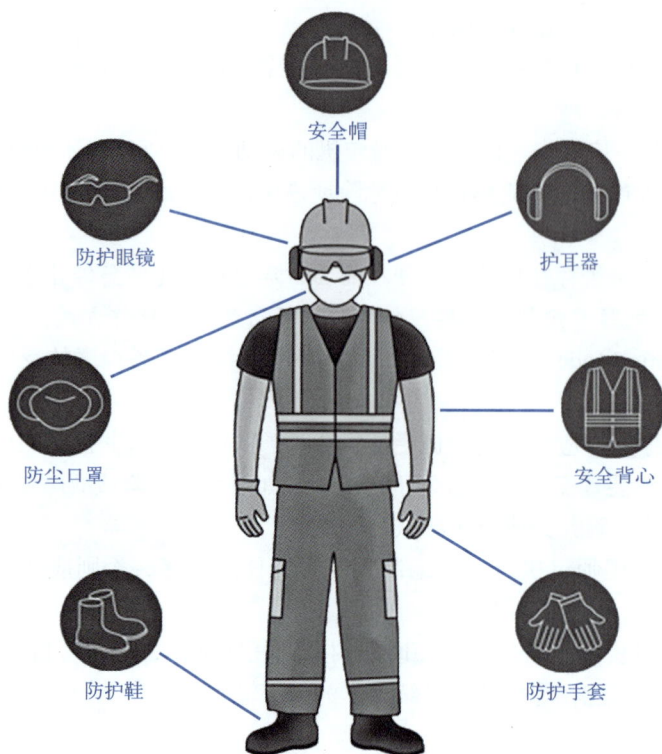

图 1-12　防护用品穿戴示意

　　① 头部防护　进入工作区域前，视机器人作业内容，必须正确穿戴头部防护器具，如安全帽、护耳器、防护眼镜和防尘口罩等。

　　② 身体防护　视机器人完成工艺而定，当机器人完成焊接等热加工时，现场工程师须穿戴具备阻燃功能的防护服，避免被烫伤和烧伤。

　　③ 手部防护　如需装卸或预装配工件，须穿戴（绝缘）手套，避免被试件边角划伤。特别强调的是，手持示教盒进行机器人任务编程和点动操作时，为提高按键操作的感知效果，须摘下手套。

　　④ 脚部防护　为防止发生触电和砸伤事故，现场工程师须穿好绝缘（劳保）鞋。

任务实施与评价

　　本任务是在机器人操作机、焊接电源、自动遮光屏、焊接工作台和储气瓶等合适位置安装（贴）禁止倚靠标识、当心触电标识、当心弧光标识、当心高温表面标识和当心高压气体标识，从电、光、热、机、气五个维度醒目示出焊接机器人工作站的安全警示信息。具体步骤如下所述。

　　① 安装（贴）禁止倚靠标识　选取"禁止倚靠"磁性标贴，将其粘贴在焊接机器人本体的大臂位置，如图 1-10 所示。

　　② 安装（贴）当心触电标识　选取"当心触电"磁性标贴，将其粘贴在焊接电源侧面位置，如图 1-13 所示。

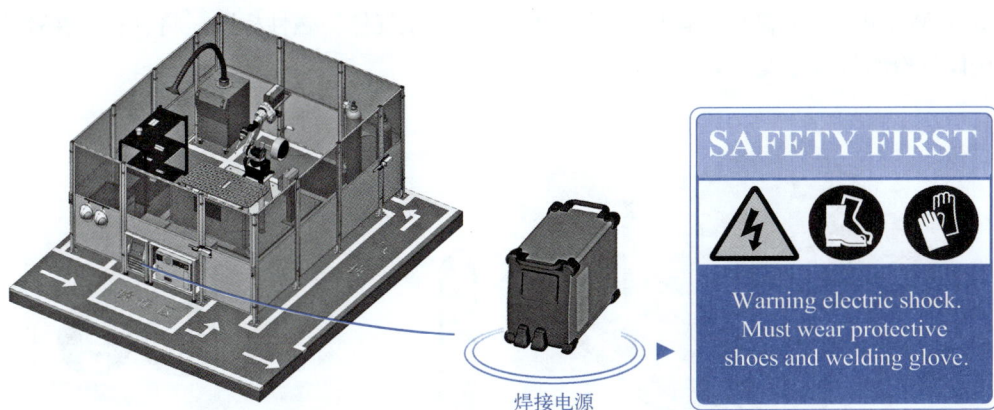

焊接电源

SAFETY FIRST

Warning electric shock.
Must wear protective
shoes and welding glove.

图 1-13　安装（贴）当心触电标识

③安装（贴）当心弧光标识　选取"当心弧光"磁性标贴，将其粘贴在自动升降遮光屏的醒目位置处，如图 1-14 所示。

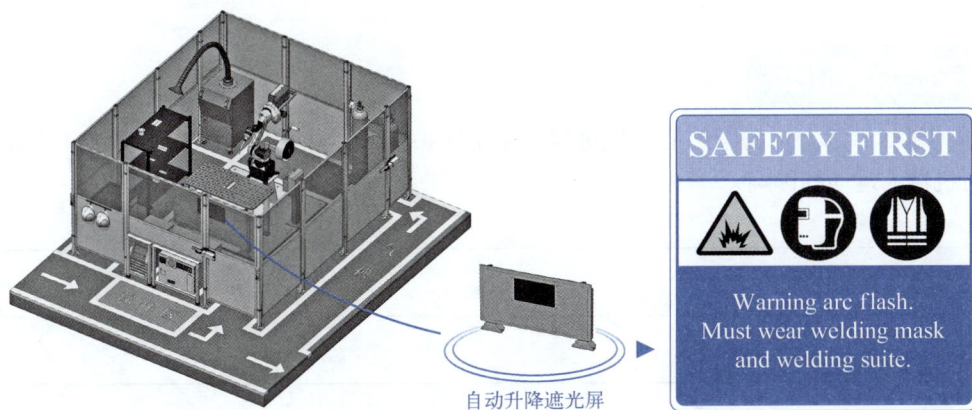

自动升降遮光屏

SAFETY FIRST

Warning arc flash.
Must wear welding mask
and welding suite.

图 1-14　安装（贴）当心弧光标识

④安装（贴）当心高温表面标识　选取"当心高温表面"磁性标贴，将其粘贴在焊接工作台的台面位置，如图 1-15 所示。

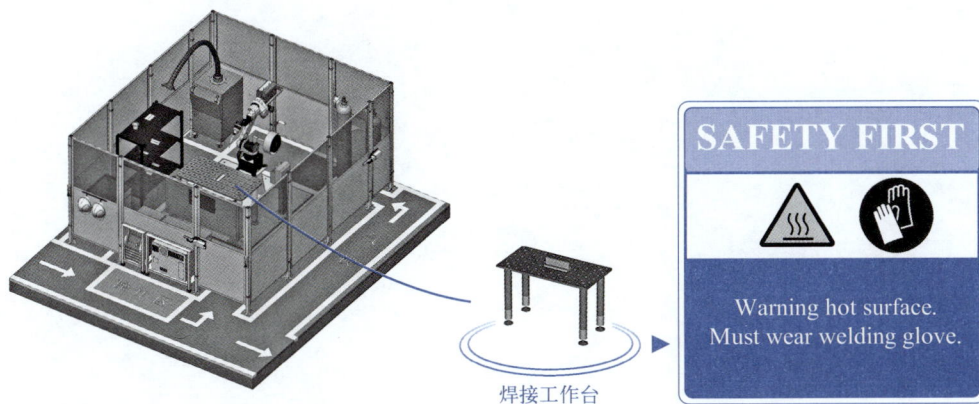

焊接工作台

SAFETY FIRST

Warning hot surface.
Must wear welding glove.

图 1-15　安装（贴）当心高温表面标识

⑤ 安装（贴）当心高压气体标识　选取"当心高压气体"磁性标贴，将其粘贴在存放钢制高压储气瓶的醒目位置，如图 1-16 所示。

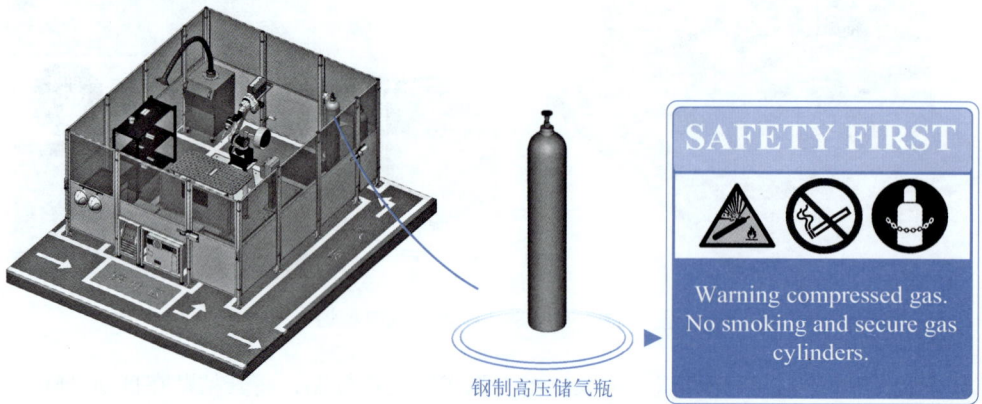

钢制高压储气瓶

图 1-16　安装（贴）当心高压气体标识

任务拓展

请列举 2～3 个你所了解的焊接机器人系统防护装置，并阐明各防护装置的工作原理，以及对机器人运动的影响。

_____

_____

_____

实践报告——工业机器人安全认知

院系		课程名称		日期	
姓名		学号		班级	
任务名称			成绩		

一、任务描述

二、任务要求

三、任务实施

四、任务评价

五、任务心得

项目 2
机器人移载

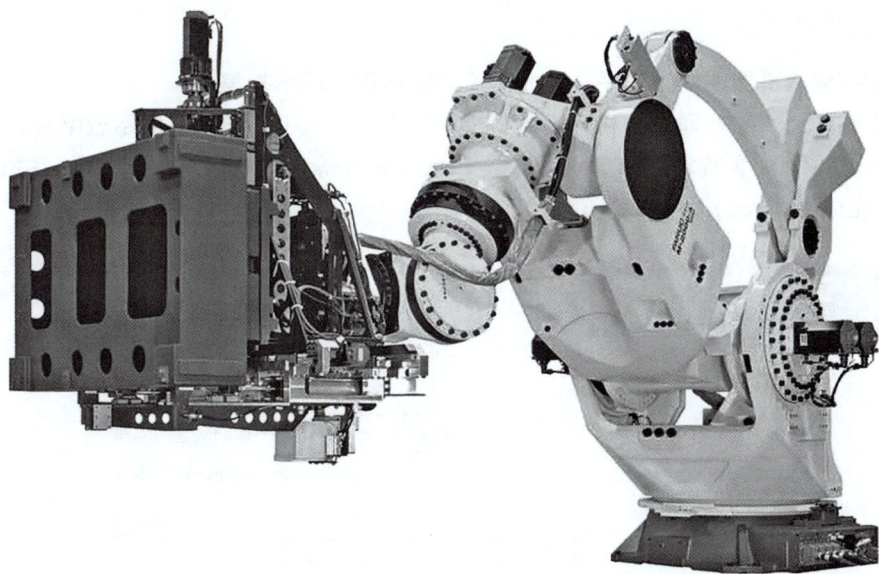

　　机器人移载是实现自动化、智能化和柔性化生产的关键一环。在众多智能工厂和数字化车间人迹寥寥。生产线头部的大型工业机器人"手舞足蹈"，源源不断地将整齐的货垛逐一输送至生产线上；中间数十、数百台工业机器人不停地"挥舞"着"手臂"，来回伸缩于冲压机、注塑机、压铸机等各型生产设备之间；尾部机器人则忙碌着将一件件成品堆码成垛。此情景即是工业机器人在先进制造中物流角色的展现。

　　本项目通过机器人搬运、上下料和码垛等典型场景的任务编程，帮助学生了解搬运的路径规划、上下料的动作次序和码垛的基本原理；熟悉机器人信号处理指令、流程控制指令和码垛工艺指令；明晰机器人运动控制和作业过程控制的安全策略；深化对机器人动作次序和工艺条件编程的理解。

学习目标

【价值塑造】

① 认同机器人在国家重大工程中的角色担当和装备支撑，领悟机器人自动化搬运、上下料、码垛等带来的技术革新和高效运转，提升学生对国家基建发展中的制造业先进技术的关注意识，培养其技术自信、职业自信等制造业工程师所具备的卓越品质。

② 面临机器人在复杂工程中的任务编程困境，遵守技术规范，建立职业操守，鼓励学生勇于创新，培养善于交流的团队协作能力和创新思维，提升解决复杂工程问题的实践能力。

【知识运用】

① 能够阐明机器人编程的主要内容和基本方法，规划机器人运动路径。

② 能够辨识机器人动作干涉区间，基于信号互锁原理实现机器人系统联锁控制。

③ 能够归纳机器人搬运、上下料和码垛任务编程的流程，规划机器人动作次序和工艺条件。

【能力训练】

① 能够创建机器人任务程序，完成机器人搬运作业的示教编程。

② 能够调用信号处理指令和流程控制指令完成机器人上下料作业的示教编程。

③ 能够熟练配置货垛垛形、货垛位置和堆垛路径等机器人码垛工艺参数，并调用码垛工艺指令完成机器人码垛作业的离线编程。

学习导图

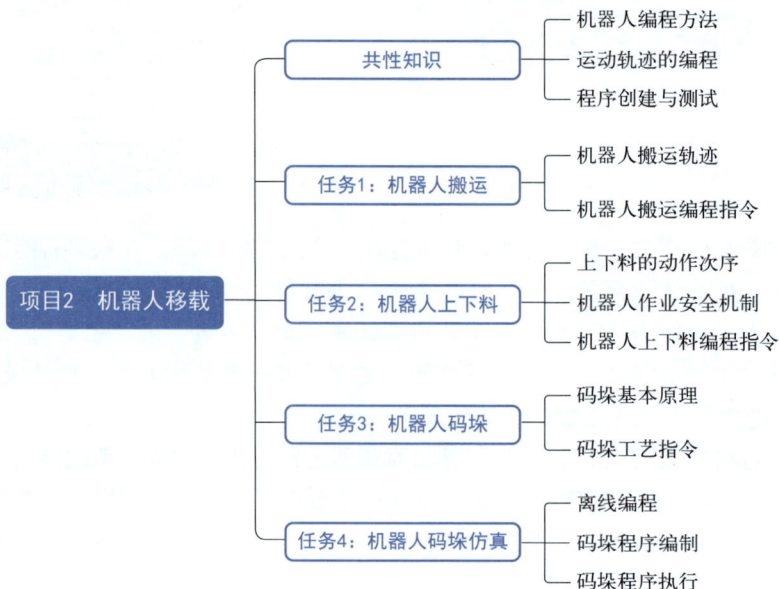

2.1 机器人编程方法

面对当下大规模、多品种、小批量柔性制造需求，繁杂的工业机器人任务编程对于多数企业员工而言，显得技术门槛过高，严重制约工业机器人投产效率和作业任务更迭。目前常用的工业机器人任务编程方法有两种，示教编程（Teach Programming）和离线编程（Off-line Programming），如图 2-1 所示。

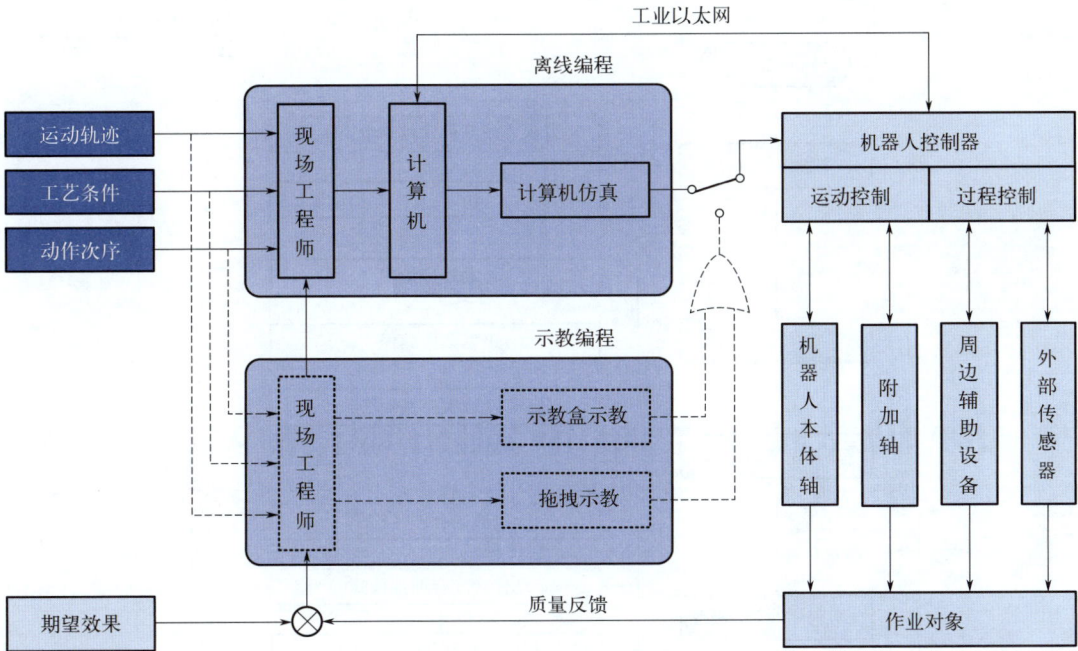

图 2-1 工业机器人的编程方法

以示教编程为例，现场工程师直接手动拖拽机器人末端执行器，或通过示教盒点动机器人逐步实现指定位姿，并用机器人文本或图形语言（如 FANUC 机器人的 KAREL 语言、ABB 机器人的 RAPID 语言等）记录上述目标位姿、工艺条件和动作次序，如图 2-2 所示。因编制的程序指令语句具有直观方便、不需要建立系统三维模型、对实体机器人进行示教可以修正机械结构误差等优点，示教编程得到机器人使用者的青睐。机器人现场工程师经过专业的培训后，容易掌握此方法。但是，采用示教编程通常是在机器人现场进行的，存在编程过程烦琐、效率低、易发生事故，以及轨迹精度完全依靠机器人现场工程师的目测决定等弊端。

图 2-3 所示是机器人任务编程的基本流程。无论是运动轨迹、工艺条件和动作次序的示教编程，还是离线编程，都离不开机器人"示教""再现"两大环节。其中，机器人示教包括示教前的准备、任务程序的创建、编辑和手动测试等环节；机器人再现则是通过本地或远程方式自动运转优化后的任务程序。

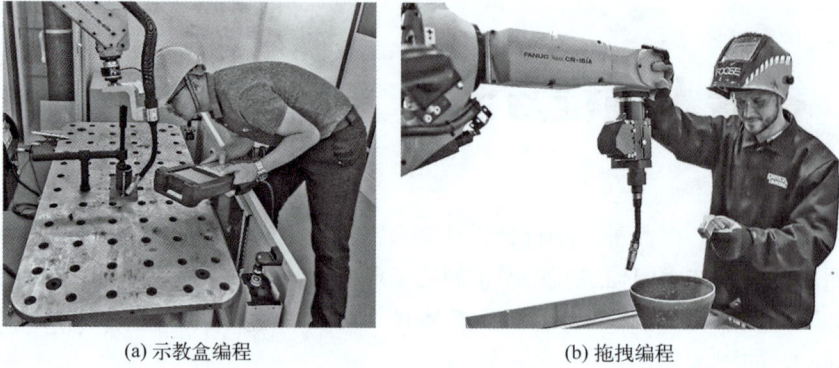

(a) 示教盒编程　　　　　　　　　　(b) 拖拽编程

图 2-2　工业机器人的示教编程

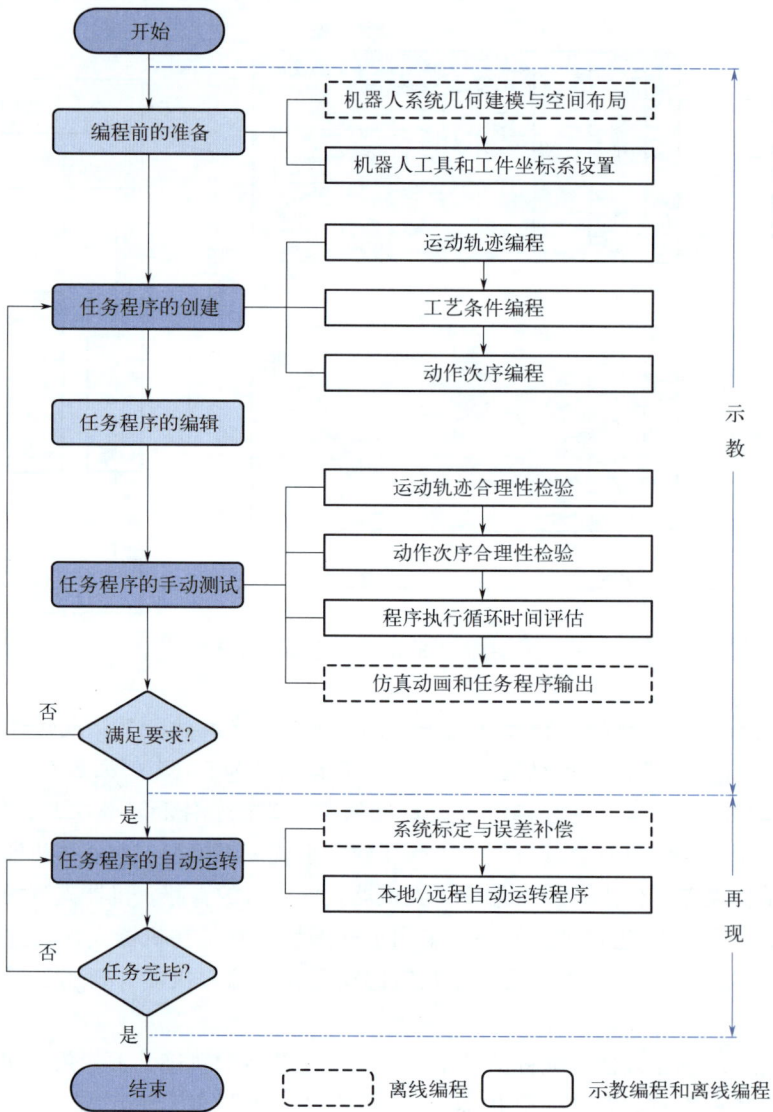

图 2-3　工业机器人任务编程的基本流程

2.2　运动轨迹的编程

熟知工业机器人任务编程的核心内容和基本流程后，针对具体任务应首先进行机器人运动轨迹编程，关键在于运动规划，包括路径规划、末端执行器姿态调整和运动指令调用三个方面。

2.2.1　路径规划

连接起点位置和终点位置的序列点或曲线称为路径（Path），而构成路径的策略称为路径规划（Path Planning）。机器人路径规划是指让机器人携带末端执行器在工作空间内找到一条从起点到终点的无碰撞安全路径。当然，为降低机器人编程难度且利于高效创建机器人任务程序，通常将机器人运动路径离散成若干个关键指令位姿（停止点和路径点❶），并在任务编程前预定义，如原点、过渡点、参考点、作业点等。原点（HOME）是所有作业的基准位置，是机器人远离作业对象和周边设备的可动区域的安全位置，主要指作业起点和终点；过渡点是为了避让作业对象和周边设备，以及保持良好的机器人运动姿态而自定义的安全位置；参考点是邻近作业区间、调整工具姿态的安全位置，通常指作业邻近点和回退点；作业点是机器人携带末端执行器保持姿态，并与作业对象产生接触或非接触的实际作业区间，包括抓取点/释放点、引弧点/熄弧点等。

2.2.2　末端执行器姿态调整

机器人路径规划的目的是找出机器人完成作业任务所经过的一系列路径点和停止点。目标指令位姿除定义机器人末端执行器或工具中心点（TCP）的空间位置外，还包含机器人末端执行器的空间指向（工具姿态）。

2.2.3　运动指令调用

工业机器人作为一种自动控制、可重复编程、多用途的柔性装备，在其出厂前机器人制造商就已为现场工程师开发了专用编程语言。运动指令是运动类、工艺类、信号处理类、流程控制类和数据运算类五类常用机器人编程指令之一，它以指定的运动速度和动作类型控制机器人从工具中心点（TCP）向工作空间内的目标位置运动，包含关节运动指令、直线运动指令和圆弧运动指令等。归纳起来，机器人运动指令主要由动作类型、位置坐标、运动速度、定位方式和附加选项五大要素构成，不同品牌的机器人指令要素呈现形式有所不同，如图 2-4 所示。

---

❶　停止点和路径点是指一个示教或编程的指令位姿，机器人各轴到达停止点时速度指令为零且定位无偏差；而机器人各轴到达路径点时将有一定的偏差，其大小取决于到达该位姿时各轴速度的连接曲线和路径给定的规范（速度、位置偏差）。

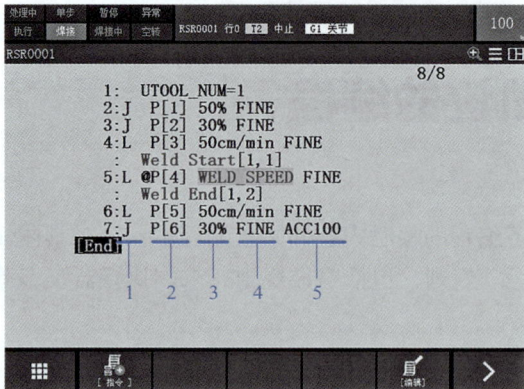

图 2-4　工业机器人运动指令的五大要素

1—动作类型；2—位置坐标；3—运动速度；4—定位方式；5—附加选项（可选项）

2.3　程序创建与测试

基于示教 - 再现原理的工业机器人，其完成作业所执行的运动轨迹、工艺条件和动作次序均依靠现场工程师编制的任务程序实现。

2.3.1　任务程序构成

机器人任务程序的构成包含两部分，即数据声明和指令集合。前者是机器人任务编程过程中形成的相关数据（如指令位姿数据），以规定的格式予以保存；后者是机器人完成具体操作的编程指令程序，一般由行号码、行标识、指令语句和程序结构记号等构成，如图 2-5 所示。

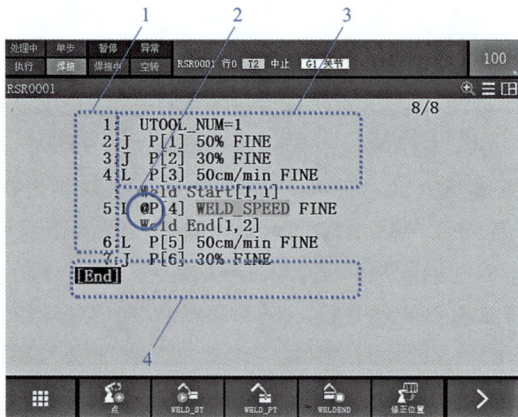

图 2-5　工业机器人任务程序的构成

1—行号码；2—行标识；3—指令语句；4—程序结束记号

① 行号码　行号码是机器人制造商为提高任务程序的阅读性，以及便于编程员快速定位任务程序指令语句而自行开发的一种数字助记符号。行号码会自动插入到指令语句的最左侧。当删除或移动指令语句至程序的其他位置时，程序将自动重新赋予新的行号码，使首行始终为行 1，第 2 行为行 2……

② 行标识　行标识是机器人制造商为提高任务程序的阅读性，以及警示编程员关键示教点用途或机器人工具中心点（TCP）运动状态而自行开发的一种图形助记符号。行标识通常自动显示在指令语句的左侧。

③ 程序结构记号　程序结构记号是机器人制造商为提高任务程序的阅读性而自行开发的一种文本助记符号，一般包括程序开始记号（如 Begin of Program）和程序结束记号（如 End of　Program）。程序结构记号会自动插入到程序的开头和尾部。当插入指令时，程序结束记号自动下移。程序执行至结束记号时，通常会自动返回至第 1 行并结束执行程序。

④ 指令语句　机器人编程指令是机器人制造商为使机器人执行特定功能而自行开发的专用编程语言。指令及其参数构成指令语句，若干指令语句的集合构成机器人任务程序。工业机器人编程指令包含运动类、工艺类、信号处理类、流程控制类和数据运算类五类常用指令，见表 2-1。

表 2-1　工业机器人常用的五类编程指令

序号	指令类别	指令描述	执行对象	指令示例（FANUC）
1	运动指令	对工业机器人系统各关节运动轴（含附加轴）进行转动和移动控制的相关指令，用于机器人运动轨迹编程	机器人系统	J、L、A、C、Weave 等
2	工艺指令	对机器人焊接和码垛等进行控制以及对工艺条件进行设置的相关指令，用于机器人工艺条件编程	工艺系统	Weld Start、Weld End、PALLETIZING-B、PALLETIZING-END 等
3	信号处理指令	对机器人信号输入 / 输出通道进行操作的相关指令，包括对单个信号通道和多个信号通道的输出和读取等，用于机器人动作次序编程	工艺辅助设备	DO、DI、AO、AI、PULSE 等
4	流程控制指令	对机器人操作指令执行顺序产生影响的相关指令，用于机器人动作次序编程	机器人系统	CALL、WAIT、IF、JMP、LBL 等
5	数据运算指令	对程序中相关变量进行数学或布尔运算的指令，用于机器人动作次序编程		+、−、*、/、MOD、DIV 等

注：第二代和第三代工业机器人除运动类、工艺类、信号处理类、流程控制类、数据运算类五类常用指令外，还集约赋予其"五官"感知能力的丰富传感器指令。

2.3.2　任务程序编辑

现场工程师需要根据机器人作业的实际效果，合理调整运动轨迹、工艺条件、动作次序的合理性和准确度，即进行机器人任务程序编辑。常见的任务程序编辑主要涉及指令位姿编辑和指令语句编辑。

① 指令位姿编辑　在实际任务编程的过程中，机器人的路径规划和姿态调整难以做到一蹴而就，一般需要经常插入新的指令位姿、变更或删除已有的指令位姿，编辑方法见表 2-2。

表 2-2　机器人指令位姿的插入、变更和删除（以 FANUC 机器人为例）

编辑类别	编辑步骤
插入	1）移动光标位置。在手动模式下，使用【方向键】移动光标至待插入示教点的下一行行号 2）选择"插入"选项。点按【翻页键】，依次选择界面功能菜单（图标）栏的"编辑"→"插入"选项，此时界面底部弹出"插入多少行？"输入提示 3）输入插入行数。使用【数字键】输入插入行数，按【回车键】确认 4）点动机器人。握住【安全开关】的同时，使用【上档键】+【运动键】组合键，点动机器人至目标位置，如图 2-6 所示 5）记忆目标点。依次点按【翻页键】→【功能菜单】（点），选择合适的运动指令，记忆并插入新的指令位姿至光标所在行
变更	1）移动光标位置。在手动模式下，使用【方向键】移动光标至待变更示教点所在行的行号 2）点动机器人。握住【安全开关】的同时，使用【上档键】+【运动键】组合键，点动机器人至新的目标位置，如图 2-7 所示 3）重新记忆目标点。根据需要按【翻页键】，使用【上档键】+【功能菜单】（记忆）组合键，记忆覆盖新的指令位姿至光标所在行的示教点
删除	1）移动光标位置。在手动模式下，使用【方向键】移动光标至待删除示教点所在行的行号 2）选择"删除"选项。根据需要按【翻页键】，依次选择界面功能菜单（图标）栏的"编辑"→"删除"选项，此时界面底部弹出"是否删除行？"提示 3）删除目标点。点按【功能菜单】（是），确认删除光标所在行的示教点及指令语句

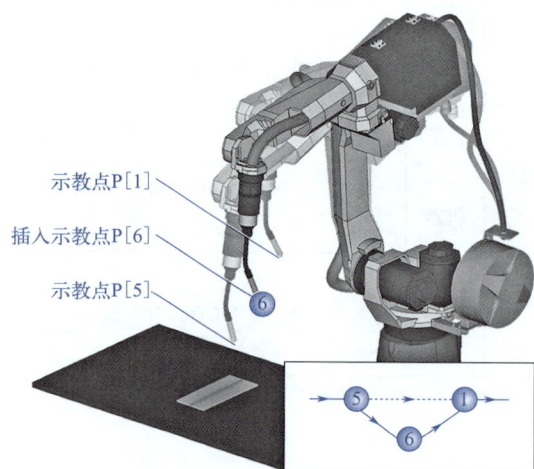

示教点P[1]
插入示教点P[6]
示教点P[5]

图 2-6　插入指令位姿

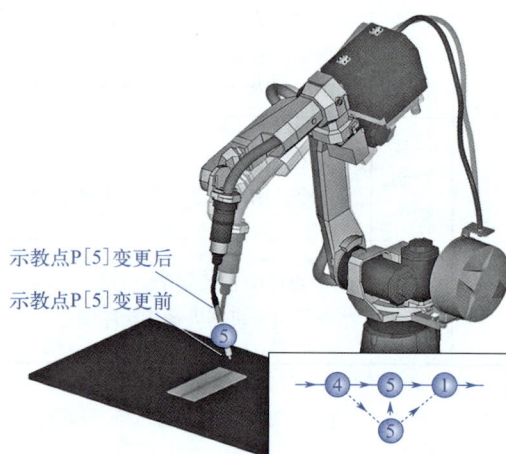

示教点P[5]变更后
示教点P[5]变更前

图 2-7　变更指令位姿

② 指令语句编辑　除指令位姿的变更外，工业机器人任务程序编辑还包括指令语句的剪切、复制和粘贴等。工业机器人指令语句的编辑方法见表 2-3。

表 2-3　机器人指令语句的剪切、复制和粘贴（以 FANUC 机器人为例）

编辑类别	编辑步骤
剪切	1）移动光标位置。在手动模式下，使用【方向键】移动光标至待开始剪切的指令语句的行号 2）选择"剪切"选项。根据需要按【翻页键】，依次选择界面功能菜单（图标）栏的"编辑"→"复制 / 剪切" 3）选择指令语句（序列）。点按【功能菜单】(选择)，使用【方向键】选中待剪切的指令语句（序列）（行号码底色变为黑色） 4）剪切指令语句（序列）。选择界面功能菜单（图标）栏的"剪切"，所选指令语句（序列）从任务程序文件中删除，并被暂存于剪贴板
复制	1）移动光标位置。在手动模式下，使用【方向键】移动光标至待开始复制的指令语句的行号 2）选择复制选项。根据需要按【翻页键】，依次选择界面功能菜单（图标）栏的"编辑"→"复制 / 剪切" 3）选择指令语句（序列）。点按【功能菜单】(选择)，使用【方向键】选中待复制的指令语句（序列）（行号码底色变为黑色） 4）复制指令语句（序列）。选择界面功能菜单（图标）栏的"复制"，所选指令语句（序列）被暂存于剪贴板
粘贴	1）移动光标位置。在手动模式下，使用【方向键】移动光标至待插入指令语句的下一行行号 2）粘贴指令语句（序列）。依次选择界面功能菜单（图标）栏的"粘贴"→"POS"，暂存于剪贴板的指令语句（序列）被顺序插入到光标所在行的上一行；当依次选择界面功能菜单（图标）栏的"粘贴"→"R-POS""RM-POS"，暂存于剪贴板的指令语句（序列）被倒序插入到光标所在行的上一行

注：当粘贴运动指令语句（序列）时，现场工程师可以选择"LOGIC"复制暂存于剪贴板的指令语句（序列）逻辑而不保留位姿数据，也可以选择"POS"复制暂存于剪贴板的指令语句（序列）位姿数据但更新位置编号，还可以选择"POSID"同时复制暂存于剪贴板的指令语句（序列）位置编号和位姿数据。

2.3.3　任务程序测试

待机器人运动轨迹、工艺条件和动作次序编程结束后，可以通过执行单条指令（正向 / 反向单步程序验证）或连续指令序列（测试运转），确认机器人运动路径、参数规范和动作次序的合理性，评估任务程序执行的周期时间等。程序测试时，可以暂时不执行工艺指令，即机器人不输出作业开始和作业结束等动作次序指令信号，使机器人"空跑"。具体的工业机器人单步程序验证及测试运转操作见表 2-4。

表 2-4　工业机器人单步程序验证及测试运转操作（以 FANUC 机器人为例）

单步程序验证	程序测试运转操作
1）在手动模式下，移动光标至程序首行 2）激活程序单步验证功能。点按【单步键】，激活任务程序单步验证功能 3）消除机器人报警信息。轻握【安全开关】，点按【复位键】，消除机器人系统报警信息 4）单步测试指令语句。轻握【安全开关】，同时按住【上档键】+【前进键】，程序自上而下顺序单步执行，每执行一条指令语句或每到达一个示教点，自动停止运行；同理，轻握【安全开关】，同时按住【上档键】+【后退键】，程序自下而上顺序单步执行，每执行一条指令语句或每到达一个示教点，自动停止运行 5）重复步骤 4)，直至执行完全部任务程序	1）在手动模式下，移动光标至程序首行 2）激活程序连续测试运转功能。点按【单步键】，激活任务程序连续测试运转功能 3）消除机器人报警信息。轻握【安全开关】，点按【复位键】，消除机器人系统报警信息 4）连续测试指令语句。轻握【安全开关】的同时保持按住【上档键】，点按【前进键】一次，程序自上而下顺序连续执行，直至执行最后一条指令语句或到达最后一个指令位姿（如返回 HOME）

注：为安全测试机器人任务程序，程序测试运转时无倒序功能，即仅能自上而下执行连续指令序列。

2.4 任务1：机器人搬运

任务提出

搬运是指用或不用辅助设备，将握持部件或产品从一个（加工）位置移动到另一个（加工）位置，以实现装卸、运输、存储、流通加工等的物流活动。搬运机器人是在现代生产变革中发展起来的一种新型自动化移载装备。其由于具有不知疲劳、不怕危险、抓举重物的力量比人手力量大，以及能不间断重复工作的特点，被越来越广泛地运用在智能机床或综合加工自动生产线上装卸、翻转和传递机械零部件。

本任务要求采用示教编程方法，通过机器人携带的（两指）夹持器，尝试将（圆形）物料从托盘❶抓取并搬运至带式输送机指定位置（图2-8），完成机器人搬运作业的简单示教编程，深化对机器人任务编程内容、方法和流程的理解。

机器人搬运
任务示范

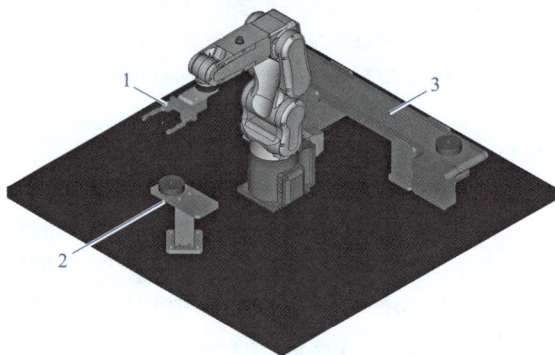

图2-8 机器人搬运作业示意
1—（两指）夹持器；2—托盘；3—带式输送机

知识准备

2.4.1 机器人搬运轨迹

以机器人搬运作业为例，机器人末端携带的是夹持器，如图2-9所示，整条机器人搬运路径预定义一个原点（位置点1和位置点8重合）、两个参考点（位置点2和位置点4重合，位置点5和位置点7重合）、两个作业点（抓取点3和释放点6）。当机器人运行至参考点时，应将夹持器指向调整为平行或垂直于作业对象表面，并保持该姿态直至作业区间结束，如图2-10所示。

---

❶ 托盘（Pallet）是指在运输、搬运和存储过程中，将物品规整为货物单元时，作为承载面并包括承载面上辅助结构件的装置。

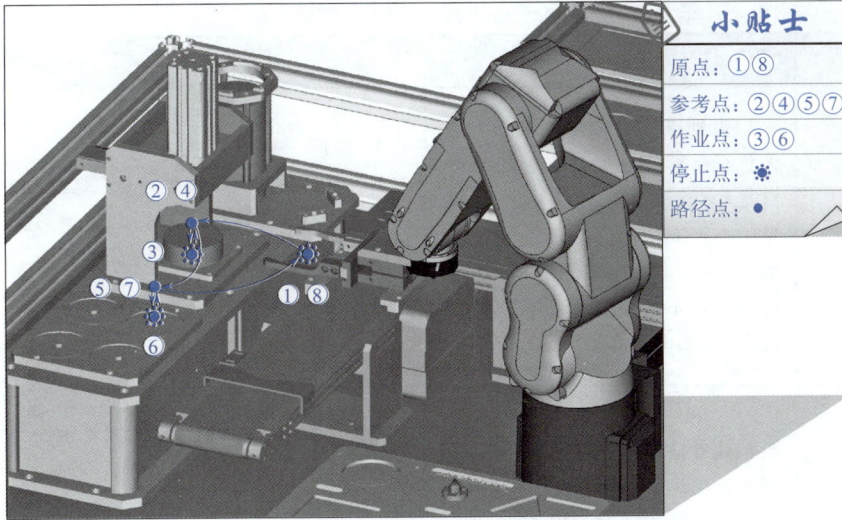

图 2-9　机器人搬运作业路径规划

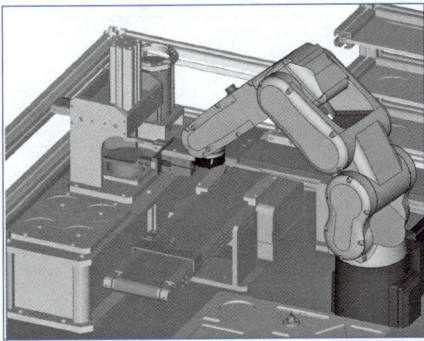

(a) 抓取参考点

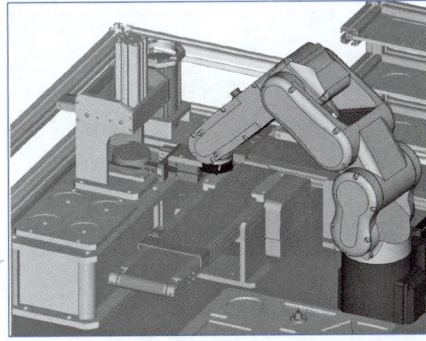

(b) 抓取点

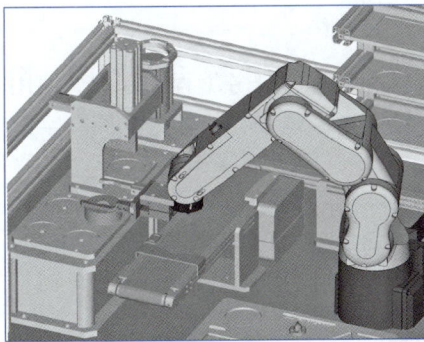

(c) 释放参考点

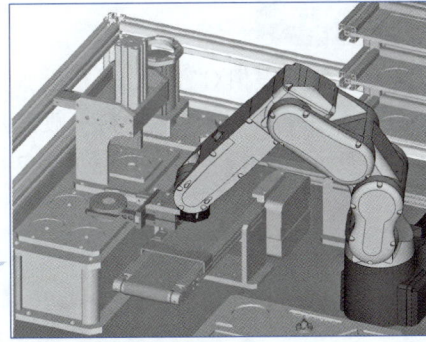

(d) 释放点

图 2-10　夹持器姿态规划

2.4.2　机器人搬运编程指令

常见的工业机器人运动指令及功能见表 2-5。

表 2-5 常见的工业机器人运动指令及功能

序号	运动指令	指令功能	指令示例（FANUC）
1	关节运动指令	以点到点方式（PTP）控制机器人移至目标指令位姿的基本指令，机器人各运动轴同时加速/减速，工具中心点（TCP）的运动轨迹通常为非线性，而且移动过程中末端执行器姿态不受控制，适用于原点、过渡点和参考点编程	J　P[1]　50%　FINE　//原点 // 在保持机器人末端工具姿态自由的前提下，机器人所有关节运动轴同时加速（手动模式时最大运动速度的 50%）移向指令位姿 P[1]，待工具中心点（TCP）到达 P[1] 位置时，所有关节运动轴同时减速后停止
2	直线运动指令	以线性插补方式对从运动起点到终点的工具中心点（TCP）运动轨迹（含工具姿态）进行连续路径控制（CP），适用于作业点编程	J　P[3]　30%　FINE　//抓取邻近点 L　P[4]　50cm/min　FINE　//抓取点 // 机器人携带夹持器从指令位姿 P[3] 出发，按照预设的运动速度 50cm/min 线性移向抓取点 P[4]，并在此指令位姿处减速停止
3	圆弧运动指令	以圆弧插补方式对从圆弧起点，经由圆弧中间点，移向圆弧终点的工具中心点（TCP）运动轨迹（含工具姿态）进行连续路径控制（CP），适用于作业点编程	L　P[3]　50cm/min　FINE　//圆弧起点 C　P[4]　//圆弧中间点 　　P[5]　50cm/min　FINE　//圆弧终点 // 机器人携带末端执行器从指令位姿 P[3] 出发，按照预设的运动速度 50cm/min，经由圆弧中间点 P[4]，以圆弧插补方式移向圆弧终点 P[5]，并在此指令位姿处减速停止

任务分析

机器人搬运任务编程相对容易，是机器人上下料、分拣和码垛等任务编程的基础。使用机器人抓取、移载和释放（圆形）物料一般需要 5～6 个目标指令位姿，机器人"冂"字运动规划如图 2-11 所示。各指令位姿用途见表 2-6。

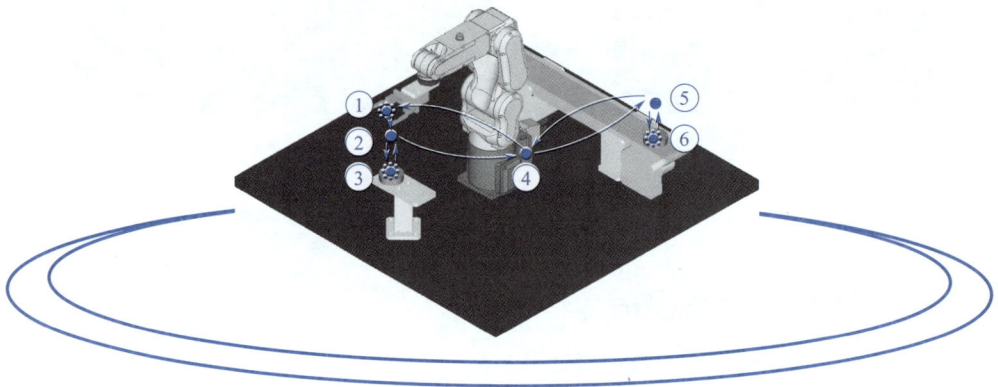

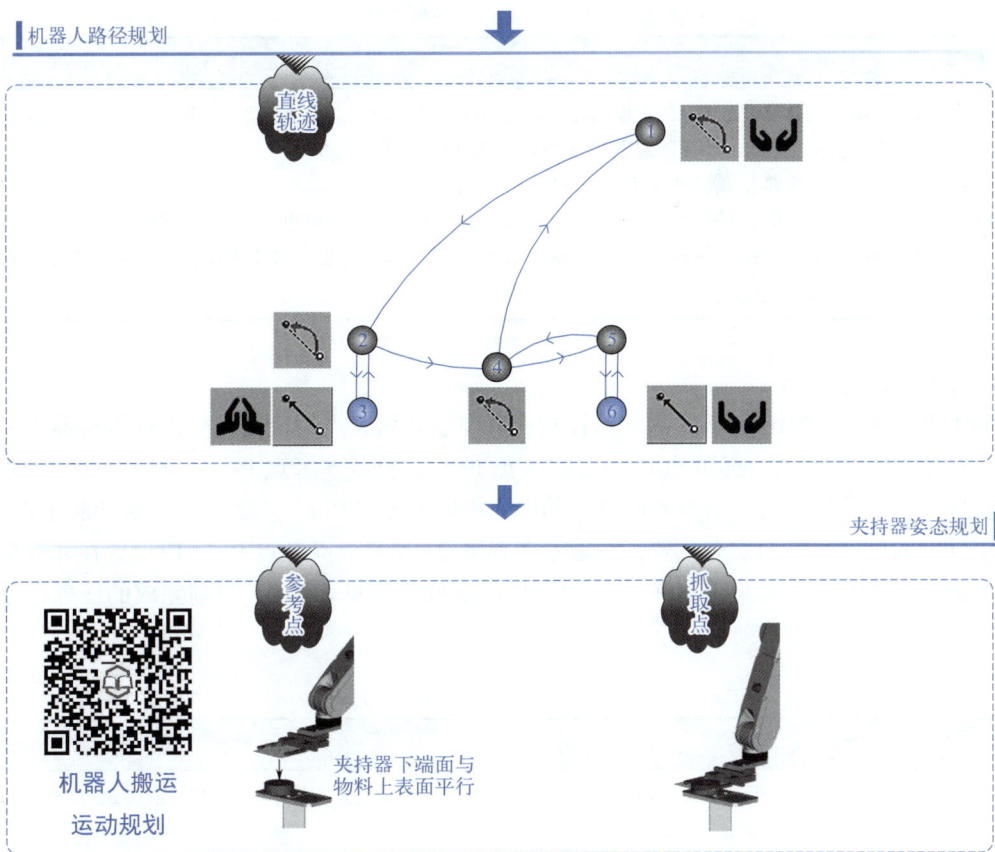

图 2-11　机器人搬运作业的运动规划

表 2-6　机器人搬运作业的指令位姿

指令位姿	备注	指令位姿	备注	指令位姿	备注
①	原点（HOME）	③	抓取点	⑤	释放参考点
②	抓取参考点	④	过渡点	⑥	释放点

◀ 任务实施

（1）示教前的准备

开始任务示教前，需做如下准备。

① 物料摆放确认。将物料放置在托盘和带式输送机始端上。

② 机器人原点确认。执行机器人控制器内存储的原点程序，让机器人返回原点（如 J5=-90°、J1=J2=J3=J4=J6=0°）。

③ 机器人坐标系设置（本步骤可跳过）。

④ 新建任务程序。创建一个搬运程序文件，如文件名"RSR0001"，具体步骤见表 2-7。

表 2-7　工业机器人任务程序创建

类别	操作步骤
新建程序	1）切换控制器操作面板上的【模式旋钮】至 "T1" 或 "T2" 位置（手动模式） 2）将示教盒左上角的【使能键】对准 "ON"，启用机器人示教盒 3）点按【一览键】，弹出机器人任务程序一览界面 4）点按【功能菜单】选择界面功能菜单（图标）栏的"创建"，弹出"新建任务程序"界面 5）使用软键盘等输入任务程序名称 "RSR0001"，连续点按【回车键】确认，新创建的任务程序文件（*.TP）被记忆至机器人控制器（系统）存储单元

（2）运动轨迹示教

针对图 2-9、图 2-10 所示的运动路径和夹爪姿态规划，点动机器人依次通过机器人原点 P[1]、抓取参考点 P[2]、抓取点 P[3]、过渡点 P[4]、释放参考点 P[5]、释放点 P[6] 六个目标位置点，并记忆示教点的位姿信息。其中，机器人原点 P[1] 应设置在远离作业对象（待搬运工件）的可动区域的安全位置；抓取参考点 P[2] 和释放参考点 P[5] 应设置在邻近搬运作业区间，便于调整夹爪姿态的安全位置。具体示教步骤见表 2-8。编制完成的任务程序见表 2-9。

表 2-8　搬运任务的运动轨迹示教步骤

示教点	示教步骤
机器人原点 P[1]	1）切换手动模式。切换机器人控制器操作面板【模式旋钮】至 "T1" 或 "T2" 位置（手动模式） 2）示教盒置有效状态。切换示教盒【使能键】至 "ON" 位置（有效） 3）记忆示教点 P[1]。点按功能菜单（图标）栏的"点"（[F1]【功能菜单】），弹出标准动作界面，使用【方向键】选择关节运动指令（J P[]*% FINE），点按[ENTER]【回车键】确认，记忆当前示教点 P[1] 为机器人原点
抓取参考点 P[2]	1）切换机器人点动坐标系。点按[COORD]【坐标系键】，切换机器人点动坐标为系统默认的[工件/用户]工件（用户）坐标系，即与[机座/世界]机座（世界）坐标系重合 2）移至抓取点。在满足点动机器人条件下，使用【安全开关】+[SHIFT]【上档键】+【运动键】组合键，点动机器人沿[工件/用户]工件（用户）坐标系的 X 轴、Y 轴、Z 轴方向线性缓慢移至抓取点，夹爪开口中心与工件几何中心重合 3）移至抓取参考点。在满足点动机器人条件下，保持机器人夹爪姿态不变，使用【安全开关】+[SHIFT]【上档键】+【运动键】组合键，点动机器人沿[工件/用户]工件（用户）坐标系的 +Z 轴方向，线性移向远离抓取点的安全位置，距离抓取点 80～100mm，如图 2-12（a）所示 3）记忆示教点 P[2]。点按功能菜单（图标）栏的"点"（[F1]【功能菜单】），弹出标准动作界面，使用【方向键】选择关节运动指令（J P[]*% FINE），点按[ENTER]【回车键】确认，记忆当前示教点 P[2] 为抓取参考点
抓取点 P[3]	1）移至抓取点。在满足点动机器人条件下，使用【安全开关】+[SHIFT]【上档键】+【运动键】组合键，点动机器人沿[工件/用户]工件（用户）坐标系的 -Z 轴方向线性缓慢移至抓取点，如图 2-12（b）所示 2）记忆示教点 P[3]。点按功能菜单（图标）栏的"点"（[F1]【功能菜单】），弹出标准动作界面，使用【方向键】选择直线运动指令（L P[]* cm/min FINE），点按[ENTER]【回车键】确认，记忆当前示教点 P[3] 为抓取点

续表

示教点	示教步骤
抓取参考点 P[2]	1）记忆示教点 P[4]。保持机器人位姿不变，点按功能菜单（图标）栏的"点"（ F1 【功能菜单】），弹出标准动作界面，使用【方向键】选择直线运动指令（L P[]* cm/min FINE），点按 ENTER 【回车键】确认，记忆当前示教点 P[4] 2）修改示教点位置变量。使用【方向键】移动光标至位置变量 P[4] 处，通过【数字键】变更位置变量 P[4] 为 P[2]，点按 ENTER 【回车键】确认，记忆抓取参考点
过渡点 P[4]	1）调整机器人夹爪姿态。在满足点动机器人条件下，使用【安全开关】+ SHIFT 【上档键】+【运动键】组合键，点动机器人绕 工件（用户）坐标系的 Z 轴定点转动 90° 左右，机器人夹爪开口朝向与带式输送机运动方向基本平行 2）移至过渡点。在满足点动机器人条件下，使用【安全开关】+ SHIFT 【上档键】+【运动键】组合键，点动机器人沿 工件（用户）坐标系的 X 轴、Y 轴、Z 轴方向线性贴近抓取中间过渡点，即抓取参考点至释放点邻近点行进路径的中间位置，如图 2-12（c）所示 3）记忆示教点 P[4]。点按功能菜单（图标）栏的"点"（ F1 【功能菜单】），弹出标准动作界面，使用【方向键】选择关节运动指令（J P[]*% FINE），点按 ENTER 【回车键】确认，记忆当前示教点 P[4] 为过渡点
释放参考点 P[5]	1）调整机器人夹爪姿态。在满足点动机器人条件下，使用【安全开关】+ SHIFT 【上档键】+【运动键】组合键，点动机器人绕 工件（用户）坐标系的 Z 轴定点转动 90° 左右，机器人夹爪开口朝向带式输送机 2）移至释放点。在满足点动机器人条件下，使用【安全开关】+ SHIFT 【上档键】+【运动键】组合键，点动机器人沿 工件（用户）坐标系的 X 轴、Y 轴、Z 轴方向线性缓慢移至释放点，夹爪开口中心与带式输送机上工件几何中心重合 3）移至释放参考点。在满足点动机器人条件下，保持机器人夹爪姿态不变，使用【安全开关】+ SHIFT 【上档键】+【运动键】组合键，点动机器人沿 工件（用户）坐标系的 +Z 轴方向，线性移向远离释放点的安全位置，距离抓取点 80 ~ 100mm，如图 2-12（d）所示 4）记忆示教点 P[5]。点按功能菜单（图标）栏的"点"（ F1 【功能菜单】），弹出标准动作界面，使用【方向键】选择关节运动指令（J P[]*% FINE），点按 ENTER 【回车键】确认，记忆当前示教点 P[5] 为释放参考点
释放点 P[6]	1）移至释放点。在满足点动机器人条件下，使用【安全开关】+ SHIFT 【上档键】+【运动键】组合键，点动机器人沿 工件（用户）坐标系的 -Z 轴方向线性缓慢移至释放点 2）记忆示教点 P[6]。点按功能菜单（图标）栏的"点"（ F1 【功能菜单】），弹出标准动作界面，使用【方向键】选择直线运动指令（L P[]* cm/min FINE），点按 ENTER 【回车键】确认，记忆当前示教点 P[6] 为释放点
释放参考点 P[5]	1）记忆示教点 P[7]。保持机器人位姿不变，点按功能菜单（图标）栏的"点"（ F1 【功能菜单】），弹出标准动作界面，使用【方向键】选择直线运动指令（L P[]* cm/min FINE），点按 ENTER 【回车键】确认，记忆当前示教点 P[7] 2）修改示教点位置变量。使用【方向键】移动光标至位置变量 P[7] 处，通过【数字键】变更位置变量 P[7] 为 P[5]，点按 ENTER 【回车键】确认，记忆释放参考点

示教点	示教步骤
过渡点 P[4]	1）记忆示教点 P[7]。保持机器人位姿不变，点按功能菜单（图标）栏的"点"（ F1 【功能菜单】），弹出标准动作界面，使用【方向键】选择关节运动指令（J P[]*% FINE），点按 ENTER 【回车键】确认，记忆当前示教点 P[7] 2）修改示教点位置变量。使用【方向键】移动光标至位置变量 P[7] 处，通过【数字键】变更位置变量 P[7] 为 P[4]，点按 ENTER 【回车键】确认，记忆释放参考点
机器人原点 P[1]	1）记忆示教点 P[7]。保持机器人位姿不变，点按功能菜单（图标）栏的"点"（ F1 【功能菜单】），弹出标准动作界面，使用【方向键】选择关节运动指令（J P[]* cm/min FINE），点按 ENTER 【回车键】确认，记忆当前示教点 P[7] 2）修改示教点位置变量。使用【方向键】移动光标至位置变量 P[7] 处，通过【数字键】变更位置变量 P[7] 为 P[1]，点按 ENTER 【回车键】确认，记忆机器人原点

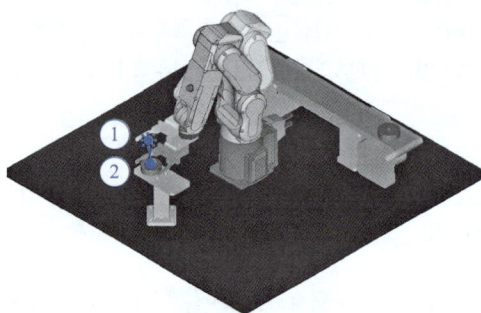

(a) 原点→抓取参考点

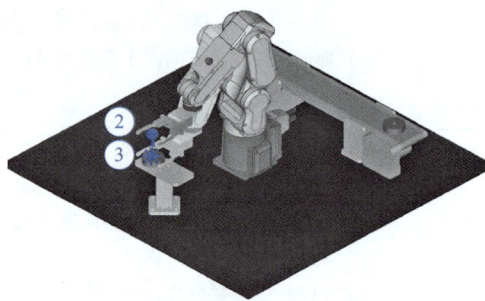

(b) 抓取点→抓取参考点

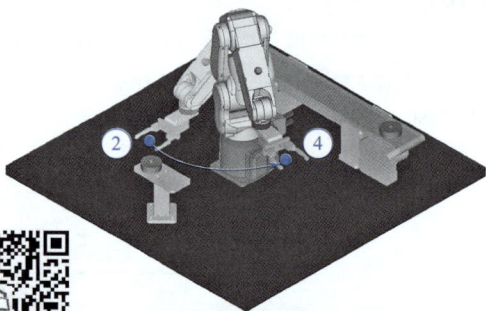

(c) 抓取参考点→过渡点

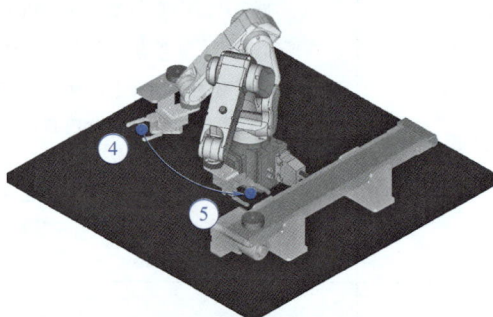

(d) 过渡点→释放参考点

图 2-12　机器人搬运指令位姿示意

机器人搬运
任务编辑

表 2-9　工件搬运的任务程序

行号码	指令语句	备注
1:	UTOOL_NUM= 1	工具坐标系（夹爪）选择
2:	J P[1] 80% FINE	机器人原点（HOME）
3:	J P[2] 80% FINE	抓取参考点
4:	L P[3] 50cm/min FINE	抓取点

续表

行号码	指令语句	备注
5:	R0[1]=ON	夹爪闭合
6:	WAIT　.50（sec）	延时等待 0.5s
7:	L　P[2]　50cm/min　FINE	抓取参考点
8:	J　P[4]　80%　FINE	过渡点
9:	J　P[5]　80%　FINE	释放参考点
10:	L　P[6]　50cm/min　FINE	释放点
11:	R0[1]=OFF	夹爪打开
12:	WAIT　.50（sec）	延时等待 0.5s
13:	L　P[5]　50cm/min　FINE	释放参考点
14:	J　P[4]　80%　FINE	过渡点
15:	J　P[1]　80%　FINE	机器人原点（HOME）
[End]		程序结束

其中，需要注意夹爪闭合（打开）指令和延时等待指令的使用步骤如下：

① 插入夹爪闭合（打开）指令　在程序详细画面下，移动光标至待插入行的下一行，依次选择功能菜单【下页】→【编辑】→【插入】，切换程序编辑至插入状态，使用【数字键】输入插入行数（如 2），点按█【回车键】确认，插入 2 行空白行，如图 2-13 所示。依次选择功能菜单【指令】→【I/O】，弹出信号处理指令菜单，选择"RO[　]=…"指令，点按█【回车键】，指令语句被写入第一行空白行，如图 2-14 所示。根据 I/O 配置要求输入端子编号和输出值，完成"R0[1：手爪夹紧]=ON"（夹爪打开指令如下："R0[1：手爪夹紧]=OFF"）信号处理指令语句输入。

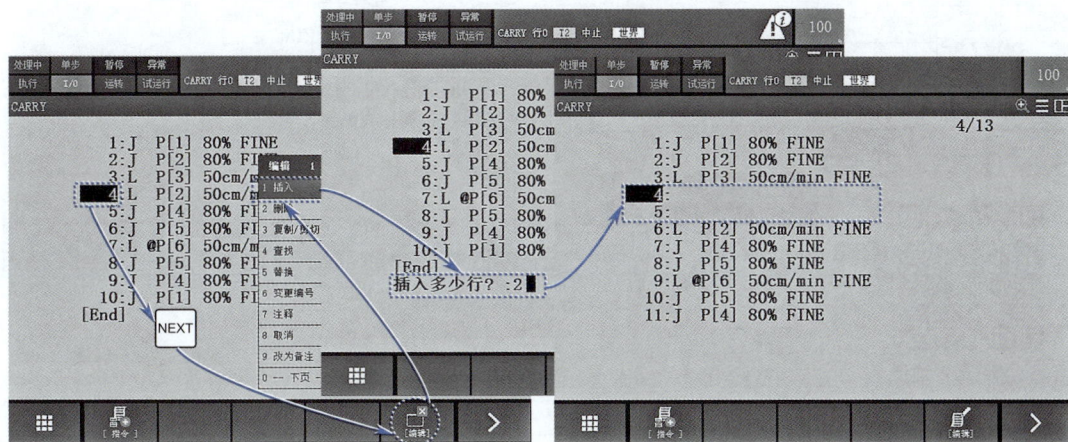

图 2-13　插入空白行

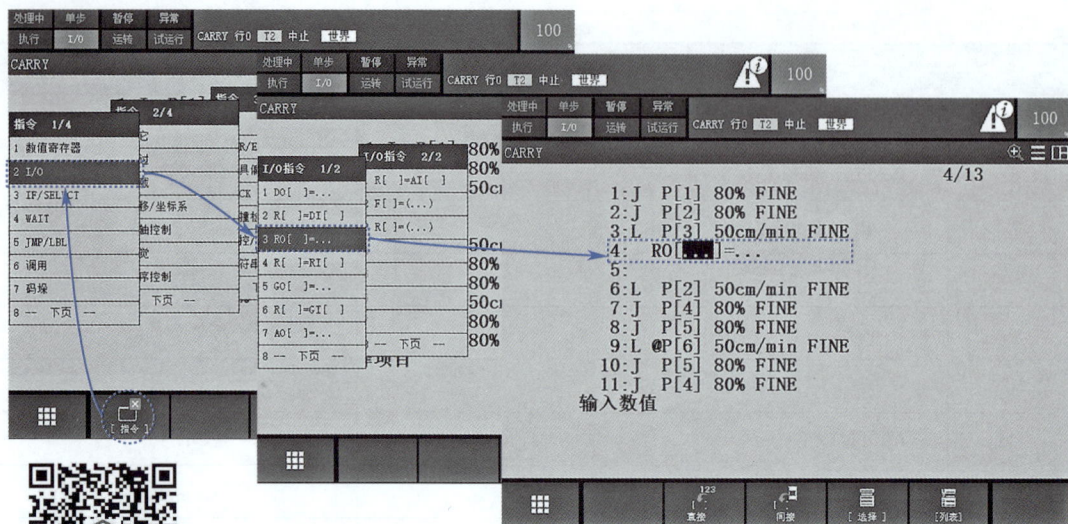

图 2-14 插入夹爪打开（闭合）指令

机器人搬运 I/O 调试　　② 插入等待指令　在程序详细画面下，移动光标至第二行空白行，依次选择功能菜单【指令】→【WAIT】，弹出"等待指令"菜单，选择"WAIT...（sec）"指令，点按 [ENTER]【回车键】，指令语句被插入到夹爪打开（闭合）指令语句所在行的下一行，如图 2-15 所示。设置夹爪打开（闭合）确认时间为 0.50s，完成"WAIT　.50（sec）"等待指令语句输入。

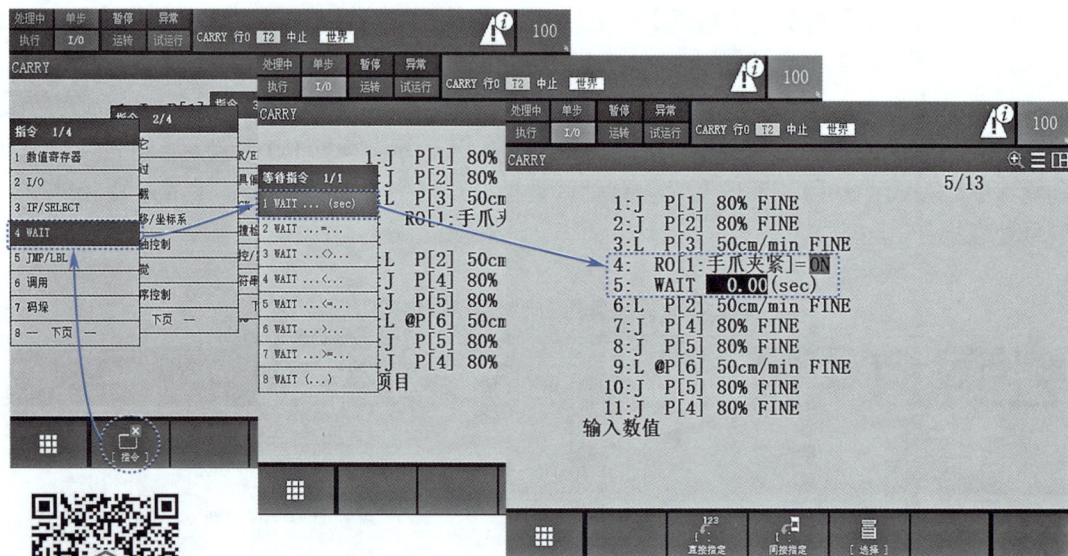

图 2-15 插入延时等待指令

机器人搬运节拍优化

（3）程序验证与参数优化

为确认机器人 TCP 运动轨迹的合理性和精确度，需要进行机器人搬运任务的单步程序验证和连续测试运行。各任务程序验证无误后，方可再现机器人搬运。自动模式下，机器人自动运转任务步骤如下所述。

① 中止执行中的程序 在手动模式下，点按⌨【辅助菜单】选择【中止程序】。

② 加载任务程序 点按⌨【一览键】，弹出程序一览画面，选择并打开创建的"RSR0001"程序，将光标移至第一行。

③ 调整速度倍率 点按⌨【倍率键】，切换机器人运动速度的倍率挡位至100%。

④ 示教盒置无效状态 切换示教盒【使能键】至"OFF"位置（无效）。

⑤ 选择自动模式 切换控制柜【模式旋钮】至"AUTO"位置（自动模式）。

⑥ 自动运转程序 点按机器人系统外部集中控制盒上的【启动按钮】，系统自动运转执行任务程序，机器人开始搬运作业。

任务评价

任务评价见表2-10。

表2-10 任务评价表

评价内容	配分	评分标准	得分
搬运前初始化	15	1）作业开始前，机器人在初始位置 2）作业开始前，带式输送机处于停止状态 3）作业开始前，末端夹爪处于打开状态	
搬运过程	60	1）路径点规划合理 2）运动指令类型使用合理 3）搬运过程末端工具控制合理 4）搬运过程中机器人运行平稳，接近工位时慢，远离工位时快 5）搬运物料时不碰撞其他物料和设备 6）搬运过程物料取放精准	
搬运完成	15	1）搬运完成后机器人能自动回到安全位置 2）搬运完成后工作台面整洁有序 3）搬运完成后末端夹爪处于打开状态	
安全意识	10	遵守安全操作规范要求	

任务拓展

井式供料机是实现流水作业自动化的一种辅助性设备，其主要功能是将已加工或尚未加工的（半）成品从储料仓或其他储料设备中均匀或定量地供给，以满足生产和加工的需要。以井式供料机（图2-16）为例，机器人携带（两指）夹持器，尝试将（圆形）物料从供料机的出口位置抓取并搬运至带式输送机，经由机器人控制器，井式供料机不间断地输送物料，如何调整机器人搬运任务程序实现连续搬运作业呢？

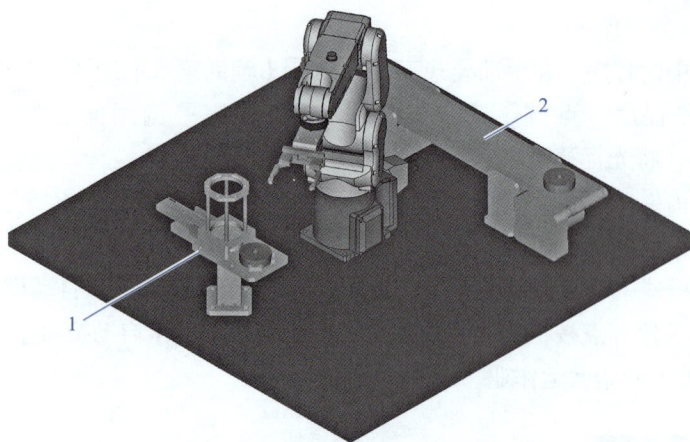

图 2-16　机器人连续搬运作业示意

1—井式供料机；2—带式输送机

实践报告——机器人搬运

院系		课程名称		日期	
姓名		学号		班级	
任务名称			成绩		

一、任务描述

二、任务要求

三、任务实施

四、任务评价

五、任务心得

2.5　任务 2：机器人上下料

任务提出

冲压是依靠压力机和模具对板材、带材、管材、型材等施加外力，使之产生塑性变形或分离，从而获得所需形状和尺寸的工件（冲压件）的成形加工方法。汽车的车身、底盘、油箱、散热器片，锅炉的汽包，容器的壳体，电机、电器的铁芯硅钢片等都是冲压加工而成的。仪器仪表、家用电器、自行车、办公机械、生活器皿等产品中，也存在大量冲压件。在每分钟生产数十件、数百件冲压件的情况下，需要短暂时间内完成送料、冲压、出件、排废料等工序，常常发生人身、设备和质量事故。冲压过程安全是一个非常值得关注的现实问题，实现机器人自动上下料是企业安全生产的有效保障。

本任务要求采用示教编程方法，通过机器人携带（两指）夹持器，尝试将（圆形）物料从长带式输送机尾部抓取，搬运并放置于（模拟）冲压机的指定位置，待完成冲压动作后，再经机器人转运至短带式输送机首部，如图 2-17 所示。

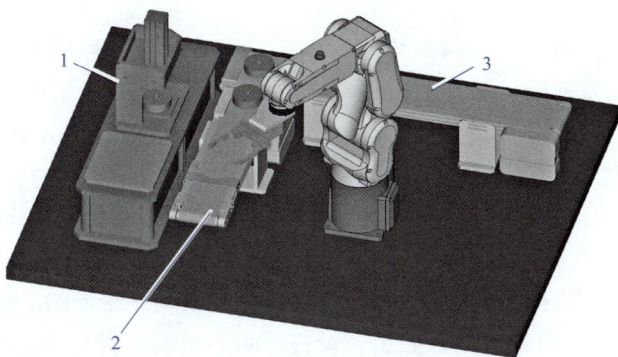

机器人上下料
任务示范

图 2-17　机器人上下料作业示意
1—（模拟）冲压机；2—短带式输送机；3—长带式输送机

知识准备

2.5.1　上下料的动作次序

上下料是指将工业生产中的原材料、毛坯件和零（部）件等从一道生产工序传递到另一道生产工序，或者从一个暂存区经加工后再传输至另一暂存区的过程。如图 2-18 所示，在机床上下料过程中，首先需要将机加工完成的工件从机床上取下，并放置在指定的位置，为下一道生产工序做准备。同时，也将下一个生产周期待加工的毛坯取出，装夹到机床上。自动上下料装备在工业自动化生产中扮演重要的角色，尤其是能够完全胜任工件传递、储存、分类和搬运等作业的柔性搬运机器人，其可携带两套夹持器同步完成上下料作业，助力企业降本增效和增强核心竞争力。

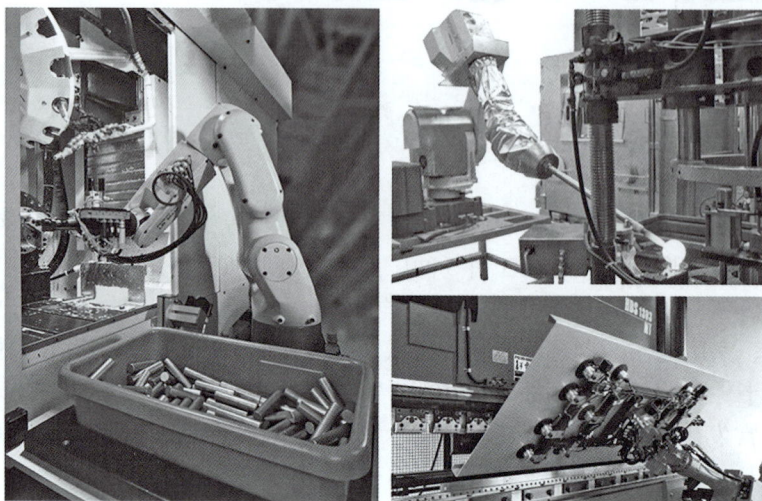

图 2-18　机器人上下料系统

2.5.2　机器人作业安全机制

值得注意的是，机器人上下料系统的核心工艺设备多是数控机床、注塑机、压铸机等重载设备，一套合理完备的机器人上下料动作次序对自动化安全生产的影响尤为突出，如图 2-19 所示。结合图 2-20 所示的机器人上下料路径规划，机器人从原点（指令位姿 1）经由参考点 2 和参考点 3，到达机床侧的取料点（指令位姿 4），然后夹持工件沿参考点 3、参考点 2、参考点 5 移动，在作业点 6 释放工件，完成下料任务；接着从作业点 8 夹持毛坯件，经由参考点 7、参考点 2、参考点 3，再次到达机床侧的放料点（指令位姿4），完成上料任务。在整个机器人的运动过程中，参考点 3 和作业点 4 是存在动作干涉的区间，应在参考点 2 位置处设置互锁信号，实现机器人与核心工艺设备之间的联锁控制。通过互锁信号，可以确保机器人在正确的时间、正确的位姿进行上下料作业，避免与其他设备发生碰撞或受损。

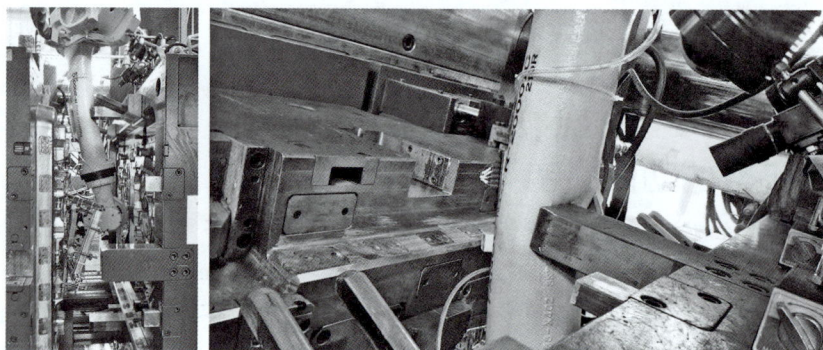

图 2-19　机器人上下料安全事故

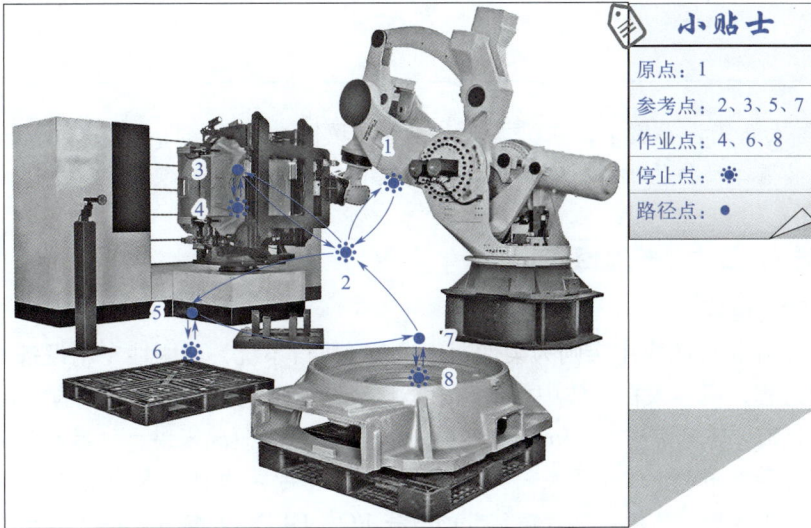

图 2-20　机器人上下料路径规划

以金属切削类数控机床为例，机器人上下料联锁控制次序如图 2-21 所示。在机器人动作干涉区间，通过"主轴转速为零和安全门打开？""机器人到达安全位置？"等互锁信号的设置，保证机器人下料和上料过程中机器人与核心工艺设备之间的"动静协调"。

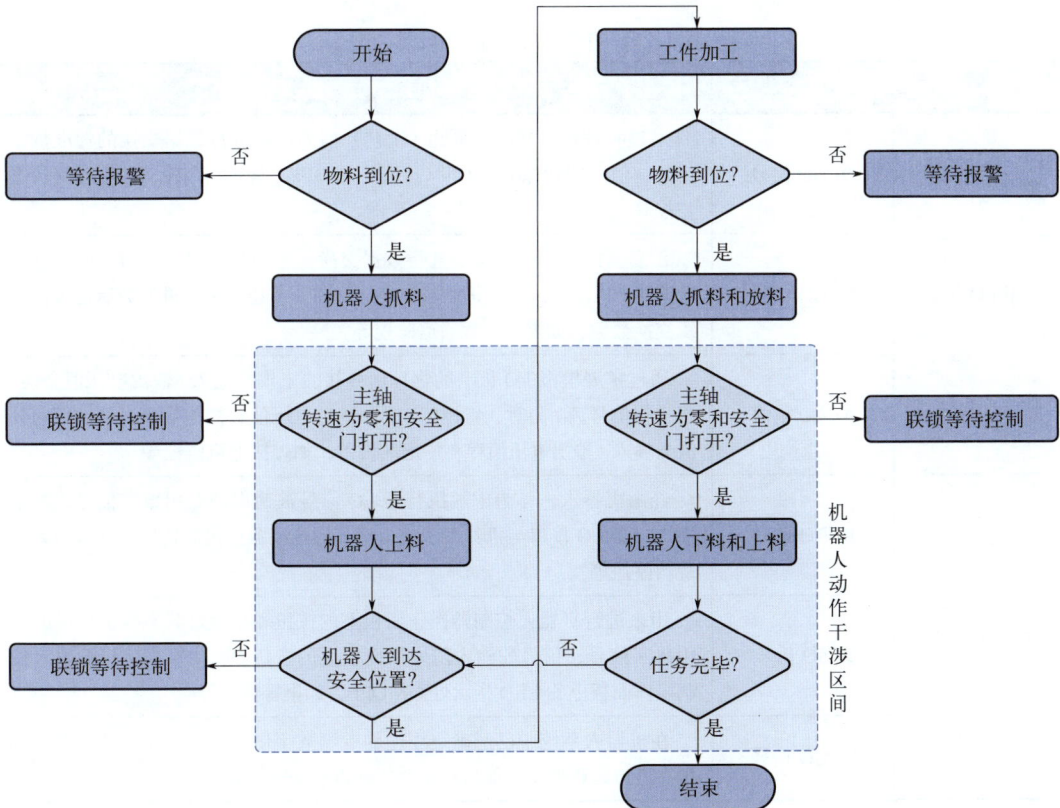

图 2-21　机器人上下料联锁控制次序

点拨

为保证机器人系统设备安全，在机器人动作干涉区间，须保证机器人本体、核心工艺设备和辅助工艺装置等动作的唯一性，即某一时刻仅有一台设备动作。

2.5.3　机器人上下料编程指令

（1）输入/输出信号

机器人在制造业领域的应用实则为柔性通用设备（执行系统）与刚性专用设备（工艺系统）高度集成的过程，机器人在工作中需要与末端执行器、工艺设备、辅助装置、传感器等保持互联互通，这需要输入/输出（Input/Output，I/O）信号。概况来讲，机器人的I/O信号分为通用I/O信号和专用I/O信号两类。其中，通用I/O信号是由机器人现场工程师根据需要自定义用途的I/O信号，包括按位传输信号的数字I/O（DI/DO）信号、按（半）字节或字传输信号的组I/O（GI/GO）信号，以及按模拟量传输电流、电压等信号的模拟量AI/AO信号；专用I/O信号则为机器人制造商预先定义I/O接口端子用途、用户无法再分配的I/O信号，包括末端执行器数字I/O（RI/RO）信号、机器人控制器操作面板数字I/O（SI/SO）信号，以及机器人系统就绪、外部启动等状态I/O（UI/UO）信号。工业机器人I/O信号种类及功能见表2-11。现场工程师可以通过机器人示教盒上的I/O界面实时查看机器人I/O信号的状态，如图2-22所示。

表 2-11　工业机器人 I/O 信号种类及功能

I/O 信号种类		I/O 信号功能说明
通用 I/O 信号	DI/DO 信号	通过物理信号接线从周边（工艺）辅助设备进行数据交换的标准数字信号，信号的状态分为 ON（接通）和 OFF（断开）两种，如电磁阀状态监控等
	GI/GO 信号	汇总多条物理信号接线进行数据交换的通用数字信号，信号的状态用数值（十进制数或十六进制数）表达，转变或逆变为二进制数后通过信号线交换数据，如焊接参数通道监控等
	AI/AO 信号	通过扩展模拟 I/O 板卡的物理信号接线来模拟输入/输出电压值交换，当进行信号读/写时，将模拟输入/输出电压值转换为数值，转换后的数值与输入/输出电压值存在一定的误差，如焊接电流监控等
专用 I/O 信号	RI/RO 信号	经由机器人，作为末端执行器 I/O 信号被使用的专用数字信号，在末端执行器 I/O 接口与机器人手腕上附带的连接器连接后使用，如机器人夹持器监控等
	SI/SO 信号	用来进行机器人控制器操作面板上的按钮和指示灯状态数据交换的专用数字信号，信号的输入随操作面板上的按钮 ON/OFF 而定，输出时控制操作面板上的 LED 指示灯 ON/OFF，如报警信号等
	UI/UO 信号	在机器人系统中已经确定用途的专用数字信号，主要用来从外部对机器人进行远程控制，如启动、暂停和再启动等

注：专用 I/O 信号出厂时内部接线已完成，通用 I/O 信号则需要机器人现场工程师完成 I/O 端子与周边（工艺）设备回路的连接。

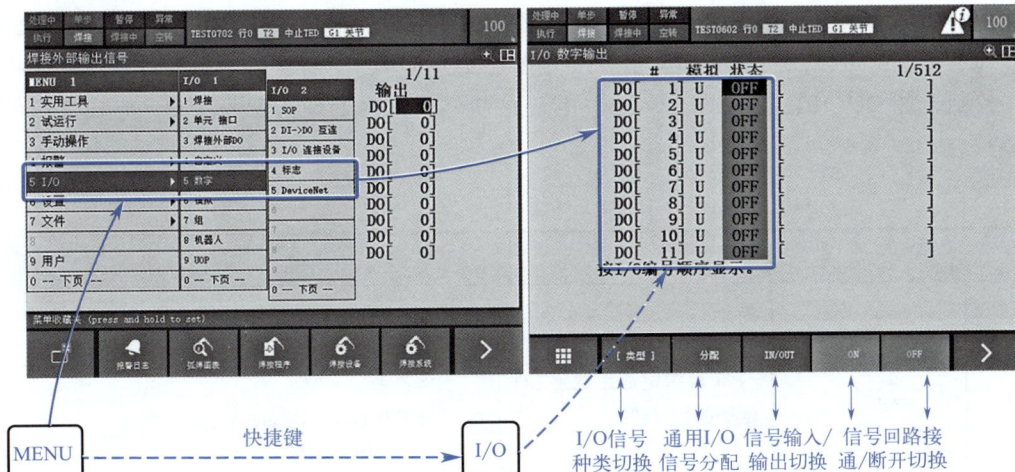

快捷键

I/O信号　通用I/O　信号输入/　信号回路接
种类切换　信号分配　输出切换　通/断开切换

图 2-22　工业机器人 I/O 信号状态显示界面

为区分物理信号接线，将通用 I/O 信号和专用 I/O 信号统称为逻辑信号，而将实际的 I/O 端子信号称作物理信号。在机器人任务程序中，现场工程师可以通过信号处理指令对逻辑信号进行读取或输出操作。建立逻辑信号与物理信号之间的关联，即通过信号处理指令监控实际的 I/O 端子信号，此过程称为 I/O 信号分配。同时，为给客户提供多样化且具有便捷性的集成选择，除通过 I/O 接口的点对点通信方式外，机器人制造商和工艺设备制造商还开发了支持现场总线（如 DeviceNet）和工业以太网通信（如 EtherNet/IP）等主流通信方式的接口。

实例

FANUC R–30iB 系列机器人控制器出厂时默认配置的专用 I/O 信号包含 8 个 RI 和 8 个 RO 信号、16 个 SI 和 16 个 SO 信号和 18 个 UI 和 20 个 UO 信号，通用 I/O 信号的数量视机器人控制器型号和扩展 I/O 板卡而定。例如，Mate Cabinet 主板标准配置 28 个 DI 和 24 个 DO 信号，经由 CRMA15、CRMA16 接口与周边（工艺）设备进行 I/O 通信。

FANUC R–30iB 系列机器人控制器标准配置的逻辑信号包含 512 个 DI 和 512 个 DO 信号，Mate Cabinet 主板标准配置的 28 个 DI（in1 ～ in28）和 24 个 DO（out1 ～ out24）物理信号被分别映射到 DI[101] ～ DI[120]、DO[101] ～ DO[120]，以及 DI[81] ～ DI[88]、DO[81] ～ DO[84] 逻辑信号。其中，DI[81] ～ DI[88] 逻辑输入信号被默认分配给简易配置的 8 个 UI 专用 I/O 信号，DO[81] ～ DO[84] 逻辑输出信号被默认分配给简易配置的 4 个 UO 专用 I/O 信号。简而言之，Mate Cabinet 主板可供现场工程师自定义的物理信号仅剩余 20 个通用 DI 信号和 20 个通用 DO 信号。

（2）信号处理指令

整个机器人系统作业动作次序的规划涉及工业机器人、末端执行器、工艺设备和辅助装置等，各生产对象何时动作、设备或装置之间又传递何种信号等逻辑设计至关重要。信号处理指令是指机器人动作次序编程中改变机器人控制器向周边（工艺）设备或装置输出信号状态，或读取周边（工艺）设备、装置、传感器等输入信号状态的指令，包括数字 I/O 指令（DI/DO）、模拟 I/O 指令（AI/AO）和机器人 I/O 指令（RI/RO）等。以机器人上下料为例，现场工程师可以使用数字输出指令改变指定 I/O 端子的输出状态，实现对带式输送机的启停控制，如 DO[101：foreward]=ON。常见的机器人信号处理指令的功能、格式及示例见表 2-12。

表 2-12　常见的机器人信号处理指令的功能、格式及示例

序号	信号处理指令	指令功能	指令示例（FANUC）
1	数字输入	获取指定通用数字 I/O 端子的信号状态	格式： R[寄存器号码]=DI[数字输入端子编号：注释] 示例： R[1]=DI[101：nozzle clamp open] // 按位读取 101# 通用 I/O 端子（夹紧气缸松开）的输入信号状态，存入寄存器 R[1]

2	数字输出	向指定通用数字 I/O 端子输出一个信号，或在一段指定的时间内转换通用数字 I/O 端子的信号状态	格式一：
			DO[数字输出端子编号：注释]=[数值]
			示例：
			DO[101：wire cutting]=ON
			// 改变 101# 通用 I/O 端子（启动剪丝）的输出信号状态为 ON，即触发机器人焊枪自动剪丝动作
			格式二：
			DO[端子编号：注释]=PULSE，[时间]
			示例：
			DO[103：wire feeding]=PULSE，1.5sec
			// 向 103# 通用 I/O 端子（送丝）输出高电平信号，待 1.5s 后，改变端子输出信号为低电平

3	机器人输入	获取指定专用 I/O 端子的信号状态	格式： R[寄存器号码]=RI[机器人输入端子编号：注释] 示例： R[1]=RI[1：hand open] // 按位读取 1# 专用 I/O 端子（夹持器张开）的输入信号状态，存入寄存器 R[1]

4	机器人输出	向指定专用 I/O 端子输出一个信号，或在一段指定的时间内转换专用 I/O 端子的信号状态	格式一：
			RO[数字输出端子编号：注释]=[数值]
			示例：
			RO[1：hand open]=ON
			// 改变 1# 专用 I/O 端子（夹持器张开）的输出信号状态为 ON，即触发机器人末端执行器（夹持器）张开
			格式二：
			RO[端子编号：注释]=PULSE，[时间]
			示例：
			RO[2：hand close]=PULSE，1.0sec
			// 向 2# 专用 I/O 端子（夹持器闭合）输出高电平信号，待 1s 后，改变端子输出信号为低电平

续表

序号	信号处理指令	指令功能	指令示例（FANUC）
5	模拟输入	获取指定通用模拟 I/O 端子的信号状态	格式： R［寄存器号码］=AI［模拟输入端子编号：注释］ 示例： R[1]=AI[1：welding current] // 读取 1# 模拟 I/O 端子（焊接电流）的输入信号状态，存入寄存器 R[1]
6	模拟输出	向指定通用模拟 I/O 端子输出信号	格式： AO［模拟输出端子编号：注释］=［数值］ 示例： AO[1：welding current]=245 // 改变 1# 模拟 I/O 端子（焊接电流）的输出信号为 245A
7	组输入	获取指定通用数字 I/O 端子组的信号状态	格式： R［寄存器号码］=GI［数字输入端子组编号：注释］ 示例： R[1]=GI[1：welding channel] // 读取 1# 数字输入端子组（焊接通道）的输入信号状态，存入寄存器 R[1]
8	组输出	向指定通用数字 I/O 端子组输出信号	格式： GO［数字输出端子组编号：注释］=［数值］ 示例： GO[1：welding channel]=32 // 调用焊接电源 32# 通道的预设焊接参数

注：机器人信号处理指令包括按位数字输入 / 输出指令 DI/DO 和按字（或字节）数字输入 / 输出指令 GI/GO。

（3）流程控制指令

出于工艺流程和安全生产等考虑，机器人在携带末端执行器完成运动轨迹的同时，需要基于系统感知信息，在适时条件下完成与工艺设备和辅助设备之间的合理动作次序。流程控制指令是指使机器人任务程序的执行从程序某一行转移到其他（程序的）行，以改变工业机器人系统设备执行动作顺序的指令，包括跳转指令（IF、JUMP、CALL、LBL）和等待指令（WAIT）等。以机器人上下料为例，只有收到数控机床安全门完全打开的信号时，机器人方可夹持物料移向数控机床；同时，只有判定机器人完成送料并移至安全参考位置时，数控系统方可执行新的加工程序。常见的机器人流程控制指令及功能见表 2-13。

表 2-13　常见的机器人流程控制指令及功能

序号	流程控制指令	指令功能	指令示例（FANUC）
1	标签定义	指定程序跳转的地址	格式： LBL［标签号］ 示例： LBL［1］ R［1］=R［1］+1 IF R［1］< 10，JMP LBL［1］ // 利用数值寄存器 R［1］累加计数至 10，如果计数未到，则跳转至 LBL［1］标签处
2	无条件跳转	使程序的执行转移到同一程序内所指定的标签	格式： JUMP LBL［标签号］ 示例： JUMP LBL［1］ // 一旦指令被执行，就必定会使程序的执行转移到同一程序内 LBL［1］标签处
3	调用指令	使程序的执行转移到其他任务程序（子程序）的第 1 行后执行该程序。待子程序执行结束后，返回主程序继续执行后续指令	格式： CALL［文件名］ 示例： IF DI［101：nozzle clamp open]=OFF，CALL Torch_cleaning // 当自动清枪器的夹紧气缸松开信号为低电平时，调用并执行机器人焊枪自动清洁程序

4	条件跳转	根据指定条件是否已经满足而使程序的执行从某一行转移到（程序的）其他行	格式一：
			IF［因素 1］［条件］［因素 2］，［执行 1］
			示例：
			IF R［1］< 10，JMP LBL［1］
			// 利用数值寄存器 R［1］累加计数至 10，如果计数未到，则跳转至 LBL［1］标签处
			格式二：
			IF（［因素 1］［条件］［因素 2]）THEN
			［执行 1］
			ELSE
			［执行 2］
			ENDIF
			示例：
			IF（R［1]>=500）THEN
			R［1]=0
			CALL WIRE_CUTTING
			CALL TORCH_CLEANING
			ELSE
			JMP LBL［1］
			ENDIF
			// 如果数值寄存器 R［1］大于等于 500，则先后执行清零、调用机器人自动剪丝和焊枪自动清洁程序；反之，跳转至 LBL［1］标签处

序号	流程控制指令	指令功能	指令示例（FANUC）

5	等待指令	在所指定的时间或条件得到满足之前使程序执行等待	格式一：
			WAIT［时间值］
			示例：
			DO［102：torch cleaning］=ON
			WAIT　3.00（sec）
			DO［102：torch cleaning］=OFF
			// 启动机器人焊枪自动清洁，持续时间为 3s，等待气动马达带动铰刀旋转上升，去除粘堵在喷嘴与导电嘴之间的飞溅
			格式二：
			WAIT［输入端子名称］［条件］［输入数值］T=［时间值］
			示例：
			WAIT DI［101：nozzle clamp open］=ON
			L　P［5］　50cm/min　FINE
			// 当自动清枪器的夹紧气缸松开信号为高电平时，机器人携带焊枪离开清枪器位置

注：机器人条件跳转指令的数量视机器人品牌而定，如 FANUC 机器人包含 IF 和 SELECT 两种指令。

任务分析

　　机器人上下料任务编程尤其需要注意机器人动作干涉区域的运动安全问题，应通过采取信号互锁等措施保证机器人本体和核心工艺设备之间动作的唯一性，即机器人动作时，（模拟）冲压机保持静止；（模拟）冲压机工作时，机器人停止动作。此外，使用机器人抓取、移载和放置（圆形）物料一般需要 8 ～ 9 个目标指令位姿，机器人运动规划如图 2-23 所示。各指令位姿见表 2-14。

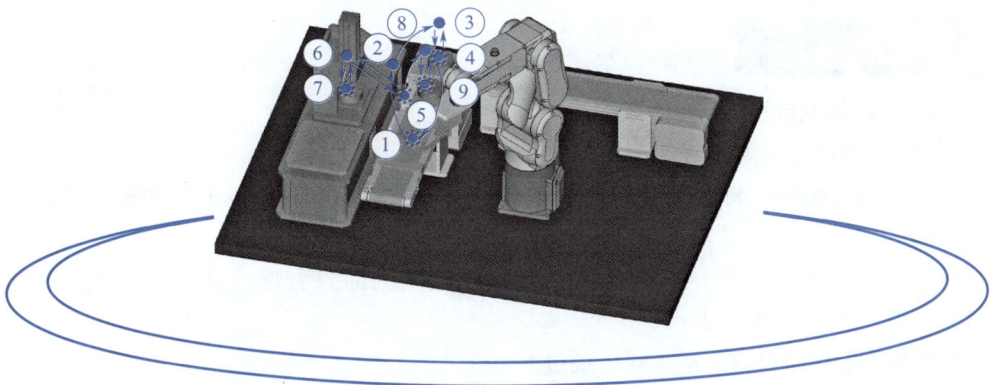

图 2-23

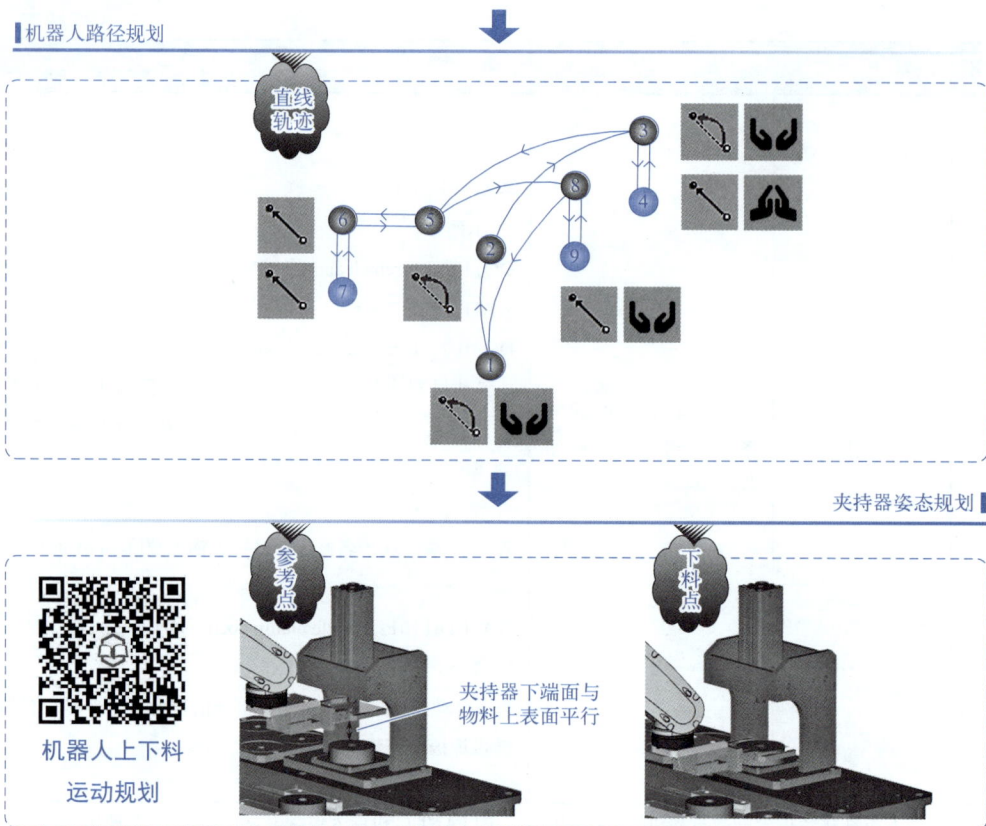

图 2-23　机器人上下料作业的运动规划

表 2-14　机器人上下料作业的指令位姿

指令位姿	备注	指令位姿	备注	指令位姿	备注
①	原点（HOME）	④	抓取点	⑦	上（下）料点
②	过渡点 1	⑤	过渡点 2	⑧	释放参考点
③	抓取参考点	⑥	上（下）料参考点	⑨	释放点

任务实施

（1）示教前的准备

开始任务示教前，需做好如下准备。

① 物料摆放确认。将物料分别放置在长带式输送机末端、冲压工位和短带式输送机始端三个位置上。

② 机器人原点确认。执行机器人控制器内存储的原点程序，让机器人返回原点（如 J1=-30°、J5=-90°、J2=J3=J4=J6=0°）。

③ 机器人坐标系设置（本步骤可跳过）。

④ 新建任务程序。创建一个上下料程序文件，如文件名为"RSR0002"的文件。

（2）运动轨迹示教

针对图 2-23 所示的运动路径和夹爪姿态规划，点动机器人依次通过机器人原点 P[1]、过渡点 1P[2]、抓取参考点 P[3]、抓取点 P[4]、过渡点 2P[5]、上（下）料参考点 P[6]、上（下）料点 P[7]、释放参考点 P[8]、释放点 P[9] 九个目标位置点，并记忆示教点的位姿信息。其中，机器人原点 P[1] 应设置在远离作业对象（待加工工件）的可动区域的安全位置；抓取参考点 / 上（下）料参考点 / 释放参考点 P[3]、P[6]、P[8] 应设置在邻近搬运作业区间、便于调整夹爪姿态的安全位置。具体示教步骤见表 2-15。编制完成的任务程序见表 2-16。

表 2-15　搬运任务的运动轨迹示教步骤

示教点	示教步骤
机器人原点 P[1]	1）切换手动模式。切换机器人控制器操作面板【模式旋钮】至"T1"或"T2"位置（手动模式） 2）示教盒置于有效状态。切换示教盒【使能键】至"ON"位置（有效） 3）记忆示教点 P[1]。点按功能菜单（图标）栏的"点"（[F1]【功能菜单】），弹出标准动作界面，使用【方向键】选择关节运动指令（J P[]*% FINE），点按[ENTER]【回车键】确认，记忆当前示教点 P[1] 为机器人原点
过渡点 1P[2]	1）切换机器人点动坐标系。点按[COORD]【坐标系键】，切换机器人点动坐标系为系统默认的[课]工件（用户）坐标系，即与[课]机座（世界）坐标系重合 2）粗调机器人夹爪姿态。在满足点动机器人条件下，使用【安全开关】+[SHIFT]【上档键】+【运动键】组合键，点动机器人绕[课]工件（用户）坐标系的 Z 轴定点转动，粗调机器人夹爪开口朝向与长带式输送机行进方向相同 3）移至过渡点 1。在满足点动机器人条件下，使用【安全开关】+[SHIFT]【上档键】+【运动键】组合键，点动机器人沿[课]工件（用户）坐标系的 X 轴、Y 轴、Z 轴方向，线性贴近过渡点 1，即原点至抓取点行进路径的中间位置 4）记忆示教点 P[2]。点按功能菜单（图标）栏的"点"（[F1]【功能菜单】），弹出标准动作界面，使用【方向键】选择关节运动指令（J P[]*% FINE），点按[ENTER]【回车键】确认，记忆当前示教点 P[2] 为过渡点 1
抓取参考点 P[3]	1）移至调姿参考点。在满足点动机器人条件下，使用【安全开关】+[SHIFT]【上档键】+【运动键】组合键，点动机器人沿[课]工件（用户）坐标系的 X 轴、Y 轴、Z 轴方向，线性贴近抓取点附近的参考点，如带式输送机框架外沿 2）精调机器人夹爪姿态。在满足点动机器人条件下，使用【安全开关】+[SHIFT]【上档键】+【运动键】组合键，点动机器人绕[课]工件（用户）坐标系的 Z 轴定点转动，精确调整夹爪开口朝向与带式输送机行进方向相同 3）移至抓取点。在满足点动机器人条件下，使用【安全开关】+[SHIFT]【上档键】+【运动键】组合键，点动机器人沿[课]工件（用户）坐标系的 X 轴、Y 轴、Z 轴方向线性缓慢移至抓取点，夹爪开口中心与工件几何中心重合 4）移至抓取参考点。在满足点动机器人条件下，保持机器人夹爪姿态不变，使用【安全开关】+[SHIFT]【上档键】+【运动键】组合键，点动机器人沿[课]工件（用户）坐标系的 +Z 轴方向，线性移向远离抓取点的安全位置，离抓取点距离为 50～80mm 5）记忆示教点 P[3]。点按功能菜单（图标）栏的"点"（[F1]【功能菜单】），弹出标准动作界面，使用【方向键】选择关节运动指令（J P[]*% FINE），点按[ENTER]【回车键】确认，记忆当前示教点 P[3] 为抓取参考点

示教点	示教步骤
抓取点 P[4]	1）移至抓取点。在满足点动机器人条件下，使用【安全开关】+![SHIFT]【上档键】+【运动键】组合键，点动机器人沿![工件]工件（用户）坐标系的 -Z 轴方向线性缓慢移至抓取点，如图 2-24（a）所示 2）记忆示教点 P[4]。点按功能菜单（图标）栏的"点"（![F1]【功能菜单】），弹出标准动作界面，使用【方向键】选择直线运动指令（L P[]* cm/min FINE），点按![ENTER]【回车键】确认，记忆当前示教点 P[4] 为抓取点
抓取参考点 P[3]	1）记忆示教点 P[5]。保持机器人位姿不变，点按功能菜单（图标）栏的"点"（![F1]【功能菜单】），弹出标准动作界面，使用【方向键】选择直线运动指令（L P[]* cm/min FINE），点按![ENTER]【回车键】确认，记忆当前示教点 P[5] 2）修改示教点位置变量。使用【方向键】移动光标至位置变量 P[5] 处，通过【数字键】变更位置变量 P[5] 为 P[3]，点按![ENTER]【回车键】确认，记忆抓取参考点
过渡点 2P[5]	1）移至过渡点 2。在满足点动机器人条件下，保持机器人夹爪姿态不变，使用【安全开关】+![SHIFT]【上档键】+【运动键】组合键，点动机器人沿![工件]工件（用户）坐标系的 X 轴、Y轴、Z 轴方向，线性贴近过渡点 2，夹爪开口正对冲压工位，同时夹爪开口中心位于带式输送机正上方 2）记忆示教点 P[5]。点按功能菜单（图标）栏的"点"（![F1]【功能菜单】），弹出标准动作界面，使用【方向键】选择关节运动指令（J P[]*% FINE），点按![ENTER]【回车键】确认，记忆当前示教点 P[5] 为过渡点 2
上料参考点 P[6]	1）移至上料点。在满足点动机器人条件下，使用【安全开关】+![SHIFT]【上档键】+【运动键】组合键，点动机器人沿![工件]工件（用户）坐标系的 X 轴、Y 轴、Z 轴方向线性缓慢移至上料点，夹爪开口中心与冲压工装几何中心重合 2）移至上料参考点。在满足点动机器人条件下，保持机器人夹爪姿态不变，使用【安全开关】+![SHIFT]【上档键】+【运动键】组合键，点动机器人沿![工件]工件（用户）坐标系的 +Z 轴方向，线性移向远离上料点的安全位置，离抓取点距离为 50 ～ 80mm，如图 2-24（b）所示 3）记忆示教点 P[6]。点按功能菜单（图标）栏的"点"（![F1]【功能菜单】），弹出标准动作界面，使用【方向键】选择关节运动指令（J P[]*% FINE），点按![ENTER]【回车键】确认，记忆当前示教点 P[6] 为上料参考点
上料点 P[7]	1）移至上料点。在满足点动机器人条件下，使用【安全开关】+![SHIFT]【上档键】+【运动键】组合键，点动机器人沿![工件]工件（用户）坐标系的 -Z 轴方向线性缓慢移至上料点，如图 2-24（c）所示 2）记忆示教点 P[7]。点按功能菜单（图标）栏的"点"（![F1]【功能菜单】），弹出标准动作界面，使用【方向键】选择直线运动指令（L P[]* cm/min FINE），点按![ENTER]【回车键】确认，记忆当前示教点 P[7] 为上料点
上料回退点 P[6]	1）记忆示教点 P[8]。保持机器人位姿不变，点按功能菜单（图标）栏的"点"（![F1]【功能菜单】），弹出标准动作界面，使用【方向键】选择直线运动指令（L P[]* cm/min FINE），点按![ENTER]【回车键】确认，记忆当前示教点 P[8] 2）修改示教点位置变量。使用【方向键】移动光标至位置变量 P[8] 处，通过【数字键】变更位置变量 P[8] 为 P[6]，点按![ENTER]【回车键】确认，记忆上料回退点

示教点	示教步骤
过渡点 2P[5]	1）记忆示教点 P[8]。保持机器人位姿不变，点按功能菜单（图标）栏的"点"（F1【功能菜单】），弹出标准动作界面，使用【方向键】选择关节运动指令（J P[]*% FINE），点按ENTER【回车键】确认，记忆当前示教点 P[8] 2）修改示教点位置变量。使用【方向键】移动光标至位置变量 P[8] 处，通过【数字键】变更位置变量 P[8] 为 P[5]，点按ENTER【回车键】确认，记忆过渡点 2
下料相关 动作点	1）打开程序编辑功能菜单。点按NEXT【下一页按键】，再点按F5【功能键 F5】（编辑），弹出编辑菜单画面。使用【方向键】移动光标至"复制/剪切"，点按ENTER【回车键】，打开程序编辑功能菜单，如图 2-25 所示 2）拷贝机器人运动指令。使用【方向键】移动光标至上料参考点 P[6] 所在指令语句行。点按F2【功能键 F2】（选择），弹出"复制/剪切"选择画面，使用【方向键】（向下）移动光标至过渡点 2P[5] 所在指令语句行，如图 2-25 所示。点按F2【功能键 F2】（复制），完成复制操作 3）粘贴机器人运动指令。移动光标至程序结束行，点按F5【功能键 F5】（粘贴），再点按F3【功能键 F3】（位置 ID），完成指令语句粘贴操作，如图 2-26 所示，记忆下料相关动作点
释放参考点 P[8]	1）移至释放点。在满足点动机器人条件下，使用【安全开关】+SHIFT【上档键】+【运动键】组合键，点动机器人沿🔲工件（用户）坐标系的 X 轴、Y 轴、Z 轴方向线性缓慢移至释放点，夹爪开口中心与工件几何中心重合 2）移至释放参考点。在满足点动机器人条件下，保持机器人夹爪姿态不变，使用【安全开关】+SHIFT【上档键】+【运动键】组合键，点动机器人沿🔲工件（用户）坐标系的 +Z 轴方向，线性移向远离释放点的安全位置，离抓取点距离为 50～80mm 3）记忆示教点 P[8]。点按NEXT【下一页按键】，再点按功能菜单（图标）栏的"点"（F1【功能菜单】），弹出标准动作界面，使用【方向键】选择关节运动指令（J P[]*% FINE），点按ENTER【回车键】确认，记忆当前示教点 P[8] 为释放参考点
释放点 P[9]	1）移至释放点。在满足点动机器人条件下，使用【安全开关】+SHIFT【上档键】+【运动键】组合键，点动机器人沿🔲工件（用户）坐标系的 -Z 轴方向线性缓慢移至释放点，如图 2-24（d）所示 2）记忆示教点 P[9]。点按功能菜单（图标）栏的"点"（F1【功能菜单】），弹出标准动作界面，使用【方向键】选择直线运动指令（L P[]* cm/min FINE），点按ENTER【回车键】确认，记忆当前示教点 P[9] 为释放点
释放参考点 P[8]	1）记忆示教点 P[10]。保持机器人位姿不变，点按功能菜单（图标）栏的"点"（F1【功能菜单】），弹出标准动作界面，使用【方向键】选择直线运动指令（L P[]* cm/min FINE），点按ENTER【回车键】确认，记忆当前示教点 P[10] 2）修改示教点位置变量。使用【方向键】移动光标至位置变量 P[10] 处，通过【数字键】变更位置变量 P[10] 为 P[8]，点按ENTER【回车键】确认，记忆释放参考点
机器人原点 P[1]	1）记忆示教点 P[10]。保持机器人位姿不变，点按功能菜单（图标）栏的"点"（F1【功能菜单】），弹出标准动作界面，使用【方向键】选择关节运动指令（J P[]* cm/min FINE），点按ENTER【回车键】确认，记忆当前示教点 P[10] 2）修改示教点位置变量。使用【方向键】移动光标至位置变量 P[10] 处，通过【数字键】变更位置变量 P[10] 为 P[1]，点按ENTER【回车键】确认，记忆机器人原点

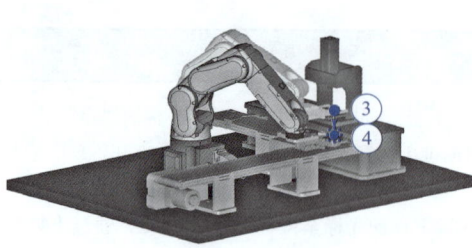

(a) 抓取参考点→抓取点　　　　　　　　(b) 过渡点2→上料参考点

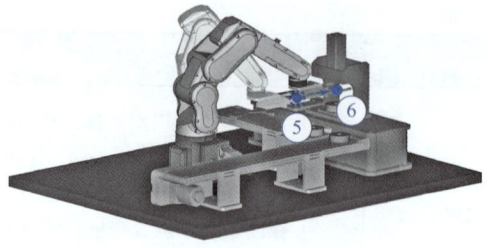

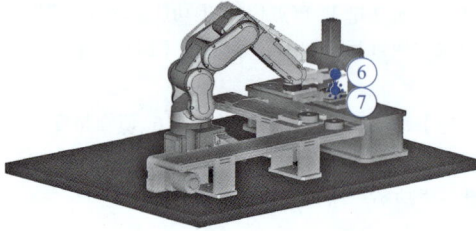

(c) 上料参考点→上料点　　　　　　　　(d) 释放参考点→释放点

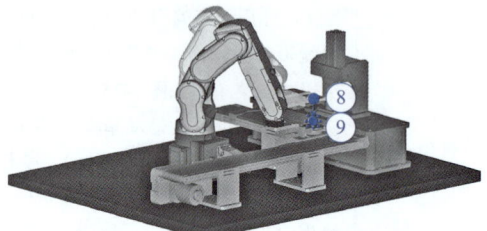

图 2-24　机器人上下料指令位姿示意

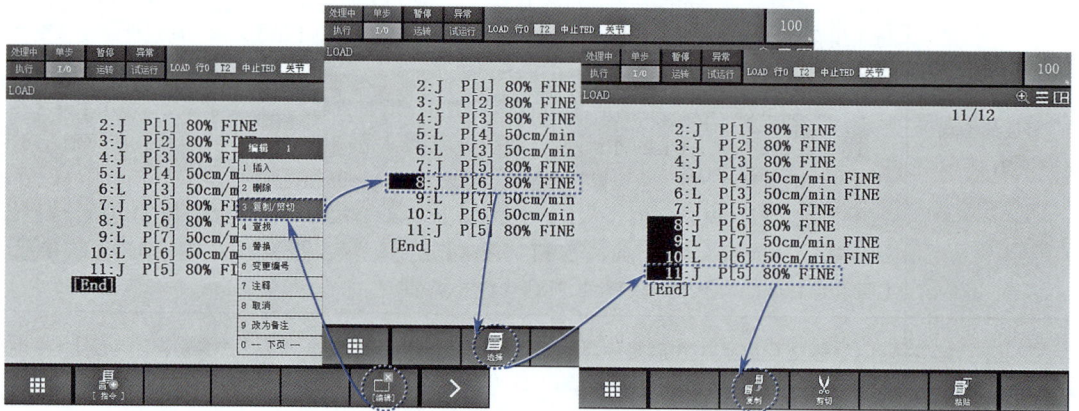

图 2-25　复制下料相关动作点

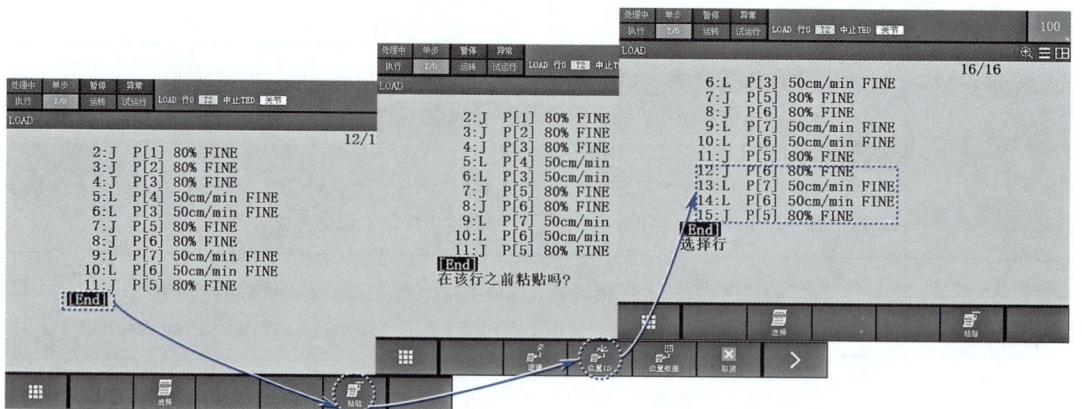

图 2-26　粘贴下料相关动作点

表 2-16 工件搬运的任务程序

行号码	指令语句	备注
1：	UTOOL_NUM= 1	工具坐标系（夹爪）选择
2：	J P[1] 80% FINE	机器人原点（HOME）
3：	J P[2] 80% FINE	过渡点 1
4：	J P[3] 80% FINE	抓取参考点
5：	L P[4] 50cm/min FINE	抓取点
6：	L P[3] 50cm/min FINE	抓取参考点
7：	J P[5] 80% FINE	过渡点 2
8：	J P[6] 80% FINE	上料参考点
9：	L P[7] 50cm/min FINE	上料点
10：	L P[6] 50cm/min FINE	上料回退点
11：	J P[5] 80% FINE	过渡点 2
12：	J P[6] 80% FINE	下料邻近点
13：	L P[7] 50cm/min FINE	下料点
14：	L P[6] 50cm/min FINE	下料回退点
15：	J P[5] 80% FINE	下料中间过渡点
16：	J P[8] 80% FINE	释放参考点
17：	L P[9] 50cm/min FINE	释放点
18：	L P[8] 50cm/min FINE	释放参考点
19：	J P[1] 80% FINE	机器人原点（HOME）
[End]		程序结束

机器人上下料
任务编辑

（3）动作次序示教

根据任务要求，机器人自动启停带式输送机、末端执行器动作和物料冲压功能均需由机器人控制器直接控制，即利用机器人信号处理指令和流程控制指令实现搬运机器人与带式输送机和冲压装置的动作次序控制，其动作次序示教要领见表 2-17。

机器人上下料
I/O 调试

表 2-17 机器人上下料动作次序的示教要领

示教内容	示教方法
在原点启动长带式输送机	1）加载任务程序。点按【一览键】，弹出程序一览画面，选择并打开新创建的"RSR0002"程序，移动光标至第一个原点 P[1] 所在行的下一行 2）切换编辑至插入状态。依次选择功能菜单【下页】→【编辑】→【插入】，切换程序编辑至插入状态，使用【数字键】输入插入行数（如 1），点按【回车键】确认 3）插入长带式输送机启动指令。依次选择功能菜单【指令】→【I/O】，弹出信号处理指令菜单，选择"DO[ ]=…"指令，点按【回车键】，指令语句被插入到第一个原点 P[1] 所在行的下一行，根据 I/O 配置要求输入端子编号和输出值，完成"DO[104：长流正转/停止]=PULSE，0.5sec"信号处理指令语句输入，如图 2-27（a）所示

示教内容	示教方法
在抓取参考点判定物料传感器状态并停止长带式输送机	1）插入等待指令。在程序详细画面下，移动光标至抓取参考点 P[3] 所在行的下一行，插入 2 行空白行，依次选择功能菜单【指令】→【WAIT】，弹出等待指令菜单，依次选择"WAIT …=…"→"DI[ ]"，指令语句被插入到抓取参考点 P[3] 所在行的下一行，根据 I/O 配置要求输入端子编号和输出值，完成"WAIT DI[106：长流有料]=ON"等待指令语句输入 2）插入长带式输送机停止指令。移动光标至等待指令语句所在行的下一行，依次选择功能菜单【指令】→【I/O】，弹出信号处理指令菜单，选择"DO[ ]=…"指令，点按 ⏎【回车键】，指令语句被插入到等待指令语句所在行的下一行，根据 I/O 配置要求输入端子编号和输出值，完成"DO[104：长流正转 / 停止]=PULSE，0.5sec"信号处理指令语句输入，如图 2-27（a）所示
在抓取点抓取物料	1）插入夹爪闭合指令。在程序详细画面下，移动光标至抓取点 P[4] 所在行的下一行，插入 2 行空白行，依次选择功能菜单【指令】→【I/O】，弹出信号处理指令菜单，选择"RO[ ]=…"指令，点按 ⏎【回车键】，指令语句被插入到抓取点 P[4] 所在行的下一行，根据 I/O 配置要求输入端子编号和输出值，完成"RO[1：手爪夹紧]=ON"信号处理指令语句输入 2）插入等待指令。在程序详细画面下，移动光标至夹爪闭合指令语句所在行的下一行，依次选择功能菜单【指令】→【WAIT】，弹出等待指令菜单，选择"WAIT …（sec）"指令，点按 ⏎【回车键】，指令语句被插入到夹爪闭合指令语句所在行的下一行，设置夹爪闭合确认时间为 0.50s，完成"WAIT .50（sec）"等待指令语句输入，如图 2-27（b）所示
在上料点放置物料	1）插入夹爪打开指令。在程序详细画面下，移动光标至上料点 P[7]（第一个）所在行的下一行，插入 2 行空白行，依次选择功能菜单【指令】→【I/O】，弹出信号处理指令菜单，选择"RO[ ]=…"指令，点按 ⏎【回车键】，指令语句被插入到上料点 P[7]（第一个）所在行的下一行，根据 I/O 配置要求输入端子编号和输出值，完成"RO[1：手爪夹紧]=OFF"信号处理指令语句输入 2）插入等待指令。在程序详细画面下，移动光标至夹爪打开指令语句所在行的下一行，依次选择功能菜单【指令】→【WAIT】，弹出等待指令菜单，选择"WAIT …（sec）"指令，点按 ⏎【回车键】，指令语句被插入到夹爪打开指令语句所在行的下一行，设置夹爪打开确认时间为 0.50s，完成"WAIT .50（sec）"等待指令语句输入，如图 2-27（b）所示
在第一个下料过渡点冲压物料	1）插入冲压头伸出指令。在程序详细画面下，移动光标至第一个下料过渡点 P[5]（第二个）所在行的下一行，插入 4 行空白行，依次选择功能菜单【指令】→【I/O】，弹出信号处理指令菜单，选择"DO[ ]=…"指令，点按 ⏎【回车键】，指令语句被插入到第一个下料过渡点 P[5]（第二个）所在行的下一行，根据 I/O 配置要求输入端子编号和输出值，完成"DO[101：左冲压]=ON"信号处理指令语句输入 2）插入等待指令。在程序详细画面下，移动光标至冲压头伸出指令语句所在行的下一行，依次选择功能菜单【指令】→【WAIT】，弹出等待指令菜单，选择"WAIT …（sec）"指令，点按 ⏎【回车键】，指令语句被插入到冲压头伸出指令语句所在行的下一行，设置冲压头伸出确认时间为 0.5s，完成"WAIT .50（sec）"等待指令语句输入 3）插入冲压头退回指令。在程序详细画面下，移动光标至等待指令所在行的下一行，依次选择功能菜单【指令】→【I/O】，弹出信号处理指令菜单，选择"DO[ ]=…"指令，点按 ⏎【回车键】，指令语句被插入到等待指令所在行的下一行，根据 I/O 配置要求输入端子编号和输出值，完成"DO[101：左冲压]=OFF"信号处理指令语句输入 4）插入等待指令。在程序详细画面下，移动光标至冲压头退回指令所在行的下一行，依次选择功能菜单【指令】→【WAIT】，弹出等待指令菜单，依次选择"WAIT …=…"→"DI[ ]"指令，指令语句被插入到冲压头退回指令所在行的下一行，根据 I/O 配置要求输入端子编号和输出值，完成"WAIT DI[101：左冲压退到位]=ON"等待指令语句输入，如图 2-27（c）所示

续表

示教内容	示教方法
在下料点抓取物料	1）插入夹爪闭合指令。在程序详细画面下，移动光标至下料点 P[7]（第二个）所在行的下一行，插入 2 行空白行，依次选择功能菜单【指令】→【I/O】，弹出信号处理指令菜单，选择“RO[　]=…”指令，点按 ENTER【回车键】，指令语句被插入到下料点 P[7]（第二个）所在行的下一行，根据 I/O 配置要求输入端子编号和输出值，完成“RO[1：手爪夹紧]=ON”信号处理指令语句输入 2）插入等待指令。在程序详细画面下，移动光标至夹爪闭合指令语句所在行的下一行，依次选择功能菜单【指令】→【WAIT】，弹出等待指令菜单，选择“WAIT …（sec）”指令，点按 ENTER【回车键】，指令语句被插入到夹爪闭合指令语句所在行的下一行，设置夹爪闭合确认时间为 0.50s，完成“WAIT　.50（sec）”等待指令语句输入，如图 2-27（c）所示
在释放点放置物料	1）插入夹爪打开指令。在程序详细画面下，移动光标至释放点 P[9] 所在行的下一行，插入 2 行空白行，依次选择功能菜单【指令】→【I/O】，弹出信号处理指令菜单，选择“RO[　]=…”指令，点按 ENTER【回车键】，指令语句被插入到释放点 P[9] 所在行的下一行，根据 I/O 配置要求输入端子编号和输出值，完成“RO[1：手爪夹紧]=OFF”信号处理指令语句输入 2）插入等待指令。在程序详细画面下，移动光标至夹爪打开指令语句所在行的下一行，依次选择功能菜单【指令】→【WAIT】，弹出等待指令菜单，选择“WAIT …（sec）”指令，点按 ENTER【回车键】，指令语句被插入到夹爪打开指令语句所在行的下一行，设置夹爪打开确认时间为 0.50s，完成“WAIT　.50（sec）”等待指令语句输入，如图 2-27（d）所示

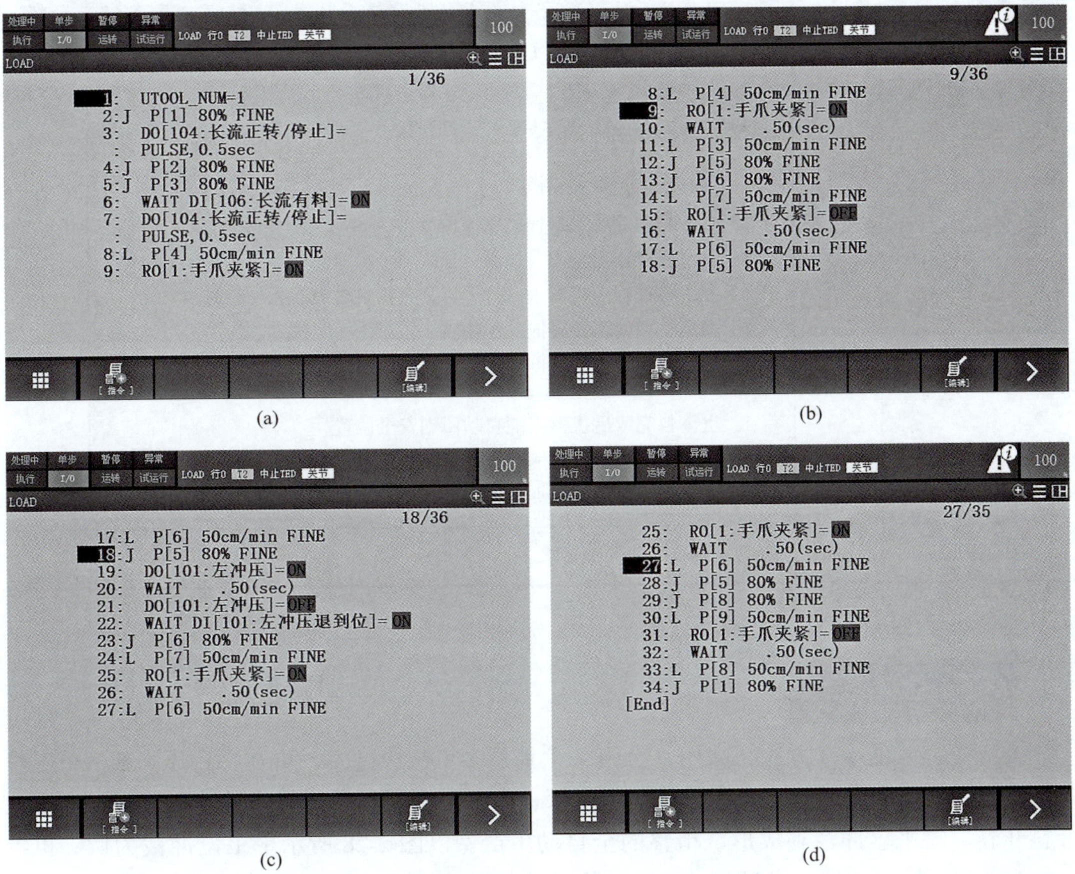

图 2-27　FANUC 机器人上下料任务程序示例

（4）程序验证与参数优化

为确认机器人 TCP 运动轨迹的合理性和精确度，需要进行机器人上下料任务的单步程序验证和连续测试运行。各任务程序验证无误后，方可再现机器人上下料。自动模式下，机器人运转任务步骤如下所述。

① 中止执行中的程序　在手动模式下，点按[FCTN]【辅助菜单】选择【中止程序】。

② 加载任务程序　点按[SELECT]【一览键】，弹出程序一览画面，选择并打开创建的"RSR0002"程序，将光标移至第一行。

③ 调整速度倍率　点按[+%]【倍率键】，切换机器人运动速度的倍率挡位至 100%。

④ 示教盒置于无效状态　切换示教盒【使能键】至"OFF"位置（无效）。

⑤ 选择自动模式　切换控制柜【模式旋钮】至"AUTO"位置（自动模式）。

⑥ 自动运转程序　点按机器人系统外部集中控制盒上的【启动按钮】，系统自动运转执行任务程序，机器人开始上下料作业。

任务评价

任务评价见表 2-18。

表 2-18　任务评价表

评价内容	配分	评分标准	得分
上下料前初始化	15	1）作业开始前，机器人在初始位置 2）作业开始前，带式输送机处于停止状态 3）作业开始前，末端夹爪处于打开状态	
上下料过程	60	1）能自动启动带式输送机 2）合理利用冲压气缸伸缩到位信号 3）上下料过程末端工具控制合理 4）上下料过程中机器人运行平稳，有物料时慢，无物料时快 5）搬运物料时不要碰撞其他物料 6）冲压过程冲压头速度动作平稳，退回时慢，伸出时快	
上下料完成	15	1）上下料完成后机器人能自动回到安全位置 2）上下料完成后带式输送机处于停止状态 3）上下料完成后末端夹爪处于打开状态	
安全意识	10	遵守安全操作规范要求	

任务拓展

冲压是高效的生产方法，采用复合模，尤其是多工位级进模，可在一台压力机（单工位或多工位的）上完成冲裁、弯曲、剪切、拉深、胀形、旋压和矫正等多道冲压工序，实现从带料开卷、矫平、冲裁到成形、精整的全自动生产。以图 2-28 所示单工位冲裁为例，机器人携带（两指）夹持器，尝试将（圆形）物料从长带式输送机尾部抓取，放置于（模拟）冲压机上，待完成冲压动作后，再将冲压件转运至短带式输送机首部，重复上述过程 3～5 次，如何调整机器人上下料任务程序实现连续冲压作业？

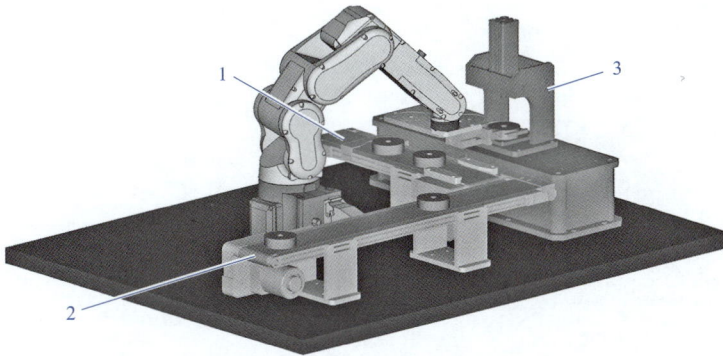

图 2-28　机器人连续上下料作业示意

1—短带式输送机；2—长带式输送机；3—（模拟）冲压机

实践报告——机器人上下料

院系		课程名称		日期	
姓名		学号		班级	
任务名称			成绩		

一、任务描述

二、任务要求

三、任务实施

四、任务评价

五、任务心得

2.6　任务 3：机器人码垛

任务提出

码垛是按照集成单元化的思想，将一件件物料（品）按照一定的模式堆码成垛，以便使单元化的货垛实现存储、搬运、装卸和运输等物流活动。码（卸）垛作业因具有工作方式单调、体力消耗较大、作业批量化等优缺点，为码垛机器人的引进提供了充足的理由和绝佳的应用场合。码垛机器人能够进行纸箱、袋装、罐装、瓶装和盒装等各种形式的包装成品码（卸）垛作业，在解决劳动力不足、提高生产效率和降低生产成本等方面具有很大潜力。

本任务要求使用带式输送机模拟生产线上物料短距离输送场景，由人工完成（圆形）物料的上料供给，待物料运转至指定位置后，经由传感器信号触发 FANUC 机器人携带（两指）夹持器，完成机器人连续码垛作业任务（垛形为两行两列两层）。机器人码垛作业示意如图 2-29 所示。

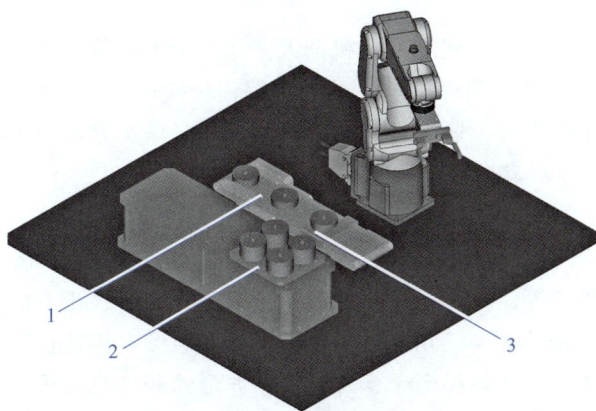

图 2-29　机器人码垛作业示意

1—带式输送机；2—托盘；3—红外光电传感器

机器人码垛
任务示范

知识准备

2.6.1　码垛基本原理

当物料（品）轻便、尺寸和形状变化大及码垛吞吐量小时，采用人工码垛较为经济可取。而一旦码垛吞吐量超 60 次 /h，人工码垛不仅耗费大量人力，而且长时间作业容易导致工人疲惫和降低工作效率。在工业机器人的众多应用中，机器人码垛无疑是一个重要的领域，如图 2-30 所示。

图 2-30　机器人码垛系统

从运动轨迹视角看，机器人码垛是将机器人搬运、上下料等空间点作业延伸至空间面作业或空间体作业。换而言之，码垛机器人的任务编程较搬运、上下料机器人编程更为繁杂，除运动轨迹和动作次序编程外，还涉及码垛工艺编程。码垛机器人的工艺参数设置主要包括货垛垛形、货垛位置和堆垛路径等。

（1）货垛垛形

货垛垛形是指货垛的外部轮廓形状。货垛垛形按垛底的平面形状可以分为矩形、正方形、三角形、圆形、环形等，按货垛立面的形状可以分为矩形、正方形、三角形、梯形、半圆形等，另外还可以组成矩形 - 三角形、矩形 - 梯形、矩形 - 半圆形等复合形状。常见的货垛垛形有平台垛、起脊垛、立体梯形垛、行列垛、井形垛和梅花形垛等。各垛形的堆码方式及特点见表 2-19。

表 2-19　常见的垛形堆码方式及特点

序号	垛形	堆码方式	垛形特点	垛形示例
1	平台垛	先在底层以同一方向平铺摆放一层物料（品），然后垂直继续向上堆积，每层物料（品）的件数、方向相同，垛顶呈现平面，垛形为长方体或正方体	平台垛适用于同一包装规格整份批量的货物，如包装规则、能够垂直叠放的方形箱装、袋装等物料（品）。该垛形具有整齐、便于清点、占地面积小、方便堆垛操作等优点，但不具有很强的稳定性	

序号	垛形	堆码方式	垛形特点	垛形示例
2	起脊垛	先按平台垛的方法码垛到一定的高度，然后以卡缝的方式逐层收小，将顶部收尖成屋脊形	起脊垛是平台垛为适应遮盖、排水等需要而进行变形，具有平台垛操作方便、占地面积小的优点，适合平台垛的货物同样适合起脊垛堆垛，但起脊垛由于顶部压缝收小及形状不规则，容易造成清点货物不方便	
3	立体梯形垛	在最底层以同一方向排放物料（品）的基础上，向上逐层同方向减数压缝堆垛，垛顶呈平面，整个货垛呈下大上小的立体梯形形状	立体梯形垛适用于包装松软的袋装物料（品）和上层面非平面而无法垂直叠码物料（品）的堆码，如横放的卷形桶装、捆包物料（品），该垛形极为稳固	
4	行列垛	将每种物料（品）按件排成行或列摆放，每行或每列一层或数层高，垛形呈现长条形	行列垛适用于小批量物料（品）的码垛，长条形货垛使每个货垛的端头都延伸到信道边，作业方便且不受其他阻挡，但垛基小而不能堆高，垛与垛之间都需要留空，占用较大的库场面积，库场利用率较低	
5	井形垛	在以一个方向铺放一层物料（品）后，以垂直方向进行第二层的码放，物料（品）横竖隔层交错逐层堆放，垛顶呈平面	井形垛适用于长形的钢管、钢材及木枋等堆码，垛形稳固，但每垛边上的货物可能滚落，需要捆绑或收进	
6	梅花形垛	将第一排物料（品）排成单排，第二排的每件靠在第一排的两件之间卡位，第三排同第一排一样，然后每排依次卡缝排放，形成梅花形垛	梅花形垛适用于需要立直存放的大桶装物料（品）	

为方便现场工程师准确、定量描述货垛垛形，通常以世界坐标系为参考，沿世界坐标系的 X 轴正方向（$+X_w$ 轴）定义垛形的行数（Row），Y 轴正方向（$+Y_w$ 轴）定义垛形的列数（Column），Z 轴正方向（$+Z_w$ 轴）定义垛形的层数（Layer）。如图2-31所示，该货垛垛形 $[R, C, L]$ 为 $[2, 2, 2]$。其中，左上角的垛上点所在行为1、列为1、层为2，其垛上点（位置）索引信息即为 $[1, 1, 2]$。

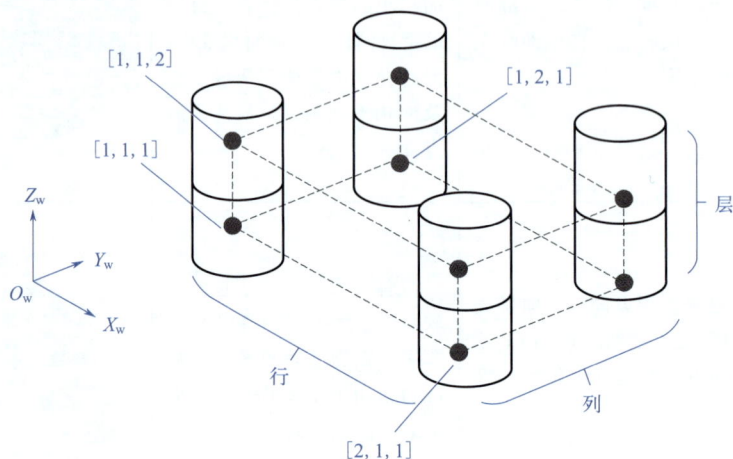

图 2-31　货垛垛形描述

（2）货垛位置

货垛位置是对某一货垛在实际物理空间的相对定位。按照建构主义理论，货垛垛形仅从数字空间定性描述货垛的外部轮廓形状和定量描述货垛的容量大小（行数、列数和层数）。当机器人码垛作业时，需要告知每件物料（品）在物理空间中的堆码位置信息，这就需要现场工程师预先定义货垛位置。针对规则的货垛垛形，原则上仅需示教垛上几个关键位置的点位信息。如图2-32所示，平台垛一般示教四个指令位姿（垛底行的起点和终点、列的终点、垛顶层的终点）；梅花形垛通常示教六个及以上指令位姿（垛底行的起点、中间点和终点、列的终点、垛顶层的终点等）。其他垛上指令位姿则由机器人码垛工艺软件自动计算生成，机器人按照生成的垛上指令位姿实现对物料（品）的精准码放。

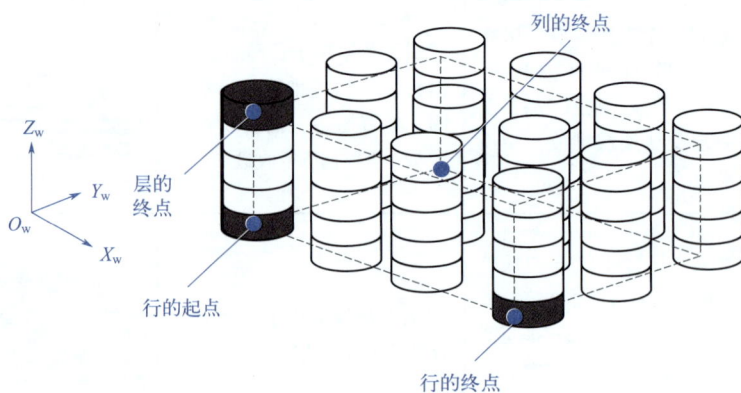

(a) 工件姿态调整前

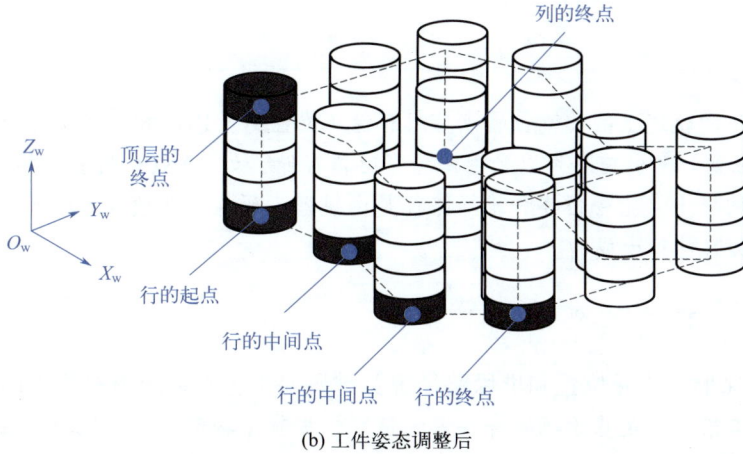

（b）工件姿态调整后

图 2-32　货垛位置示意

（3）堆垛路径

堆垛路径是机器人堆码各垛上点从参考点到作业点再到参考点的运动路径。在实际码垛任务编程时，现场工程师仅需要选择任一垛上点，合理设置码垛释放点的指令位姿和参考点的指令位姿。其他垛上点的参考点位姿则由机器人码垛工艺软件自动计算生成，机器人遵循生成的堆垛路径按照行、列、层依次完成物料（品）的高效堆码，如图 2-33 所示。

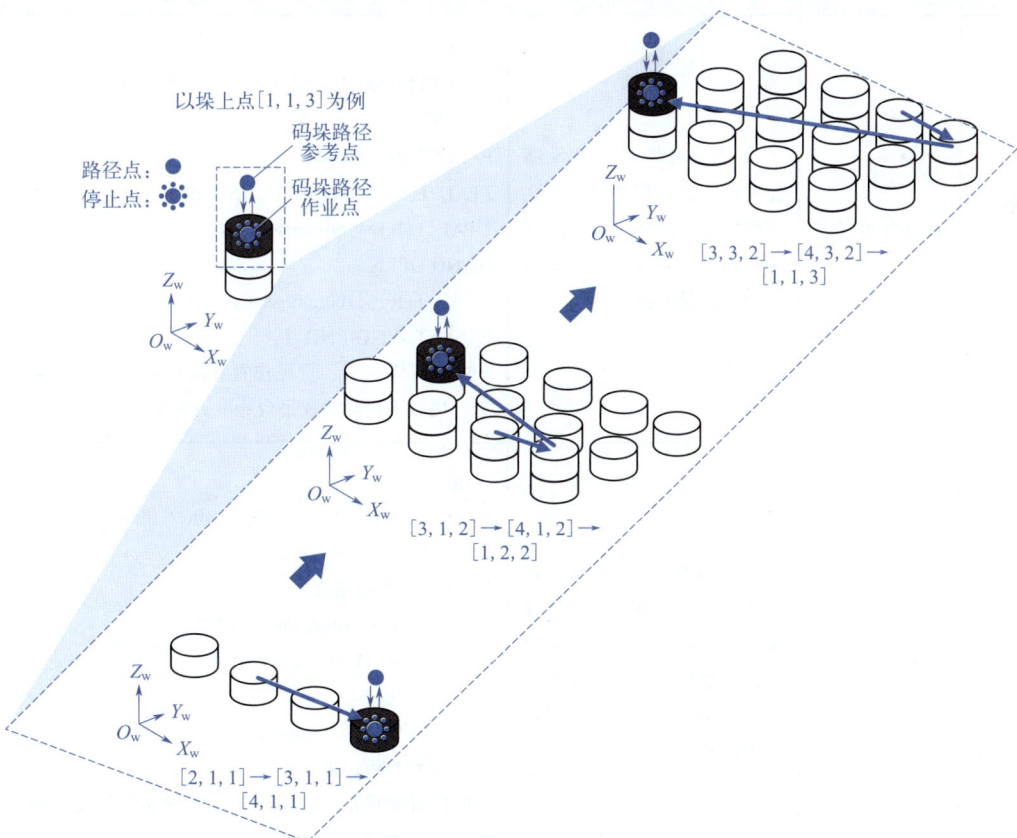

图 2-33　堆垛路径示意

点拨

　　同机器人运动轨迹上的关键位置点信息存储（位置变量 $P[i]$ 和位置寄存器 $PR[i]$）相似，货垛上点的（位置）索引信息可以采用码垛寄存器存储，如 FANUC 机器人的 $PL[i]$。

　　规则货垛的垛上点指令位姿和堆垛路径是由机器人码垛工艺软件基于码垛寄存器的值和货垛垛形在线实时计算生成的。

2.6.2　码垛工艺指令

　　上述货垛垛形、货垛位置和堆垛路径等关键码垛工艺参数经由机器人码垛工艺指令进行设置。码垛工艺指令是基于码垛寄存器的值，根据货垛垛形，由系统软件在线实时计算各垛上点的指令位姿及其堆码路径，改写码垛运动指令的位置坐标，控制机器人完成自动码垛任务的指令，包括码垛开始指令、码垛运动指令和码垛结束指令等。为简化码垛任务编程过程，对于主流品牌机器人而言，现场工程师只需将货垛垛形、货垛位置和堆垛路径等信息交互输入工艺软件中，系统将自动生成码垛工艺指令语句序列。常见的机器人码垛工艺指令及功能见表 2-20。

表 2-20　常见的机器人码垛工艺指令及功能

序号	码垛工艺指令	指令功能	指令示例（FANUC）
1	码垛开始指令	基于货垛垛形、堆垛路径和码垛寄存器的值，计算当前垛上点的指令位姿及其堆码路径，并改写码垛运动指令的位置坐标	格式： PALLETIZING-［码垛样式］_［码垛号码］ 示例： PALLETIZING-B_1 J PAL_1［A_1］100mm/sec CNT10 L PAL_1［BTM］50mm/sec FINE HAND OPEN L PAL_1［R_1］100mm/sec CNT10 PALLETIZING-END_1 // 根据货垛垛形、货垛位置和堆垛路径等交互输入信息，机器人自动完成平台垛堆码成垛作业
2	码垛运动指令	使用具有参考点（含邻近点和回退点）和作业点（垛上点）的线路点作为指令位姿的运动指令，是码垛专用的运动指令，其位置坐标通过码垛开始指令逐次改写	格式： J PAL_［码垛号码］［线路点］100% FINE 示例： PALLETIZING-E_1 J PAL_1［A_1］100mm/sec CNT10 L PAL_1［BTM］50mm/sec FINE HAND OPEN L PAL_1［R_1］100mm/sec CNT10 PALLETIZING-END_1 // 根据货垛垛形、货垛位置和堆垛路径等交互输入信息，机器人自动完成梅花形垛堆码成垛作业

续表

序号	码垛工艺指令	指令功能	指令示例（FANUC）
3	码垛结束指令	计算下一个作业点（垛上点），改写码垛寄存器的值	格式： PALLETIZING-END_[码垛号码] 示例： PALLETIZING-EX_1 J PAL_1[A_1]100mm/sec CNT10 L PAL_1[BTM]50mm/sec FINE HAND OPEN L PAL_1[R_1]100mm/sec CNT10 PALLETIZING-END_1 // 根据货垛垛形、货垛位置和堆垛路径等交互输入信息，机器人自动完成井形垛堆码成垛作业

注：1. 当码垛开始指令、码垛运动指令和码垛结束指令序列存在于同一任务程序内时，方可发挥出指令功能。仅将三者中的任一指令复制到子程序，码垛工艺指令功能失效；

2. 码垛运动指令的动作类型仅限关节运动和直线运动。

任务分析

　　码垛任务的机器人运动轨迹相似度高。当使用码垛指令进行编程时，可简化示教点数量。以两行两列两层的码垛任务为例，完成机器人从带式输送机上取料后码垛，需示教五个目标指令位姿生成机器人"冂"字运动路径，其运动路径和夹持器姿态规划如图 2-34 所示。机器人码垛作业的指令位姿见表 2-21。同时，在"去编程化"的导航式码垛工艺参数配置过程中，需要人工导引机器人夹持器移至各关键垛上定义货垛位置和堆垛路径。货垛位置点包括行的起点 P[1，1，1]、行的终点 P[2，1，1]、列方向点 P[1，2，1] 和层的终点 P[1，1，2]，如图 2-35 所示。堆垛路径包括码垛路径参考点 P[A_1]/P[R_1]（即图 2-34 中的示教点④）和码垛路径作业点 P[BTM]（即图 2-34 中的示教点⑤）。

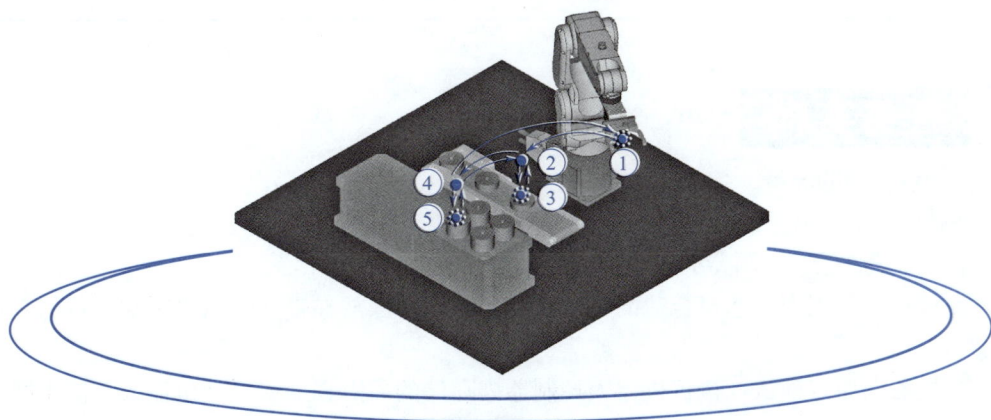

图 2-34

机器人路径规划

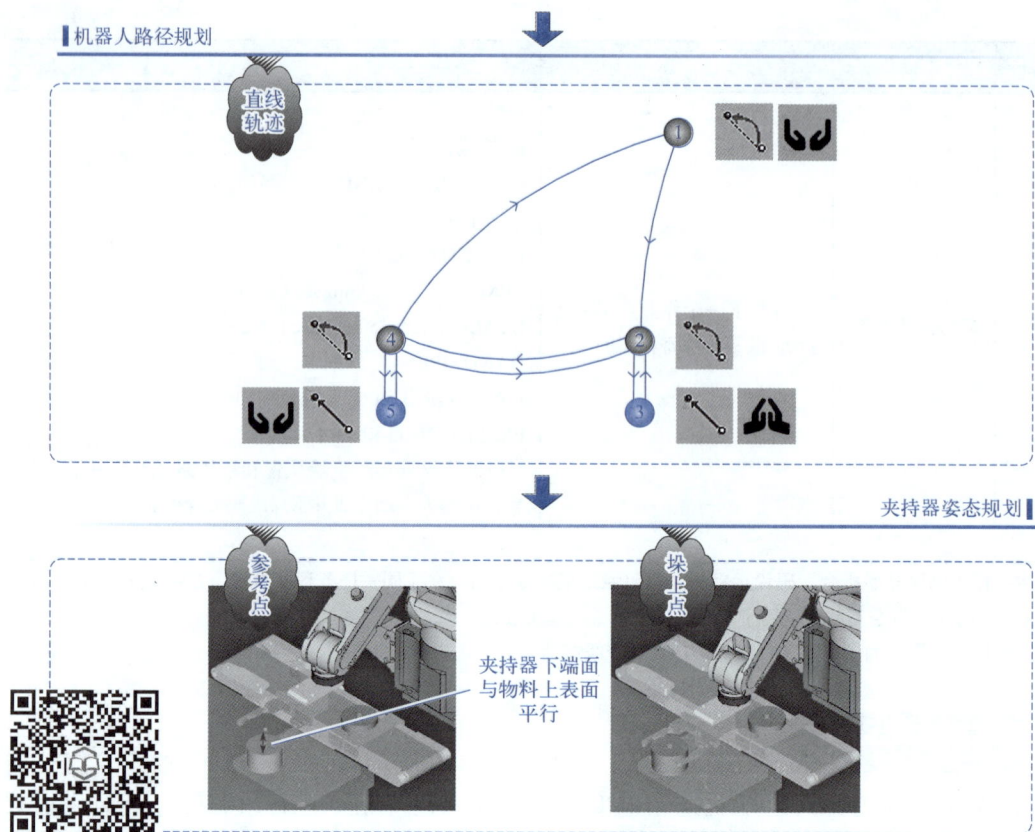

夹持器姿态规划

图 2-34 机器人码垛作业的运动规划

机器人码垛
运动规划

表 2-21 机器人码垛作业的指令位姿

指令位姿	备注	指令位姿	备注	指令位姿	备注
①	原点（HOME）	③	抓取点	⑤	释放点（码垛路径作业点 P[BTM]）
②	抓取参考点	④	释放参考点（码垛路径参考点 P[A_1]/P[R_1]）	—	—

任务实施

（1）示教前的准备

开始任务示教前，请做好如下准备。

① 工件表面清理　将待码垛工件的表面油污等杂质清理干净。

② 试件摆放固定　选择合适的位置将待码垛试件摆放在带式输送机末端、行的起点和行的终点上。

③ 机器人原点确认　执行机器人控制器内存储的原点程序或点动机器人，使机器人返回原点（如 J1=-30°、J5=-90°、J2=J3=J4=J6=0°）。

④ 机器人坐标系设置　设置正确的机器人工具坐标系和工件（用户）坐标系的编号。

⑤ 新建任务程序　创建机器人码垛任务程序文件，如文件名"RSR0003"。

（2）运动轨迹示教

按照图 2-34 所示的机器人任务、运动路径和夹持器姿态规划，完成机器人码垛任务的运动轨迹示教。针对机器人码垛任务，点动机器人依次通过原点 P[1]、抓取参考点 P[2]、抓取点 P[3]、行的起点 P[1, 1, 1]、行的终点 P[2, 1, 1]、列方向点 P[1, 2, 1]、层的终点 / 释放点 P[1, 1, 2]/P[BTM] 和释放参考点 P[A_1]/P[R_1]8 个目标位置点，并记忆示教点的位姿信息。具体示教步骤见表 2-22。编制完成的机器人码垛任务程序见表 2-23。

表 2-22　机器人码垛的运动轨迹示教步骤

示教点	示教步骤
机器人原点 P[1]	1）切换手动模式。切换机器人控制器操作面板【模式旋钮】至"T1"或"T2"位置（手动模式） 2）示教盒置于有效状态。切换示教盒【使能键】至"ON"位置（有效） 3）记忆示教点 P[1]。点按功能菜单（图标）栏的"点"（F1【功能菜单】），弹出标准动作界面，使用【方向键】选择关节运动指令（J P[]*% FINE），点按 ENTER【回车键】确认，记忆当前示教点 P[1] 为机器人原点
抓取参考点 P[2]	1）切换机器人点动坐标系。点按 COORD【坐标系键】，切换机器人点动坐标系为系统默认的 工件（用户）坐标系，即与 机座（世界）坐标系重合 2）粗调机器人夹爪姿态。在满足点动机器人条件下，使用【安全开关】+ SHIFT【上档键】+【运动键】组合键，点动机器人绕 工件（用户）坐标系的 Z 轴定点转动，粗调机器人夹爪与带式输送机行进方向垂直，开口朝向码垛平台 3）移至调姿参考点。在满足点动机器人条件下，使用【安全开关】+ SHIFT【上档键】+【运动键】组合键，点动机器人沿 工件（用户）坐标系的 X 轴、Y 轴、Z 轴方向，线性贴近抓取点附近的参考点，如带式输送机框架外沿 4）精调机器人夹爪姿态。在满足点动机器人条件下，使用【安全开关】+ SHIFT【上档键】+【运动键】组合键，点动机器人绕 工件（用户）坐标系的 Z 轴定点转动，精确调整机器人夹爪与带式输送机行进方向垂直，开口朝向码垛平台 5）移至抓取点。在满足点动机器人条件下，使用【安全开关】+ SHIFT【上档键】+【运动键】组合键，点动机器人沿 工件（用户）坐标系的 X 轴、Y 轴、Z 轴方向线性缓慢移至抓取点，夹爪开口中心与工件几何中心重合 6）移至抓取参考点。在满足点动机器人条件下，保持机器人夹爪姿态不变，使用【安全开关】+ SHIFT【上档键】+【运动键】组合键，点动机器人沿 工件（用户）坐标系的+Z轴方向，线性移向远离抓取点的安全位置，离抓取点距离为 50 ～ 80mm 7）记忆示教点 P[2]。点按功能菜单（图标）栏的"点"（F1【功能菜单】），弹出标准动作界面，使用【方向键】选择关节运动指令（J P[]*% FINE），点按 ENTER【回车键】确认，记忆当前示教点 P[2] 为抓取参考点
抓取点 P[3]	1）移至抓取点。在满足点动机器人条件下，使用【安全开关】+ SHIFT【上档键】+【运动键】组合键，点动机器人沿 工件（用户）坐标系的 -Z 轴方向线性缓慢移至抓取点，如图 2-35（a）所示 2）记忆示教点 P[3]。点按功能菜单（图标）栏的［点］（F1【功能菜单】），弹出标准动作界面，使用【方向键】选择直线运动指令（L P[]* cm/min FINE），点按 ENTER【回车键】确认，记忆当前示教点 P[3] 为抓取点

示教点	示教步骤
抓取参考点 P[2]	1）记忆示教点 P[4]。保持机器人位姿不变，点按功能菜单（图标）栏的"点"（F1【功能菜单】），弹出标准动作界面，使用【方向键】选择直线运动指令（L P[]* cm/min FINE），点按【回车键】确认，记忆当前示教点 P[4] 2）修改示教点位置变量。使用【方向键】移动光标至位置变量 P[4] 处，通过【数字键】变更位置变量 P[4] 为 P[2]，点按【回车键】确认，记忆抓取参考点
行的起点 P[1, 1, 1]	1）进入码垛配置画面。点按功能菜单（图标）栏的"指令"（F1【功能菜单】），弹出指令菜单，使用【方向键】选择"码垛"指令，点按【回车键】确认，弹出码垛指令菜单，使用【方向键】选择 PALLETIZING-B 指令，弹出码垛配置画面 2）配置码垛基础参数。修改行列层参数值为 2，其余配置参数默认，如图 2-37 所示，点按完成（F5【功能菜单】），弹出码垛底部点画面 3）移至行的起点。在满足点动机器人条件下，使用【安全开关】+SHIFT【上档键】+【运动键】组合键，点动机器人沿 工件（用户）坐标系的 X 轴、Y 轴、Z 轴方向，线性贴近行的起点，夹爪开口中心与工件几何中心重合，如图 2-36（a）所示 4）记忆示教点 P[1, 1, 1]。移动光标至行的起点 P[1, 1, 1] 所在行的最左端，使用SHIFT【上档键】+F4【功能菜单】组合键，记忆当前示教点 P[1, 1, 1] 为行的起点，"*P[1, 1, 1]"变为"——P[1, 1, 1]——"，如图 2-38 所示
行的终点 P[2, 1, 1]	1）移至行的终点。在满足点动机器人条件下，使用【安全开关】+SHIFT【上档键】+【运动键】组合键，点动机器人沿 工件（用户）坐标系的 +X 轴方向，线性贴近行的终点，夹爪开口中心与工件几何中心重合，如图 2-36（b）所示 2）记忆示教点 P[2, 1, 1]。移动光标至行的终点 P[2, 1, 1] 所在行的最左端，使用SHIFT【上档键】+F4【功能菜单】组合键，记忆当前示教点 P[2, 1, 1] 为行的终点，"*P[2, 1, 1]"变为"——P[2, 1, 1]——"
列的终点 P[1, 2, 1]	1）移至行的起点。移动光标至行的起点 P[1, 1, 1] 所在行的最左端，在满足点动机器人条件下，使用【安全开关】+SHIFT【上档键】+FWD【程序键】组合键，点动机器人线性贴近行的起点 2）移至列的终点。在满足点动机器人条件下，使用【安全开关】+SHIFT【上档键】+【运动键】组合键，点动机器人沿 工件（用户）坐标系的 +Y 轴方向，线性贴近列的终点，夹爪开口中心与工件几何中心重合，如图 2-36（c）所示 3）记忆示教点 P[1, 2, 1]。移动光标至列的终点 P[1, 2, 1] 所在行的最左端，使用SHIFT【上档键】+F4【功能菜单】组合键，记忆当前示教点 P[1, 2, 1] 为列的终点，"*P[1, 2, 1]"变为"——P[1, 2, 1]——"
层的终点 P[1, 1, 2]	1）移至行的起点。移动光标至行的起点 P[1, 1, 1] 所在行的最左端，在满足点动机器人条件下，使用【安全开关】+SHIFT【上档键】+FWD【程序键】组合键，点动机器人线性贴近行的起点 2）移至层的终点。在满足点动机器人条件下，使用【安全开关】+SHIFT【上档键】+【运动键】组合键，点动机器人沿 工件（用户）坐标系的 +Z 轴方向，线性贴近层的终点，夹爪开口中心与工件几何中心重合，如图 2-36（d）所示 3）记忆示教点 P[1, 1, 2]。移动光标至层的终点 P[1, 1, 2] 所在行的最左端，使用SHIFT【上档键】+F4【功能菜单】组合键，记忆当前示教点 P[1, 1, 2] 为层的终点，"*P[1, 1, 2]"变为"——P[1, 1, 2]——"

示教点	示教步骤
释放点 P[BTM]	1）进入码垛路线点画面。点按完成（F5【功能菜单】），弹出码垛线路点画面 2）记忆示教点 P[BTM]。移动光标至释放点 P[BTM] 所在行的最左端，点按功能菜单（图标）栏的"点"（F2【功能菜单】），弹出标准动作界面，使用【方向键】选择直线运动指令（L P[]* cm/min FINE），点按 ENTER【回车键】确认，记忆当前示教点 P[BTM] 为释放点，如图 2-39 所示
释放参考点 P[A_1]	1）移至释放参考点。在满足点动机器人条件下，使用【安全开关】+ SHIFT【上档键】+【运动键】组合键，点动机器人沿 课 工件（用户）坐标系的 +Z 轴方向，线性移向远离释放点的安全位置，离垛上点距离为 50 ～ 80mm，如图 2-35（b）所示 2）记忆示教点 P[A_1]。移动光标至释放参考点 P[A_1] 所在行的最左端，点按功能菜单（图标）栏的"点"（F2【功能菜单】），弹出标准动作界面，使用【方向键】选择关节运动指令（J P[]*% FINE），点按 ENTER【回车键】确认，记忆当前示教点 P[A_1] 为释放参考点
释放参考点 P[R_1]	1）记忆示教点 P[R_1]。移动光标至释放参考点 P[R_1] 所在行的最左端，点按功能菜单（图标）栏的"点"（F2【功能菜单】），弹出标准动作界面，使用【方向键】选择直线运动指令（L P[]* cm/min FINE），点按 ENTER【回车键】确认，记忆当前示教点 P[R_1] 为释放参考点 2）码垛指令插入程序。点按完成（F5【功能菜单】），码垛指令插入当前程序
机器人原点 P[1]	1）记忆示教点 P[4]。保持机器人位姿不变，点按功能菜单（图标）栏的"点"（F1【功能菜单】），弹出标准动作界面，使用【方向键】选择关节运动指令（J P[]* cm/min FINE），点按 ENTER【回车键】确认，记忆当前示教点 P[4] 2）修改示教点位置变量。使用【方向键】移动光标至位置变量 P[4] 处，通过【数字键】变更位置变量 P[4] 为 P[1]，点按 ENTER【回车键】确认，记忆机器人原点

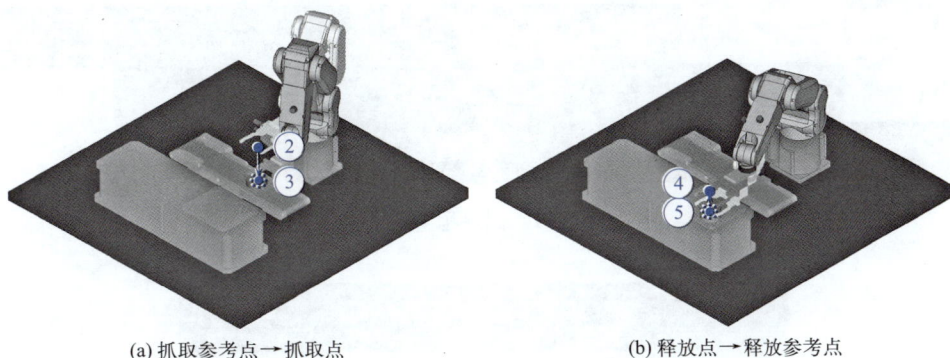

(a) 抓取参考点→抓取点　　　　　　　　　　　(b) 释放点→释放参考点

图 2-35　机器人码垛指令位姿示意

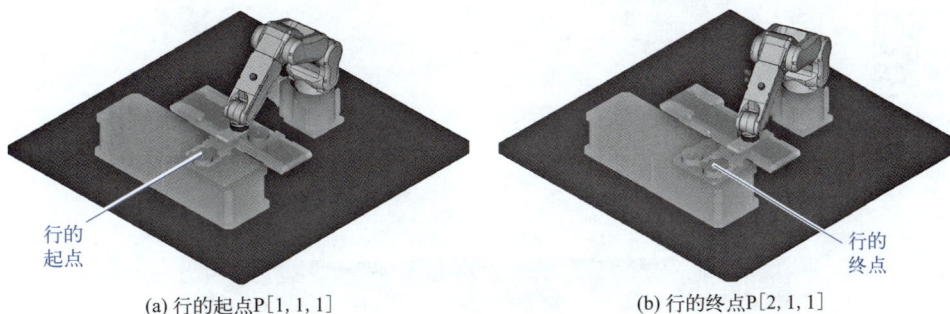

(a) 行的起点 P[1, 1, 1]　　　　　　　　　　　(b) 行的终点 P[2, 1, 1]

图 2-36

(c) 列的终点P[1, 2, 1]　　　　　　　　　(d) 层的终点P[1, 1, 2]

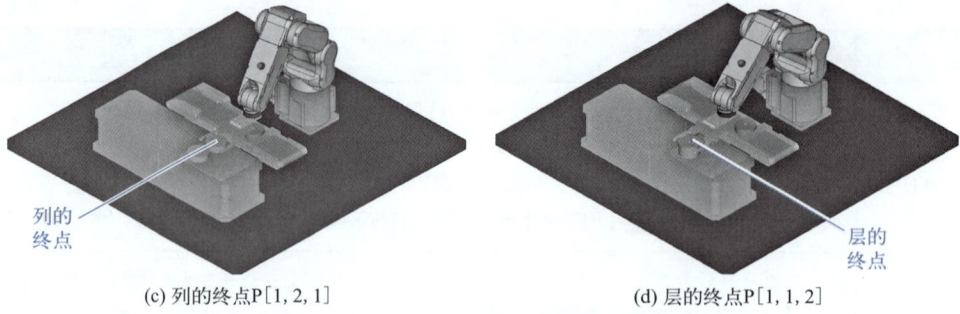

图 2-36　人工引导机器人定形货垛示意

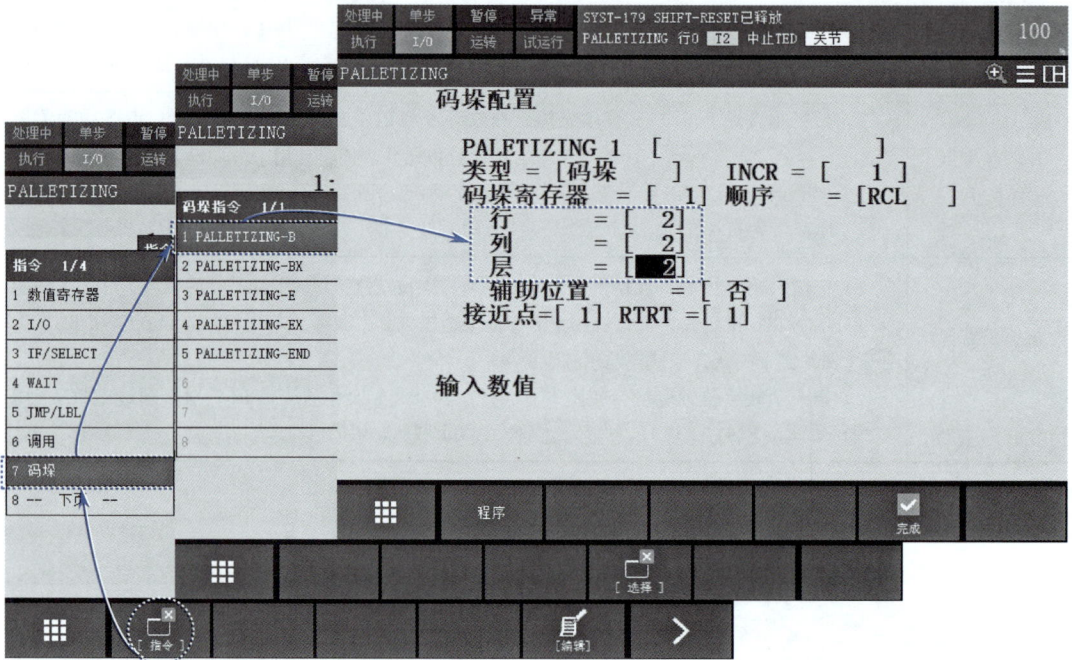

图 2-37　码垛配置画面

机器人码垛
语句块的生成

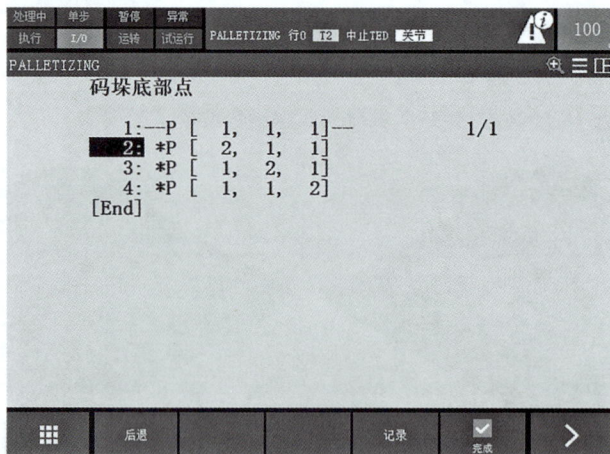

图 2-38　记忆示教点 P[1,1,1]

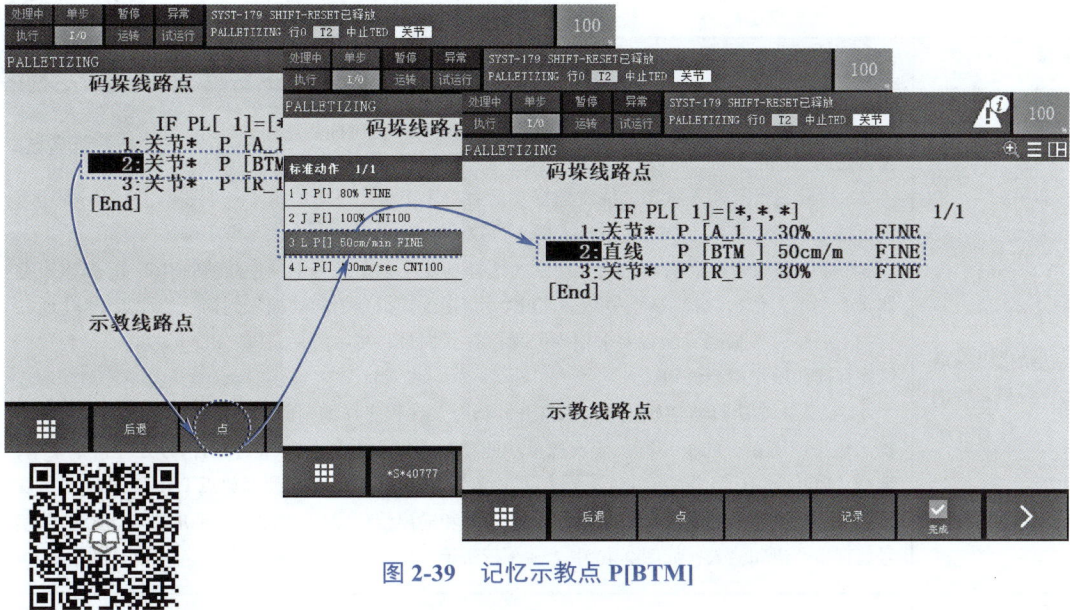

图 2-39 记忆示教点 P[BTM]

机器人码垛任务编辑

表 2-23 码垛的任务程序

行号码	指令语句	备注
1:	UTOOL_NUM= 1	工具坐标系（夹爪）选择
2:	J　P[1]　80%　FINE	机器人原点（HOME）
3:	J　P[2]　80%　FINE	抓取参考点
4:	L　P[3]　50cm/min　FINE	抓取点
5:	L　P[2]　50cm/min　FINE	抓取参考点
6:	PALLETIZING-B_1	码垛开始规范
7:	J　PAL_1[A_1]　80%　FINE	释放参考点
8:	L　PAL_1[BTM]　50cm/min　FINE	释放点
9:	L　PAL_1[R_1]　50cm/min　FINE	释放参考点
10:	PALLETIZING-END_1	码垛结束规范
11:	J　P[1]　80%　FINE	机器人原点（HOME）
[End]		程序结束

（3）动作次序示教

根据任务要求，机器人自动启停带式输送机、末端执行器动作、码垛初始化和循环码垛功能均需由机器人控制器直接控制，即利用机器人信号处理指令和流程控制指令实现码垛机器人与带式输送机的动作次序控制，其动作次序示教要领见表2-24。

表 2-24　机器人码垛动作次序的示教

示教内容	示教方法
初始化码垛寄存器和末端执行器	1）加载任务程序。点按 [SELECT]【一览键】，弹出程序一览画面，选择并打开新创建的"Palletizing"程序，移动光标至第一个原点 P[1] 所在行 2）切换编辑至插入状态。依次选择功能菜单【下页】→【编辑】→【插入】，切换程序编辑至插入状态，使用【数字键】输入插入行数（如 2），点按 [ENTER]【回车键】确认 3）插入码垛寄存器初始化指令。依次选择功能菜单【指令】→【数值寄存器】，弹出寄存器指令菜单，依次选择"…=…"→"PL[ ]"指令，指令语句被插入到第一个原点 P[1] 所在行的上一行，根据码垛配置要求输入码垛寄存器编号和初始值，完成"PL[1]=[1, 1, 1]"码垛寄存器初始化指令语句输入 4）插入末端执行器初始化（夹爪打开）指令。在程序详细画面下，移动光标至码垛寄存器初始化指令所在行的下一行，依次选择功能菜单【指令】→【I/O】，弹出信号处理指令菜单，选择"RO[ ]=…"指令，点按 [ENTER]【回车键】，指令语句被插入到释放点 PAL_1[BTM] 所在行的下一行，根据 I/O 配置要求输入端子编号和输出值，完成"RO[1：手爪夹紧]=OFF"信号处理指令语句输入，如图 2-40 中 2～3 行所示
在原点启动短流带式输送机	插入短流带式输送机启动指令。移动光标至第一个原点 P[1] 所在行的下一行，插入 1 行空白行，依次选择功能菜单【指令】→【I/O】，弹出信号处理指令菜单，选择"DO[ ]=…"指令，点按 [ENTER]【回车键】，指令语句被插入到第一个原点 P[1] 所在行的下一行，根据 I/O 配置要求输入端子编号和输出值，完成"DO[106：短流正转 / 停止]=PULSE，0.5sec"信号处理指令语句输入，如图 2-40 中 5 行所示
在取料中间过渡点开始码垛循环	插入循环开始指令。在程序详细画面下，移动光标至取料中间过渡点 P[2] 所在行的下一行，插入 1 行空白行，依次选择功能菜单【指令】→【下页】→【下页】→【FOR/ENDFOR】，弹出 FOR 指令菜单，选择"FOR"指令，指令语句被插入到取料中间过渡点 P[2] 所在行的下一行，根据数值寄存器配置和循环次数要求输入数值寄存器编号、循环起始值和结束值，完成"FOR R[1]=1 TO 8"循环开始指令语句输入，如图 2-40 中 6 行所示
在抓取参考点判定物料传感器状态	插入等待指令。在程序详细画面下，移动光标至抓取参考点 P[3] 所在行的下一行，插入 1 行空白行，依次选择功能菜单【指令】→【WAIT】，弹出等待指令菜单，依次选择"WAIT …=…"→"DI[ ]"指令，指令语句被插入到抓取参考点 P[3] 所在行的下一行，根据 I/O 配置要求输入端子编号和输出值，完成"WAIT DI[105：短流有料]=ON"等待指令语句输入，如图 2-40 中 8 行所示
在抓取点抓取物料	1）插入夹爪闭合指令。在程序详细画面下，移动光标至抓取点 P[4] 所在行的下一行，插入 2 行空白行，依次选择功能菜单【指令】→【I/O】，弹出信号处理指令菜单，选择"RO[ ]=…"指令，点按 [ENTER]【回车键】，指令语句被插入到抓取点 P[4] 所在行的下一行，根据 I/O 配置要求输入端子编号和输出值，完成"RO[1：手爪夹紧]=ON"信号处理指令语句输入 2）插入等待指令。在程序详细画面下，移动光标至夹爪闭合指令语句所在行的下一行，依次选择功能菜单【指令】→【WAIT】，弹出等待指令菜单，选择"WAIT …（sec）"指令，点按 [ENTER]【回车键】，指令语句被插入到夹爪闭合指令语句所在行的下一行，设置夹爪闭合确认时间为 0.50s，完成"WAIT　.50（sec）"等待指令语句输入，如图 2-40 中 10～11 行所示

机器人码垛工艺调试

示教内容	示教方法
在释放点放置物料	1）插入夹爪打开指令。在程序详细画面下，移动光标至释放点 PAL_1[BTM] 所在行的下一行，插入 2 行空白行，依次选择功能菜单【指令】→【I/O】，弹出信号处理指令菜单，选择"RO[　]=…"指令，点按 [ENTER]【回车键】，指令语句被插入到释放点 PAL_1[BTM] 所在行的下一行，根据 I/O 配置要求输入端子编号和输出值，完成"RO[1：手爪夹紧]=OFF"信号处理指令语句输入 2）插入等待指令。在程序详细画面下，移动光标至夹爪打开指令语句所在行的下一行，依次选择功能菜单【指令】→【WAIT】，弹出等待指令菜单，选择"WAIT …（sec）"指令，点按 [ENTER]【回车键】，指令语句被插入到夹爪打开指令语句所在行的下一行，设置夹爪打开确认时间为 0.50s，完成"WAIT　.50（sec）"等待指令语句输入，如图 2-40 中 16 ～ 17 行所示
在码垛结束规范后结束码垛循环和停止短流带式输送机	1）插入循环开始指令。在程序详细画面下，移动光标至码垛结束规范所在行的下一行，插入 2 行空白行，依次选择功能菜单【指令】→【下页】→【下页】→【FOR/ENDFOR】，弹出 FOR 指令菜单，选择"ENDFOR"指令，指令语句被插入到码垛结束规范所在行的下一行，完成"ENDFOR"循环结束指令语句输入 2）插入短流带式输送机停止指令。移动光标至循环结束指令语句所在行的下一行，依次选择功能菜单【指令】→【I/O】，弹出信号处理指令菜单，选择"DO[　]=…"指令，点按 [ENTER]【回车键】，指令语句被插入到循环结束指令语句所在行的下一行，根据 I/O 配置要求输入端子编号和输出值，完成"DO[106：短流正转 / 停止]=PULSE, 0.5sec"信号处理指令语句输入，如图 2-40 中 20 ～ 21 行所示

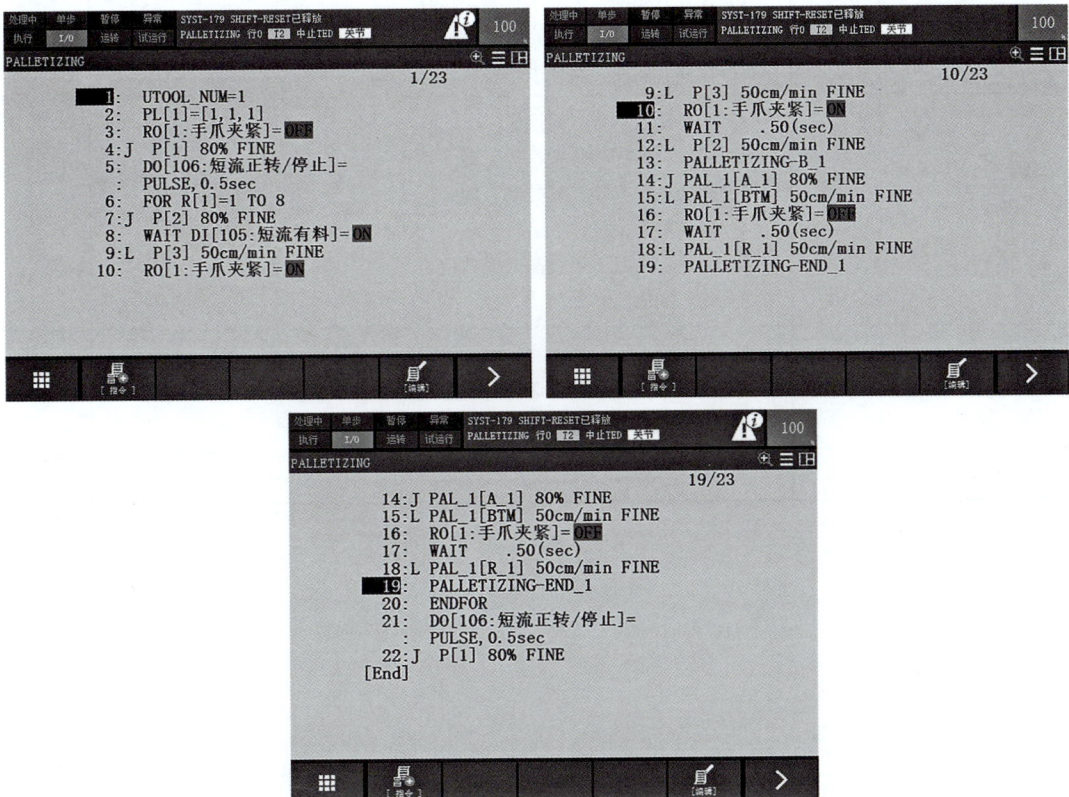

图 2-40　FANUC 机器人码垛任务程序示例

（4）程序验证与参数优化

为确认机器人 TCP 运动轨迹的合理性和精确度，需要进行机器人码垛任务的单步程序验证和连续测试运行。各任务程序验证无误后，方可再现机器人码垛。自动模式下，机器人自动运转任务步骤如下所述。

① 中止执行中的程序　在手动模式下，点按▢【辅助菜单】选择【中止程序】。

② 加载任务程序　点按▢【一览键】，弹出程序一览画面，选择并打开创建的"RSR0003"程序，将光标移至第一行。

③ 调整速度倍率　点按▢【倍率键】，切换机器人运动速度的倍率挡位至 100%。

④ 示教盒置于无效状态　切换示教盒【使能键】至"OFF"位置（无效）。

⑤ 选择自动模式　切换控制柜【模式旋钮】至"AUTO"位置（自动模式）。

⑥ 自动运转程序　点按机器人系统外部集中控制盒上的【启动按钮】，系统自动运转执行任务程序，机器人开始码垛作业。

任务评价

任务评价见表 2-25。

表 2-25　任务评价表

评价内容	配分	评分标准	得分
码垛前初始化	15	1）作业开始前，机器人在初始位置 2）作业开始前，相关寄存器已初始化 3）作业开始前，末端夹爪处于打开状态	
码垛过程	60	1）能自动启动带式输送机 2）码垛物料初始位置摆放正确、整齐 3）码垛过程末端工具控制合理 4）码垛过程中机器人运行平稳，有物料时慢，无物料时快 5）码放物料时不要碰撞其他物料 6）物料摆放整齐	
码垛完成	15	1）码放完成后机器人能自动回到安全位置 2）码放完成后带式输送机处于停止状态 3）码放完成后末端夹爪处于打开状态	
安全意识	10	遵守安全操作规范要求	

实践报告——机器人码垛

院系		课程名称		日期	
姓名		学号		班级	
任务名称			成绩		

一、任务描述

二、任务要求

三、任务实施

四、任务评价

五、任务心得

2.7　任务 4：机器人码垛仿真

任务提出

　　离线编程是指在与机器人分离的装置上编制任务程序后再输入到机器人中的编程方法，具有绿色、安全且适合复杂轨迹编程等优点。离线编程可以克服示教编程的诸多缺点，充分利用计算机，尤其是图形学的功能，节约编制机器人任务程序所需要的时间成本，同时也改善示教编程的不便。目前离线编程广泛应用于机器人焊接、打磨、去毛刺、激光切割和数控加工等应用领域。

　　本任务要求采用离线编程方法，模拟生产线上带式输送机长距离输送工件的场景，待工件运转至指定位置后，经由传感器信号触发机器人携带（两指）夹持器，完成机器人码垛作业任务（货垛垛形为两行两列两层），如图 2-29 所示。

知识准备

2.7.1　离线编程

　　在与机器人分离的专业软件环境下，建立机器人及其工作环境的几何模型，采用专用或通用程序语言，以离线方式进行机器人运动轨迹的规划编程，如图 2-41 所示。离线编制的

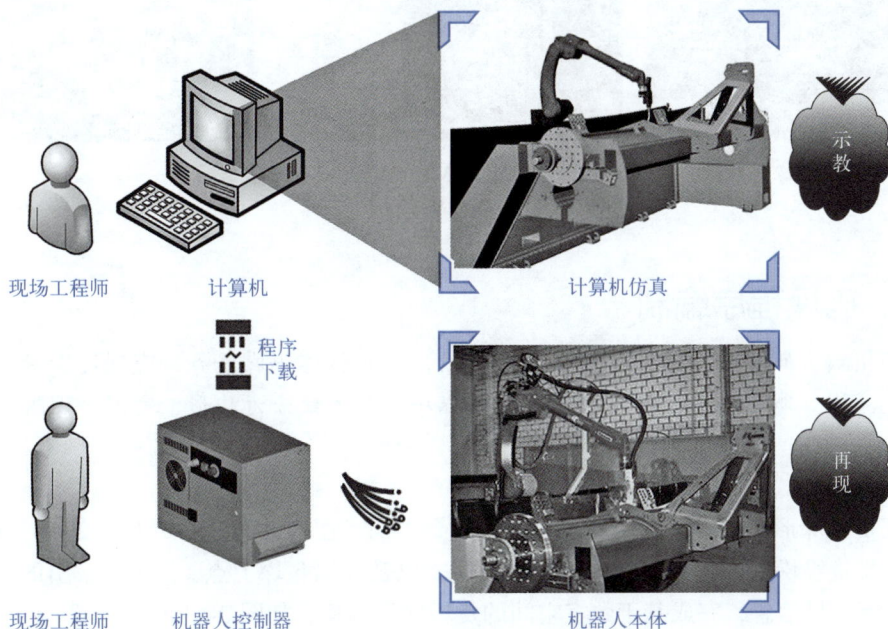

现场工程师　　计算机　　　　　　　　　　　计算机仿真

示教

程序下载

现场工程师　　机器人控制器　　　　　　　机器人本体

再现

图 2-41　工业机器人的离线编程

程序通过支持软件的解释或编译产生目标程序代码，然后生成机器人轨迹规划数据。与示教编程相比，离线编程具有减少机器人不工作时间、使机器人现场工程师远离可能存在危险的编程环境、便于与CAD/CAM（计算机辅助设计/计算机辅助制造）系统结合、能够实现复杂轨迹编程等优点。当然，离线编程也存在一些缺点。例如，离线编程需要机器人现场工程师掌握相关知识；离线编程软件（如FANUC公司开发的Roboguide、ABB公司开发的RobotStudio、Panasonic公司开发的DTPS等）也需要一定的投入资金；对于简单轨迹编程而言，其没有示教编程的效率高；无法展现工艺条件变更带来的作业过程和质量变化；可能存在的模型误差、工件装配误差和机器人定位误差等都会对其精度产生一定的影响。

值得一提的是，近年来为有效解决大型钢结构机器人作业编程效率低的难题，以箱体格挡等典型钢结构为切入点，机器人系统集成商和终端客户联合开发出机器人快速参数化编程技术。通过手动输入钢结构的几何特征参数，快速生成构件三维数模，然后将其导入离线编程软件，依次完成机器人路径规划、轨迹生成和干涉校验等工作，并将优化后的任务程序下载至机器人控制器，实现机器人自动化作业，如图2-42所示。

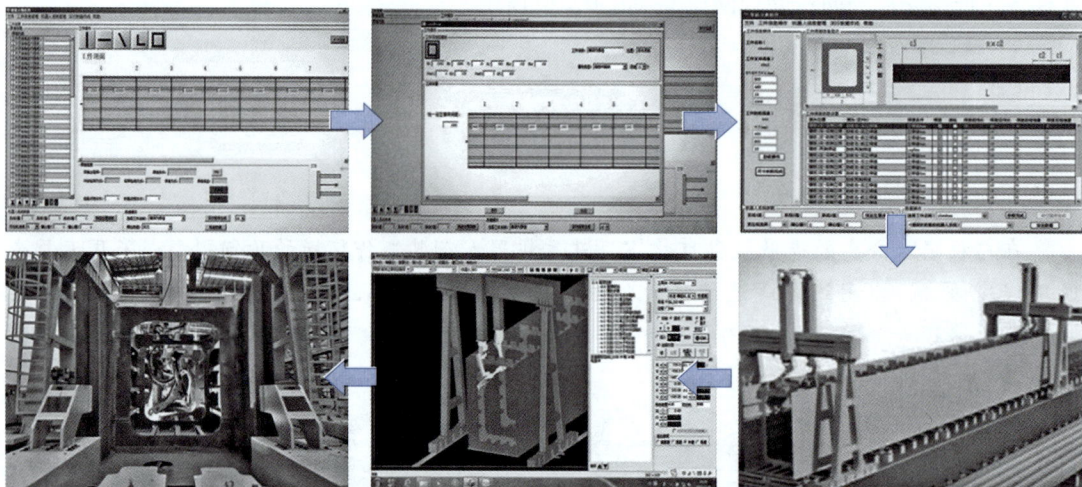

图 2-42　工业机器人的快速参数化编程

2.7.2　码垛程序编制

熟知机器人码垛的基本原理和工艺指令后，针对具体码垛任务，应视货垛垛形和堆垛路径制定流程。概况来讲，机器人码垛任务程序编制大致分为构形、定形、设限和筑形四大环节。

（1）构形

根据货垛垛形和堆垛路径选择码垛开始指令类别，在弹出的导航式人机交互界面中，逐项输入定义货垛垛形的行、列、层，堆垛顺序，以及存储各垛上点（位置）索引的码垛寄存器的编号等资料信息，完成基于数字空间的货垛垛形构建，如图2-43所示。

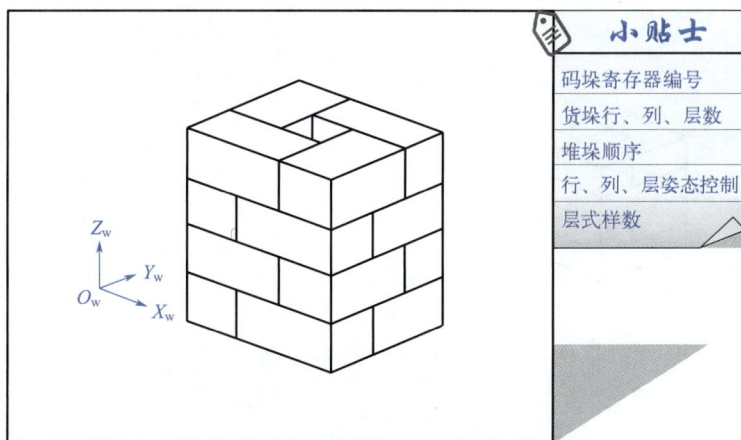

图 2-43　基于数字空间的货垛垛形构建

（2）定形

在导航式人机交互界面中，根据所构建的数字空间货垛垛形，逐一人工导引机器人末端执行器至各关键垛上点位置，形成数字空间向物理空间的映射，如图 2-44 所示。

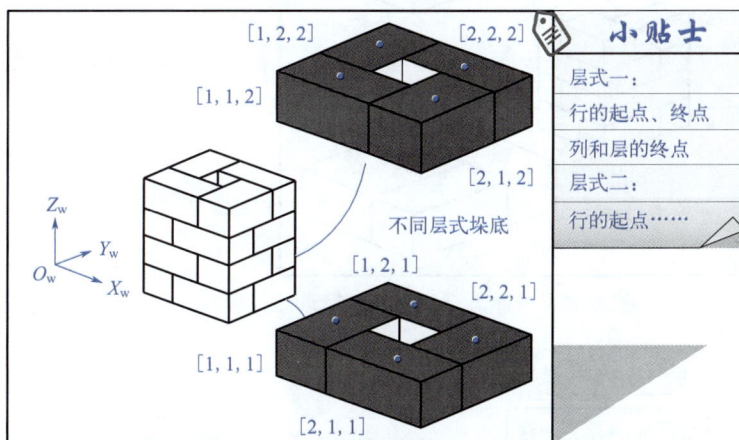

图 2-44　基于物理空间的货垛垛形定位

（3）设限

在导航式人机交互界面中，根据所设定的堆垛路径数和层式样数，设置机器人堆码成垛的运动路径样式条件，如图 2-45 所示。

（4）筑形

在导航式人机交互界面中，根据所设定的堆垛路径数和层式样数，人工导引机器人末端执行器至若干垛上点位置及其参考点位置，建立机器人堆码成垛的运动路径，如图 2-46 所示。

综上所述，机器人码垛任务程序编制借助码垛工艺软件导航式人机交互界面，通过"去编程化"的导航式码垛工艺参数配置，系统自动生成码垛工艺指令语句序列，使机器人真正从专业"设备"变为人人皆可使用的"工具"，如图 2-47 所示。机器人码垛工艺软件的出现，有效提高了现场工程师的任务编程效率和简化了任务程序重新部署工作，有助于实现机器人码垛"零门槛"。

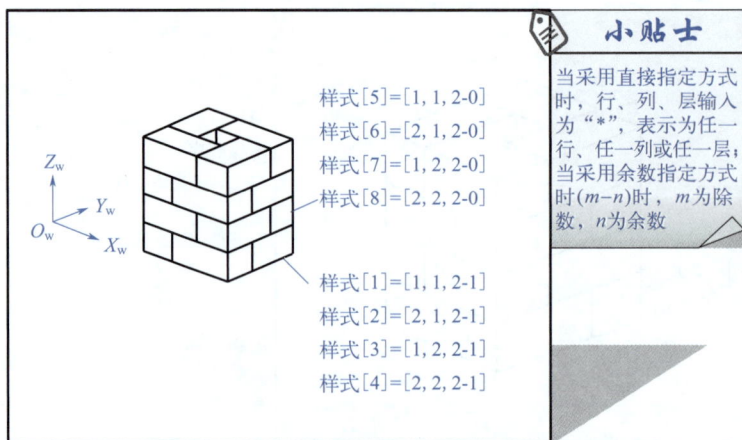

图 2-45　机器人堆码成垛的运动路径样式条件设置

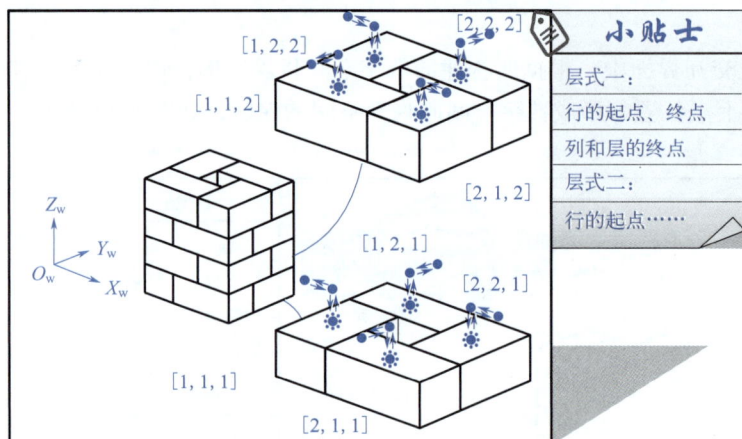

图 2-46　机器人堆码成垛的运动路径建立

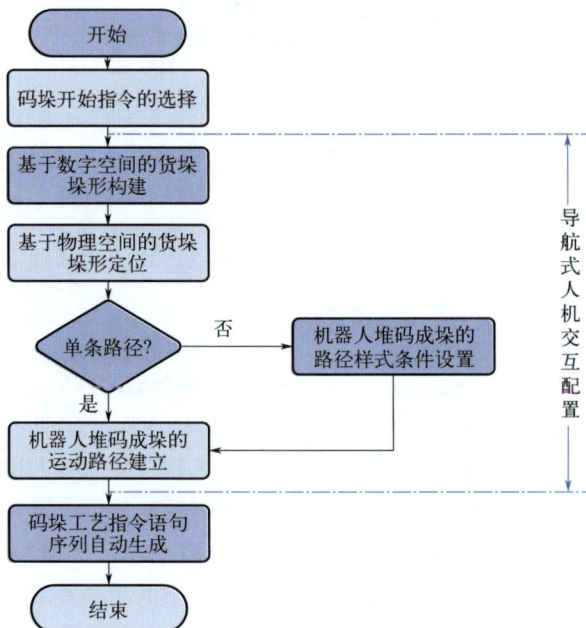

图 2-47　机器人码垛任务程序编制的基本流程

在实际任务编程时，机器人码垛工艺指令语句序列中需要嵌入信号处理指令，同时其又被嵌入流程控制指令。此过程需要经常插入、变更或删除任务程序中已生成的码垛工艺指令。

2.7.3　码垛程序执行

当测试机器人码垛工艺指令语句序列时，遵循自上而下的基本原则逐条执行程序。执行码垛开始指令，机器人控制器基于码垛寄存器的值和货垛垛形，在线实时计算即将堆码的作业点（垛上点）指令位姿及其参考点指令位姿，改写码垛运动指令的位置坐标，根据预定义的堆垛路径样式生成即将运行的堆码路径［图 2-48（a）］；执行码垛运动指令，控制机器人以指定的动作类型逐次移向参考点和作业点（垛上点）指令位姿，并在作业点（垛上点）位置释放手爪，随后再次移向参考点指令位姿［图 2-48（b）、（c）］；执行码垛结束指令，机器人控制器根据配置参数改写码垛寄存器的值，计算下一个作业点（垛上点）指令位姿及其参考点指令位姿，依此类推［图 2-48（d）］。

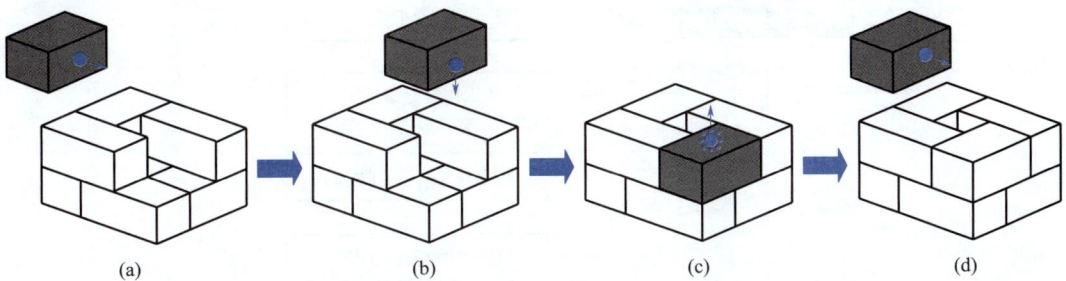

(a)　　　　　　　　　(b)　　　　　　　　　(c)　　　　　　　　　(d)

图 2-48　机器人码垛工艺指令语句序列执行

值得注意的是，码垛寄存器的值更新将基于构形环节的参数配置，如加一、减一等。以任务 3 中图 2-31 所示的两行、两列、两层货垛垛形为例，按照"行（R）、列（C）、层（L）"堆码顺序，当执行码垛结束指令时，码垛寄存器的值更新规律见表 2-26。

表 2-26　码垛寄存器的值更新规律（加一）

码垛结束指令执行次数	码垛寄存器的值	码垛结束指令执行次数	码垛寄存器的值
0	[1, 1, 1]	5	[2, 1, 2]
1	[2, 1, 1]	6	[1, 2, 2]
2	[1, 2, 1]	7	[2, 2, 2]
3	[2, 2, 1]	8	[1, 1, 1]
4	[1, 1, 2]	9	[2, 1, 1]

任务分析

采用离线编程方法完成机器人码垛作业任务编程，包括系统搭建、程序编制、开始仿真和程序分析四个关键环节，其任务流程如图 2-49 所示。这四个环节是相互关联的，并且需要反复迭代和优化，以确保最终的机器人任务程序能够在实际生产环境中稳定运行，并满足精度、效率和质量的要求。通过离线编程的方式，可以提前在开发环境中完成这些工作，从而缩短现场调试和准备时间，提高生产效率。

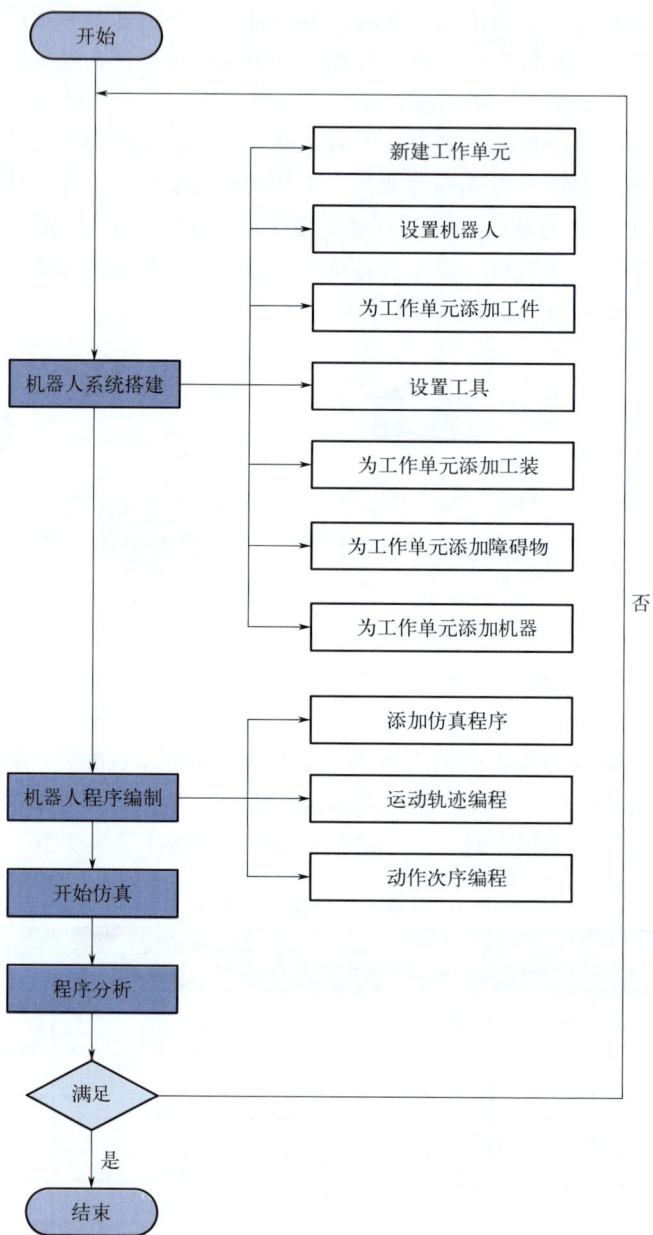

```
              ┌──────────┐
              │   开始   │
              └──────────┘
                   │
    ┌──────────┐        ┌──────────────┐
    │          │───────▶│  新建工作单元  │
    │          │        └──────────────┘
    │          │        ┌──────────────┐
    │          │───────▶│   设置机器人   │
    │          │        └──────────────┘
    │          │        ┌──────────────┐
    │          │───────▶│ 为工作单元添加工件 │
    │ 机器人   │        └──────────────┘
    │ 系统搭建 │        ┌──────────────┐
    │          │───────▶│    设置工具    │
    │          │        └──────────────┘
    │          │        ┌──────────────┐
    │          │───────▶│ 为工作单元添加工装 │
    │          │        └──────────────┘
    │          │        ┌──────────────┐
    │          │───────▶│ 为工作单元添加障碍物 │
    │          │        └──────────────┘
    │          │        ┌──────────────┐
    │          │───────▶│ 为工作单元添加机器 │
    └──────────┘        └──────────────┘

    ┌──────────┐        ┌──────────────┐
    │          │───────▶│  添加仿真程序  │
    │ 机器人   │        └──────────────┘
    │ 程序编制 │───────▶│  运动轨迹编程  │
    │          │        └──────────────┘
    └──────────┘───────▶│  动作次序编程  │
                        └──────────────┘
    ┌──────────┐
    │ 开始仿真 │
    └──────────┘
    ┌──────────┐
    │ 程序分析 │
    └──────────┘
         ◇ 满足 ──── 否
         │是
    ┌──────────┐
    │   结束   │
    └──────────┘
```

图 2-49　机器人码垛任务编程的流程

（1）系统搭建

系统搭建阶段主要是建立机器人码垛系统的硬件和软件环境，基于计算机图形学建立机器人码垛系统的三维模型，并在数字空间复现实体装备的物理空间布局，如图 2-50 所示。

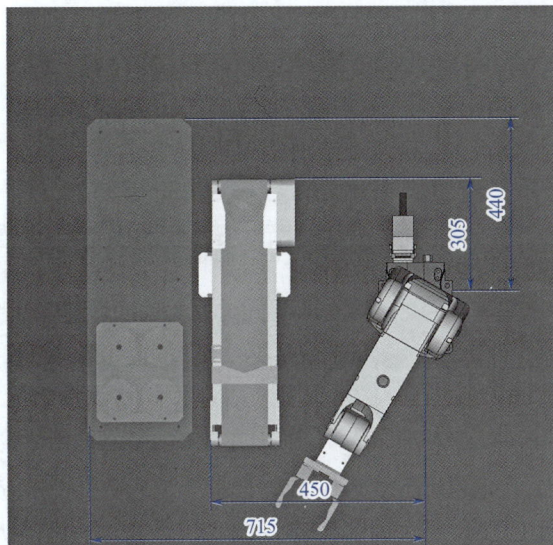

图 2-50　机器人码垛系统空间布局示意

（2）程序编制

在程序编制阶段，首先需要编写夹持器的仿真程序，以便模拟夹持器的开合动作。同时，现场工程师可以结合机器人搬运和上下料任务编程积累的经验，合理规划机器人抓取和堆垛路径（点）及动作次序，在"去编程化"的导航式码垛工艺参数配置过程中，需要人工导引机器人夹持器移至各关键垛上点，包括行的起点、行的终点、列的终点和层的终点，具体可参考任务 3。

（3）开始仿真

对任务程序进行三维模型动画仿真，通过运行面板操控和观察机器人在虚拟环境中的动态表现，进行干涉检测和姿态调整，并收集 TCP 轨迹、坐标系和工具等信息。

（4）程序分析

待完成仿真动画测试后，可以离线计算程序运行各指令的时间及总时间，分析减速器寿命、功耗和负荷等，合理规划和调试机器人任务程序。

任务实施

（1）机器人系统搭建

① 新建工作单元　启动 ROBOGUIDE 软件，创建一个新的工作单元"MADUO"。

a. 单击主菜单【文件】→【新建工作单元】，弹出工作单元创建向导界面，在"步骤 1—选择进程"界面下选择进程"HandingPRO"，如图 2-51 所示。单击界面上的【下一步】按钮，进入"步骤 2—工作单元名称"界面。

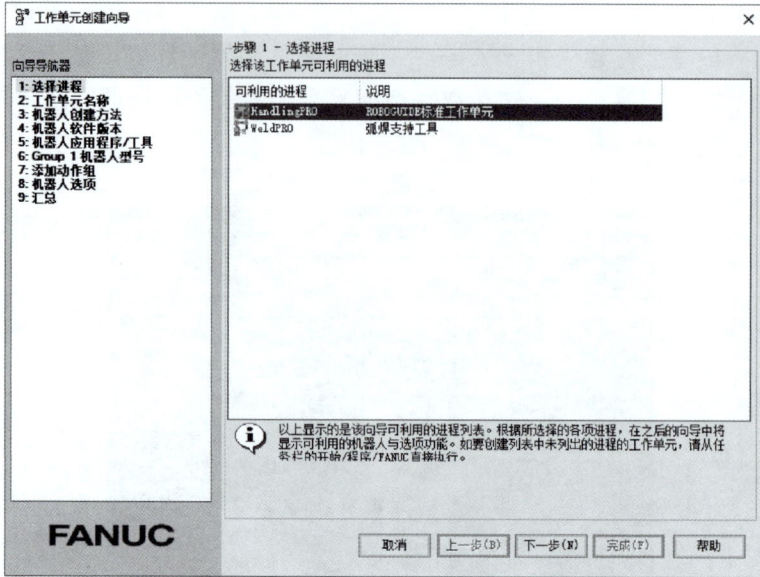

图 2-51　"步骤 1—选择进程"界面

b. 在"步骤 2—工作单元名称"界面下的"名称"栏输入工作单元名称"MADUO"，如图 2-52 所示，单击界面上的【下一步】按钮，进入"步骤 3—机器人创建方法"界面。在"步骤 3—机器人创建方法"界面默认选择"新建"，单击界面上的【下一步】按钮，进入"步骤 4—机器人软件版本"界面。

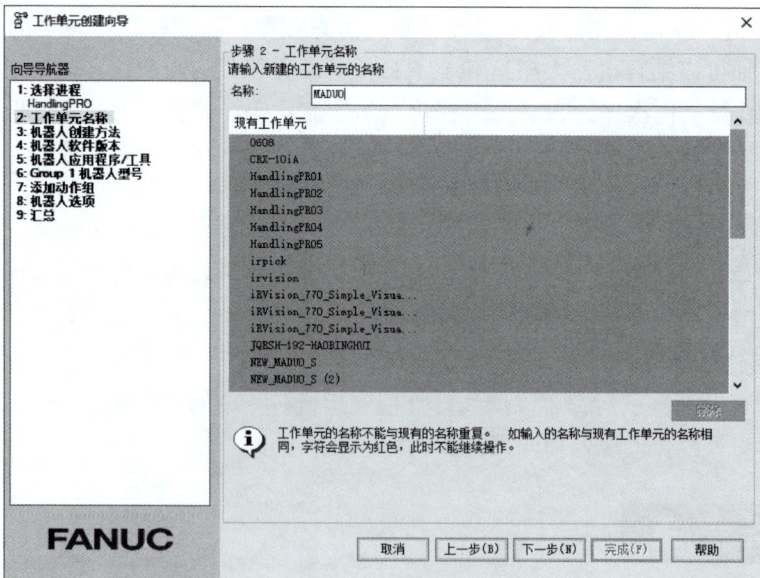

图 2-52　"步骤 2—工作单元名称"界面

c. 在"步骤 4—机器人软件版本"界面中，选择软件版本为"V9.10-R-30iB Plus，9.10233.33.24"，如图 2-53 所示，单击界面上的【下一步】按钮，进入"步骤 5—机器人应用程序 / 工具"界面。

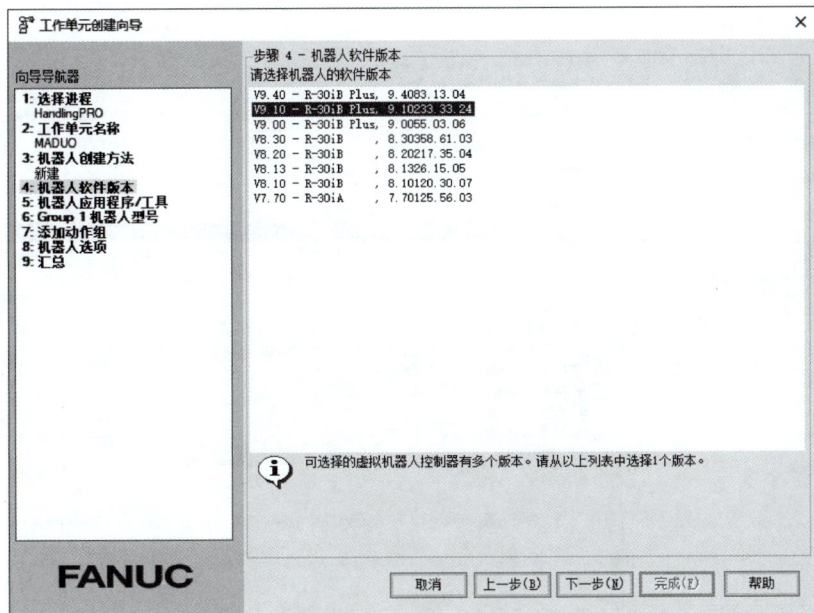

图 2-53 "步骤 4—机器人软件版本"界面

d. 在"步骤 5—机器人应用程序 / 工具"界面中，选择应用程序为"HandingTool（H552）"，选择工具为"稍后设置手爪"，如图 2-54 所示。单击界面上的【下一步】按钮，进入"步骤 6—Group 1 机器人型号"界面，单击【下一步】按钮。

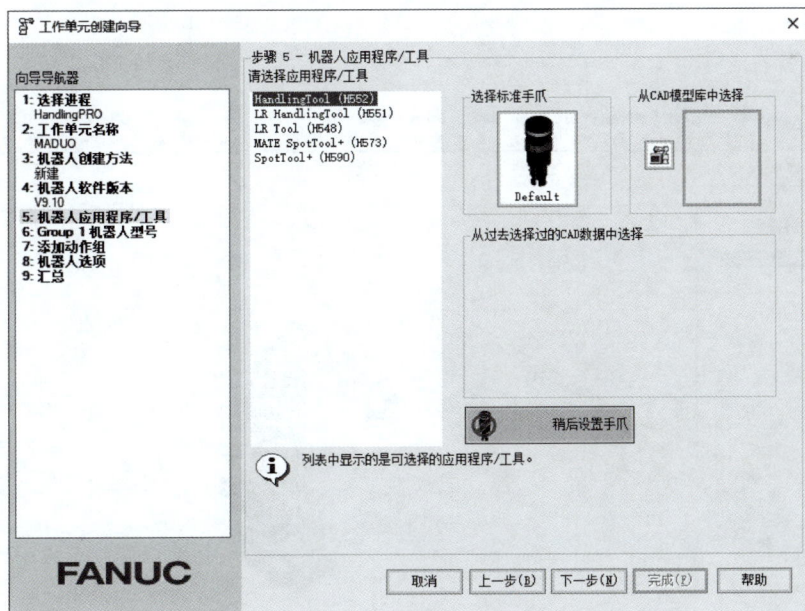

图 2-54 "步骤 5—机器人应用程序 / 工具"界面

e. 在"步骤 6—Group 1 机器人型号"界面中，选择机器人型号为"LR Mate 200iD/4S"，如图 2-55 所示，单击界面上的【下一步】按钮。

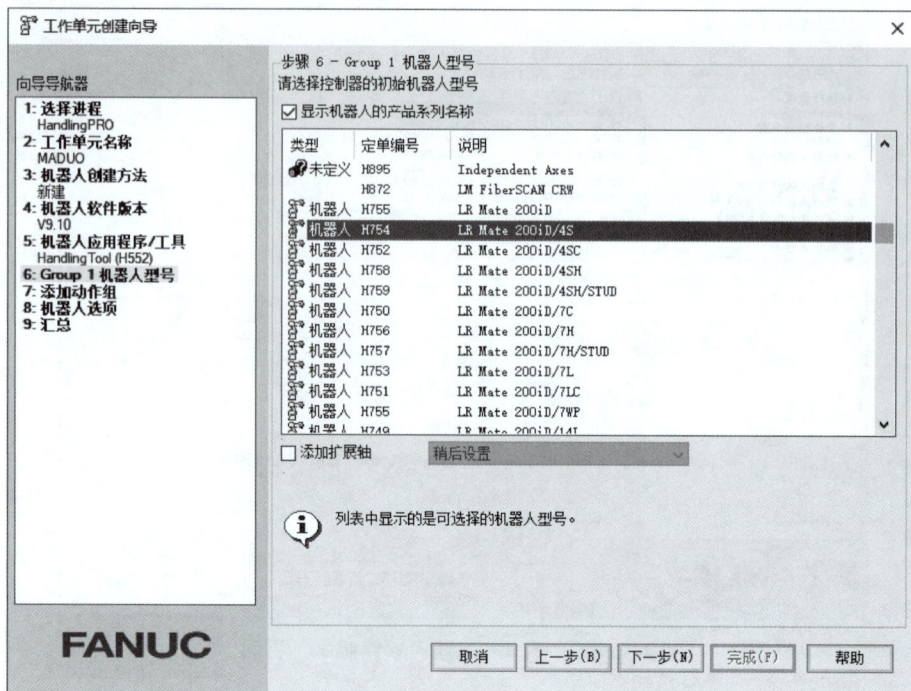

图 2-55 "步骤 6—Group 1 机器人型号"界面

f. "步骤 7—添加动作组""步骤 8—机器人选项"和"步骤 9—汇总"界面默认设置，单击界面上的【下一步】（【完成】）按钮，开始生成虚拟机器人仿真器，成功创建工作单元，如图 2-56 所示。

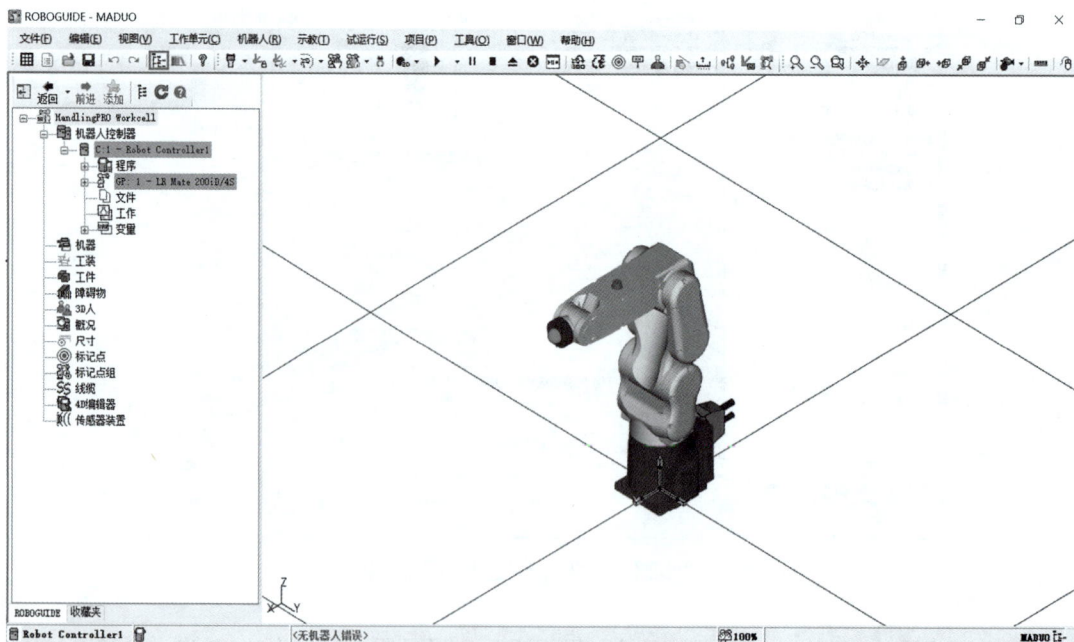

图 2-56 "MADUO"工作单元

② 设置机器人

a. 右键单击主界面左侧目录树【HandingPRO Workcell】→【机器人控制器】→【C：1-Robot Controller】→【GP：1-LR Mate 200iD/4S】，选中快捷菜单上的"GP：1-LR Mate 200iD/4S 属性"，弹出机器人属性界面。

b. 在"位置"栏输入位置信息（X=−1815mm，Y=550mm，Z=700.5mm，W=0deg，P=0deg，R=−90deg），勾选"锁定位置"选项，如图 2-57 所示。单击界面上的【确定】按钮，完成机器人设置。

③ 为工作单元添加工件

a. 右键单击主界面左侧目录树【HandingPRO Workcell】→【工件】，选中快捷菜单上【添加工件】→【CAD 文件】，弹出"搜索工件的 3D 模型"界面，选择"圆工件成品"模型，如图 2-58 所示。

b. 单击界面上的【打开】按钮，弹出圆工件成品属性界面，单击界面上的【确定】按钮，完成工件的添加。

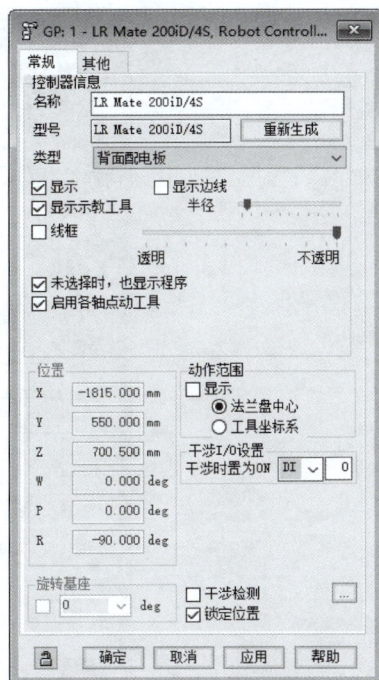

图 2-57　机器人属性界面

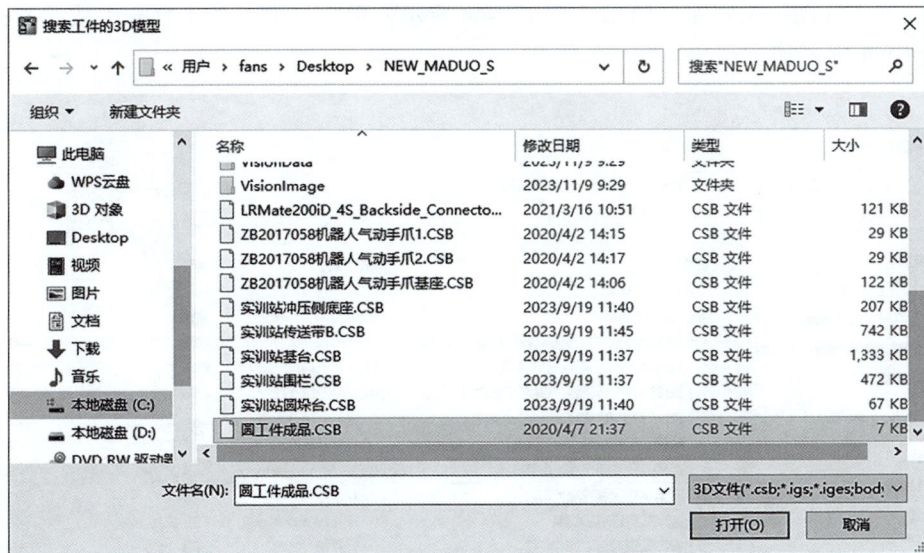

图 2-58　搜索工件的 3D 模型界面

④ 设置工具

a. 右键单击主界面左侧目录树【HandingPRO Workcell】→【机器人控制器】→【C：1-Robot Controller】→【GP：1-LR Mate 200iD/4S】→【工具】→【UT：1（Eoat1）】，选中快捷菜单上的【Eoat1 属性】，弹出工具属性界面，如图 2-59 所示。

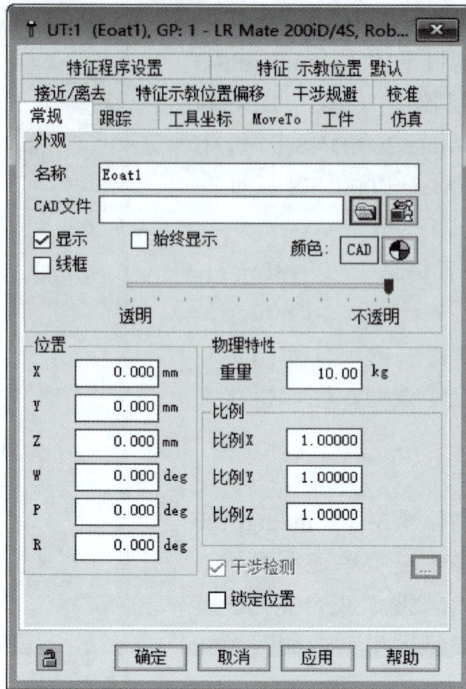

图 2-59 工具属性—【常规】选项卡

b. 在【常规】选项卡中单击![CAD]【CAD 文件】按钮，弹出"搜索工具的 3D 模型"界面，选择"机器人气动手爪基座"模型，如图 2-60 所示。单击界面上的【打开】按钮，完成机器人气动手爪的添加。

图 2-60 "搜索工具的 3D 模型"界面

c. 在【工具坐标】选项卡中勾选"编辑工具坐标系"选项，输入工具坐标值（X=191mm，

Y=0mm，Z=39mm，W=-90deg，P=R=0deg），如图 2-61 所示。单击界面上的【应用】按钮，完成工具坐标系的设置。

d. 在【仿真】选项卡"设置夹爪"的"功能"栏选择"搬运—夹紧"，单击"动作时的CAD 文件"栏的 【CAD 文件】按钮，弹出动作时的 CAD 图像一览界面。选择"机器人气动手爪_闭合"模型，单击界面上的【打开】按钮，完成"机器人气动手爪_闭合"模型的添加，如图 2-62 所示。单击【仿真】选项卡中的【应用】按钮，完成机器人气动手爪的仿真设置（备注：单击【仿真】选项卡中的【手爪开】和【手爪关】按钮，可在图形画面切换气动手爪的 2 个 CAD 模型数据）。

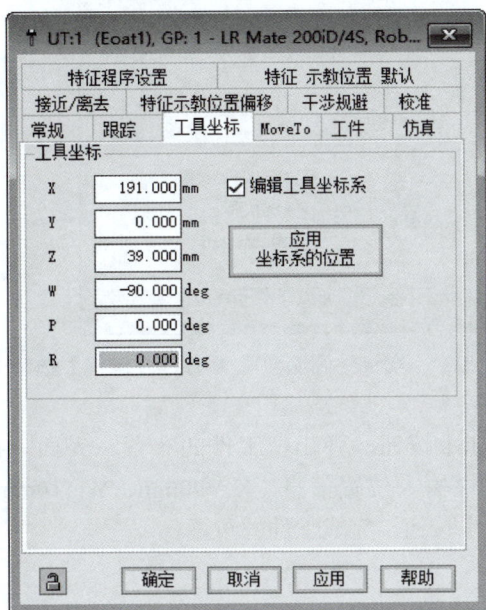

图 2-61　工具属性—【工具坐标】选项卡　　　图 2-62　工具属性—【仿真】选项卡

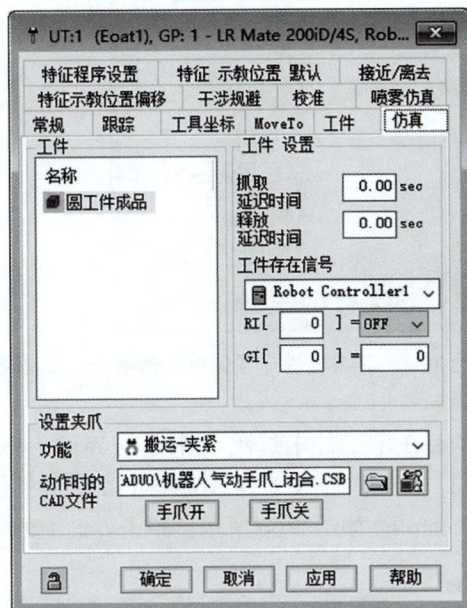

e. 在【工件】选项卡中勾选"圆工件成品"选项，单击界面上的【应用】按钮。勾选"编辑工件偏移"选项，输入工件偏移值（X=193mm，Y=0mm，Z=55mm，W=-180deg，P=0deg，R=180deg），如图 2-63 所示，然后单击【应用】。单击界面上的【确定】按钮，完成工具与工件的关联。

⑤ 为工作单元添加工装

a. 右键单击主界面左侧目录树【HandingPRO Workcell】→【工装】，选中快捷菜单上的【添加工装】→【CAD 文件】，弹出"搜索工装的 3D 模型"界面，选择"实训站圆垛台"模型。单击界面上的【打开】按钮，弹出"工装（实训站圆垛台）"属性界面。

b. 在【常规】选项卡的"位置"栏输入位置信息（X=Y=Z=0mm，W=P=R=0deg），勾选"锁定位置"选项，如图 2-64 所示。

c. 在【工件】选项卡中勾选"圆工件成品"选项，单击界面上的【应用】按钮。勾选"编辑工件偏移"选项，输入工件偏移值（X=-2371mm，Y=375.5mm，Z=877.5mm，W=P=R=0deg），取消勾选"开始执行时显示"选项，如图 2-65 所示。单击界面上的【应用】按钮，完成第一个工件和工装（实训站圆垛台）的关联。

图 2-63　工具属性—【工件】选项卡

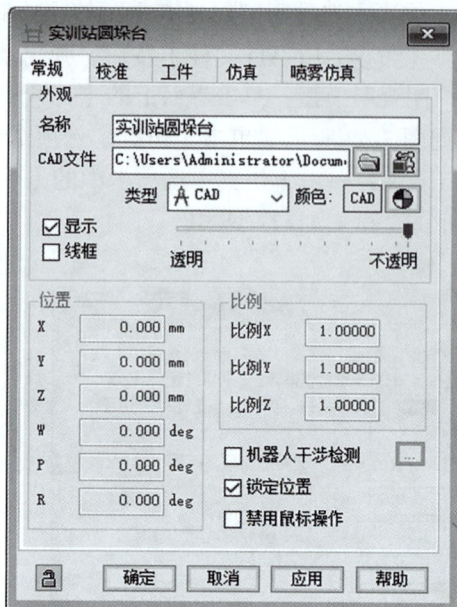

图 2-64　"工装（实训站圆垛台）"属性—【常规】选项卡

d. 在【工件】选项卡中单击界面上的【添加】按钮，弹出"工件的布置"界面。在"工件数"栏输入工件数（X=Y=Z=2），"位置"栏输入位置信息（X=-90mm，Y=110mm，Z=25mm），如图 2-66 所示，单击界面上的【确定】按钮，完成工件的布置。

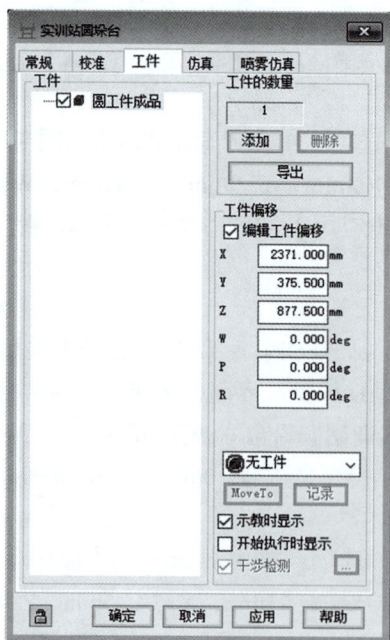

图 2-65　"工装（实训站圆垛台）"属性—【工件】选项卡

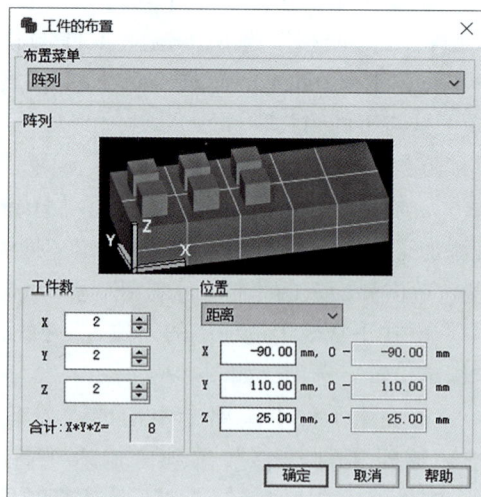

图 2-66　"工件的布置"界面

e. 单击 "工装（实训站圆垛台）" 界面上的【确定】按钮，完成工件和工装（实训站圆垛台）的关联。

⑥ 为工作单元添加障碍物

a. 右键单击主界面左侧目录树【HandingPRO Workcell】→【障碍物】，选中快捷菜单上【添加障碍物】→【CAD 文件】，弹出 "搜索障碍物的 3D 模型" 界面，选择 "实训站冲压侧底座" 模型。单击界面上的【打开】按钮，弹出 "障碍物（实训站冲压侧底座）" 属性界面。

b. 在【常规】选项卡的 "位置" 栏输入位置信息（X=Y=Z=0mm，W=P=R=0deg），勾选 "锁定位置" 选项，如图 2-67 所示。单击界面上的【确定】按钮，完成实训站冲压侧底座的添加。

c. 重复步骤 a. 和 b. 完成底板的障碍物添加。

⑦ 为工作单元添加机器

a. 右键单击主界面左侧目录树【HandingPRO Workcell】→【机器】，选中快捷菜单上【添加机器】→【CAD 文件】，弹出 "搜索机器的 3D 模型" 界面，选择 "实训站传送带 B" 模型。单击界面上的【打开】按钮，弹出 "机器（实训站传送带 B）" 属性界面。

b. 在【常规】选项卡的 "位置" 栏输入位置信息（X=Y=Z=0mm，W=P=R=0deg），勾选 "锁定位置" 选项，如图 2-68 所示。单击界面上的【确定】按钮，完成实训站传送带 B 的添加。

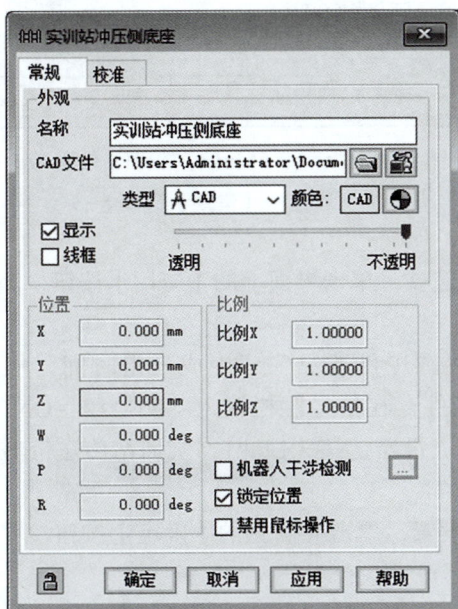

图 2-67 "障碍物（实训站冲压侧底座）" 属性—【常规】

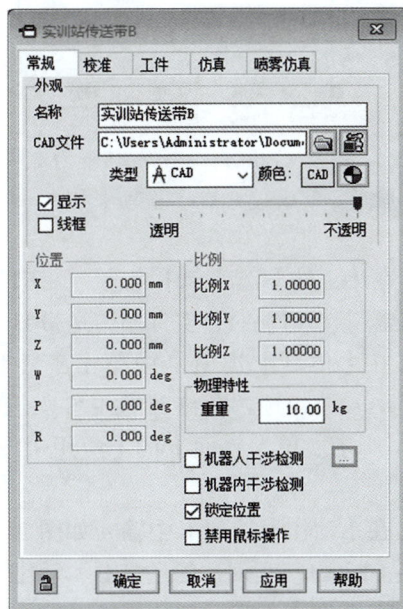

图 2-68 "机器（实训站传送带 B）" 属性—【常规】选项卡

c. 右键单击主界面左侧目录树【HandingPRO Workcell】→【机器】→【实训站传送带 B】，选中快捷菜单上【添加链接】→【长方体】，弹出 "链接（Link1，实训站传送带 B）" 属性界面。

d. 在【链接 CAD】选项卡的"位置"栏输入位置信息（X=2mm，Y=118mm，Z=249mm，W=-90deg，P=R=0deg），"比例"栏输入尺寸信息（X=Y=50mm，Z=0mm），勾选"锁定位置"选项，如图 2-69 所示。

e. 在【常规】选项卡中勾选"轴原点更改"选项，"轴的原点"栏输入轴原点位置信息（X=-2189mm，Y=1046mm，Z=721mm，W=90deg，P=R=0deg），如图 2-70 所示。

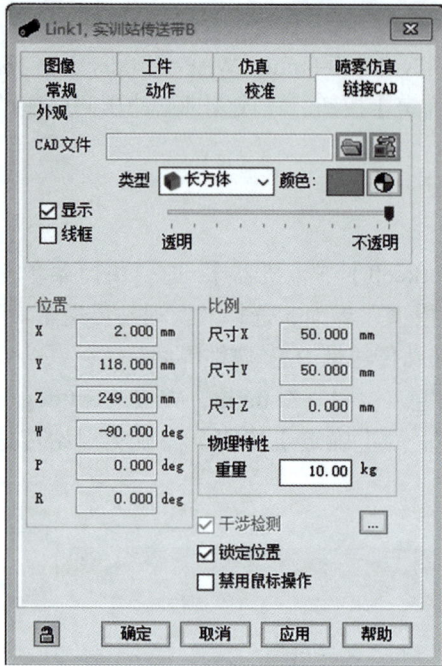

图 2-69 "链接（Link1，实训站传送带 B）"属性—【链接 CAD】选项卡

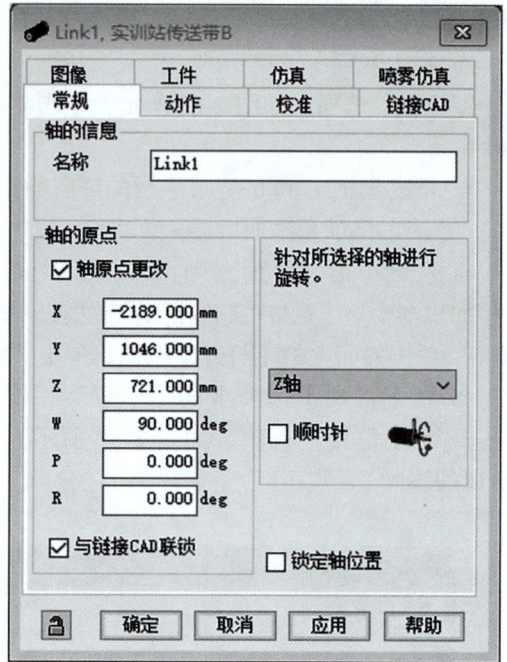

图 2-70 "链接（Link1，实训站传送带 B）"属性—【常规】选项卡

f. 在【工件】选项卡中勾选"圆工件成品"选项，单击界面上的【应用】按钮，完成工件和机器链接（Link1，实训站传送带 B）的关联。

g. 在【仿真】选项卡中单击工件列表的"圆工件成品"，"生成延迟时间"栏输入"4sec"，取消勾选"允许放置工件"选项，"工件存在信号"栏输入"DI[112]=ON"，如图 2-71 所示。单击界面上的【应用】按钮，完成机器链接（Link1，实训站传送带 B）仿真设置。

h. 在【动作】选项卡中输入如图 2-72 所示设置，单击界面上的【确定】按钮，完成机器链接（Link1，实训站传送带 B）动作设置。

（2）机器人程序编制

① 添加仿真程序

a. 右键单击主界面左侧目录树【HandingPRO Workcell】→【机器人控制器】→【C:1-Robot Controller】→【程序】，选中快捷菜单上【创建仿真程序】，弹出"创建程序"界面，在程序"名称"栏输入"MADUO_PICK"，如图 2-73 所示。单击界面上的【确定】按钮，弹出"编辑仿真程序"界面。

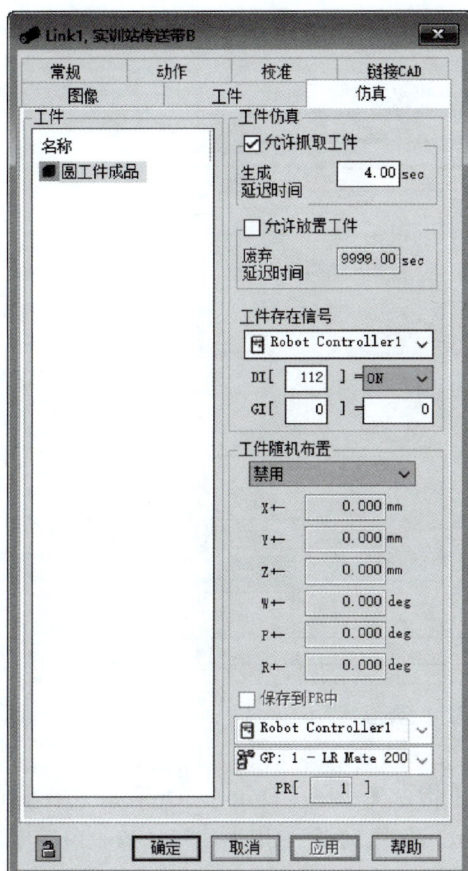

图 2-71　"链接（Link1，实训站传送带 B）"
属性—【仿真】选项卡

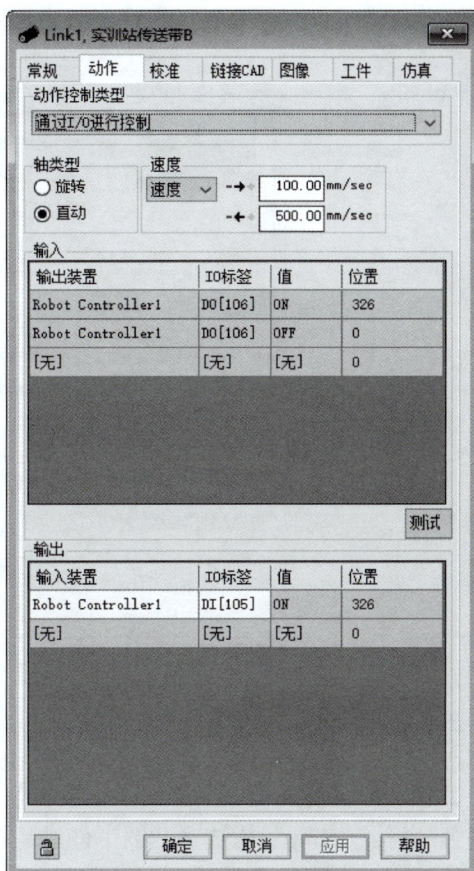

图 2-72　"链接（Link1，实训站传送带 B）"
属性—【动作】选项卡

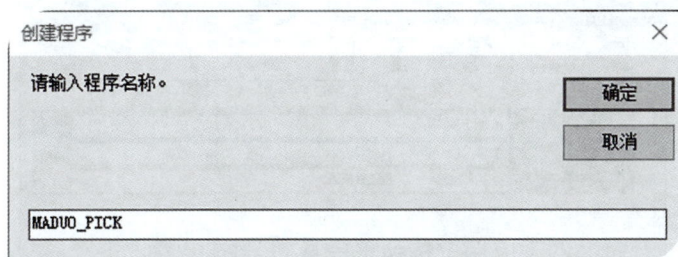

图 2-73　"创建程序"界面

b. 在"编辑仿真程序"界面中，单击菜单栏【指令▼】→【Pickup】，Pickup 指令被添加到程序第一行。"Pickup"栏选择"圆工件成品"，"From"栏选择"实训站传送带 B：Link1"，"With"栏选择"GP:1-UT:1（Eoat1）"，如图 2-74 所示。关闭"编辑仿真程序"界面完成抓取仿真程序。

c. 右键单击主界面左侧目录树【HandingPRO Workcell】→【机器人控制器】→【C:1-Robot Controller】→【程序】，选中快捷菜单上【创建仿真程序】，弹出"创建程序"界面，在程序"名称"栏输入"MADUO_DROP"，如图 2-75 所示。单击界面上的【确定】按钮，弹出"编辑仿真程序"界面。

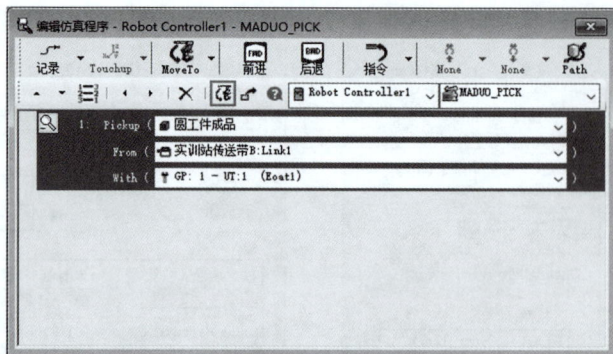

图 2-74 "编辑仿真程序"界面

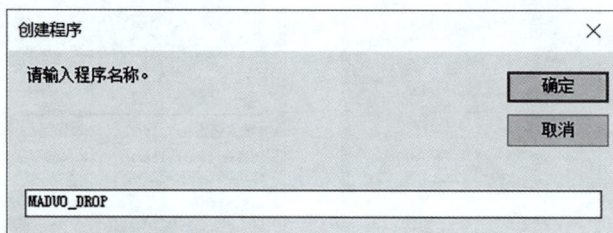

图 2-75 "创建程序"界面

d. 在"编辑仿真程序"界面中，单击菜单栏【指令▼】→【Drop】，Drop 指令被添加到程序第一行。"Drop"栏选择"圆工件成品"，"From"栏选择"GP:1-UT:1（Eoat1）"，"On"栏选择"实训站圆垛台：圆工件成品［*］"，如图 2-76 所示。关闭"编辑仿真程序"界面完成抓取仿真程序。

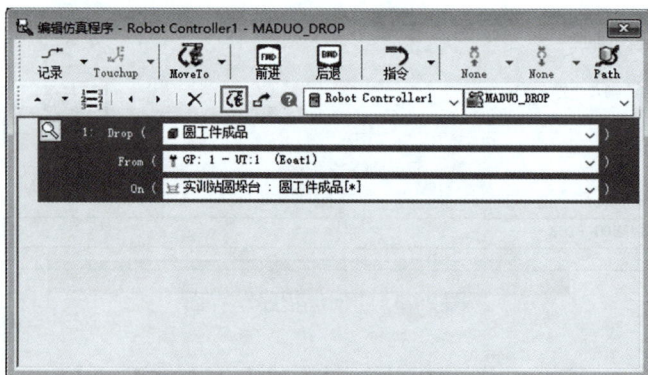

图 2-76 "编辑仿真程序"界面

② 添加 TP 程序

a. 右键单击主界面左侧目录树【HandingPRO Workcell】→【机器人控制器】→【C:1-Robot Controller】→【程序】，选中快捷菜单上【创建 TP 程序】，弹出"创建程序"界面，在程序"名称"栏输入"MADUO"，如图 2-77 所示。单击界面上的【确定】按钮，弹出示教器的程序编辑界面。

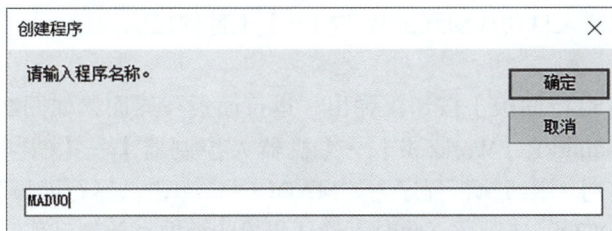

图 2-77　"创建程序"界面

b. 在示教器的程序编辑界面中输入如图 2-78 所示程序指令，各示教点和动作次序示教步骤可参考任务 3。

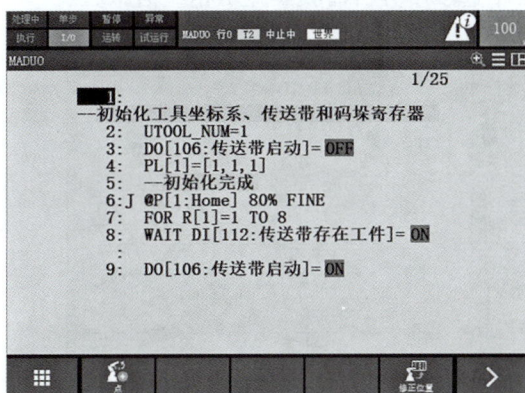

(a) 程序示例1

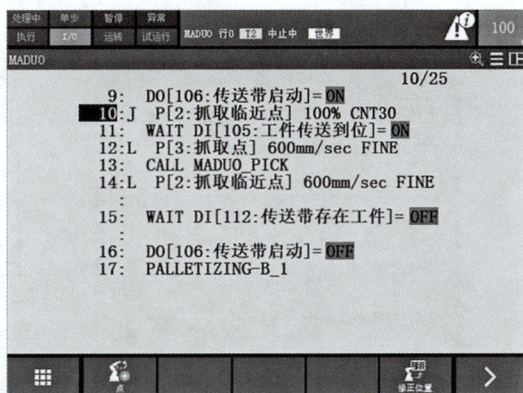

(b) 程序示例2

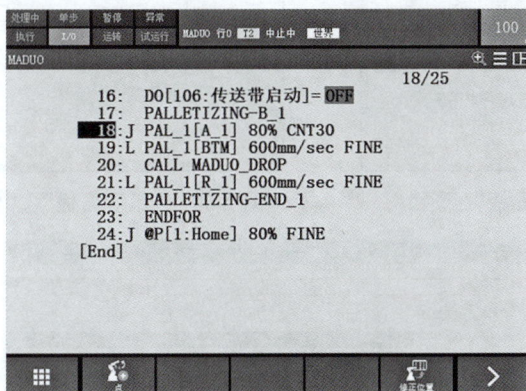

(c) 程序示例3

图 2-78　机器人码垛仿真程序示例

备注：

在 roboguide 中可通过以下两种示教方法快速示教工件抓取位置：

a. 单击工具栏中的 ⚒【选择示教工具】，激活工具顶端的三参数坐标系示教工具。将鼠标光标靠近示教工具，鼠标光标变为手形 🖑，拖动示教工具放置在工装或机器的工件上松开鼠标，机器人自动移动到工装或机器上工件的抓取位置。

b. 打开已关联工件的机器 / 工装属性界面，在【工件】选项卡中选中相应的工件，单击

【MoveTo】按钮，机器人自动移动到工装或机器上工件的抓取位置。

（3）开始仿真

单击工具栏的【运行面板】按钮，弹出"运行面板"界面，如图 2-79 所示。单击主界面左侧目录树【HandingPRO Workcell】→【机器人控制器】→【C:1-Robot Controller】→【程序】→【MADUO】，激活执行程序为"MADUO"。单击"运行面板"界面的【执行】按钮，仿真程序"MADUO"被执行，此时可确认码垛的抓取和放置动作。

（4）程序分析

依次选择主界面菜单中的【试运行】→【分析器】，弹出分析器界面。单击"运行面板"画面中的"信息收集"选项，勾选"收集分析器数据"，如图 2-80 所示。单击"运行面板"界面的【执行】按钮，"分析器"画面中会显示程序执行信息，如图 2-81 所示。备注：可通过勾选"运行面板"画面中"信息收集"选项下的各个选项使分析器收集显示相应信息。

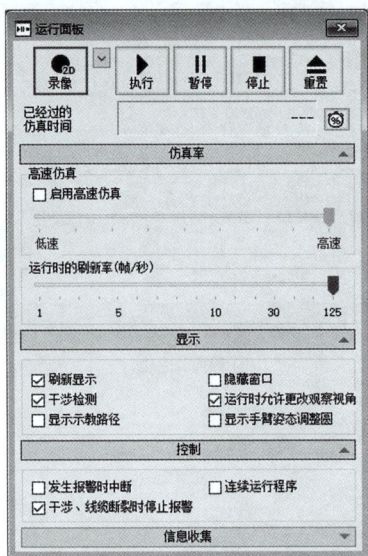

图 2-79 "运行面板"界面　　图 2-80 "运行面板""信息收集"界面

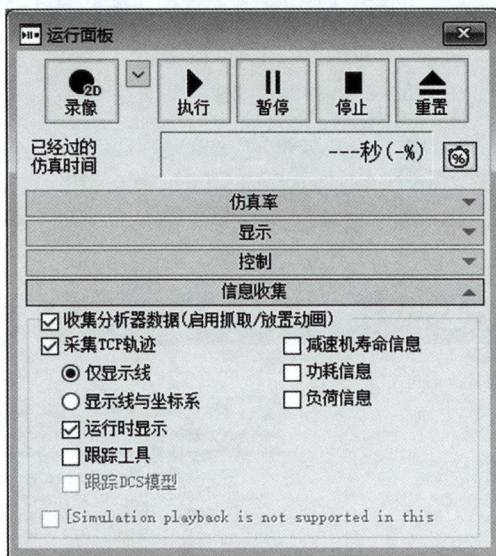

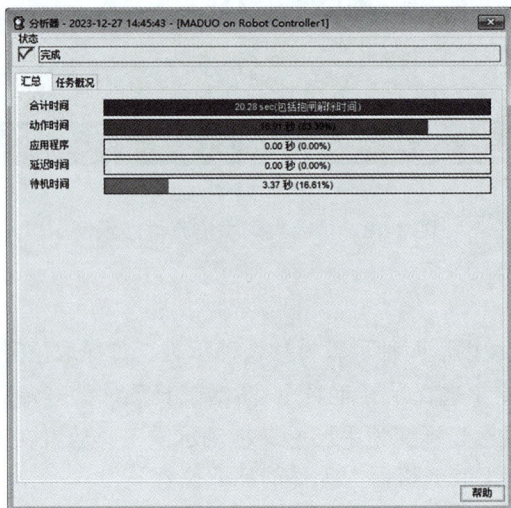

(a)【汇总】选项卡

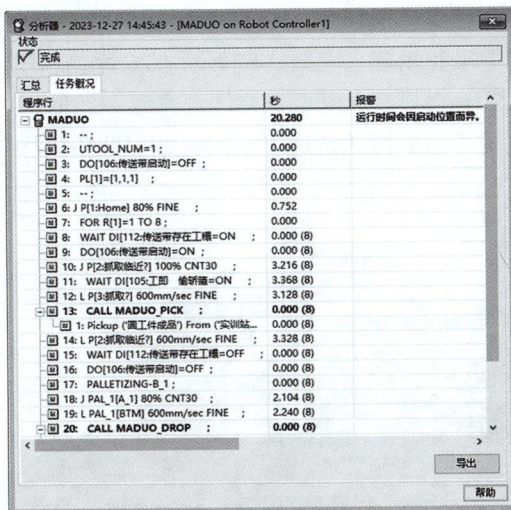

(b)【任务概况】选项卡

图 2-81 "分析器"界面

任务评价

任务评价见表 2-27。

表 2-27 任务评价表

评价内容	配分	评分标准	得分
码垛前初始化	15	1）作业开始前，机器人工具坐标系设置正确 2）作业开始前，末端执行器安装正确 3）作业开始前，机器人、输送机和码垛台的布局情况合理	
码垛过程	60	1）能自动定时上料 2）码垛垛形选择正确 3）能通过仿真程序仿真末端执行器张开闭合 4）码垛过程中机器人运行平稳，有物料时慢，无物料时快 5）码放物料时不要碰撞其他物料 6）物料抓取摆放位置精准	
码垛完成	15	1）码放完成后机器人能自动回到安全位置 2）码放完成后带式输送机处于停止状态 3）码放完成后末端夹爪处于打开状态	
安全意识	10	遵守安全操作规范要求	

任务拓展

自动化立体仓库是当前物流仓储技术水平较高的形式。它是利用立体仓库设备实现仓库高层合理化、存取自动化和操作简便化，目前被广泛应用于医药生产、汽车制造、机械制造、电子制造和烟草生产等工业领域。以图 2-82 所示的仓库物料出库为例，机器人携带（两指）夹持器，尝试将（圆形）物料从（模拟）立体仓库逐一抓取，放置在带式输送机上，完成工业生产线原料或毛坯的不间断输送传递。试问：如何调整码垛工艺参数配置实现机器人拆垛作业？

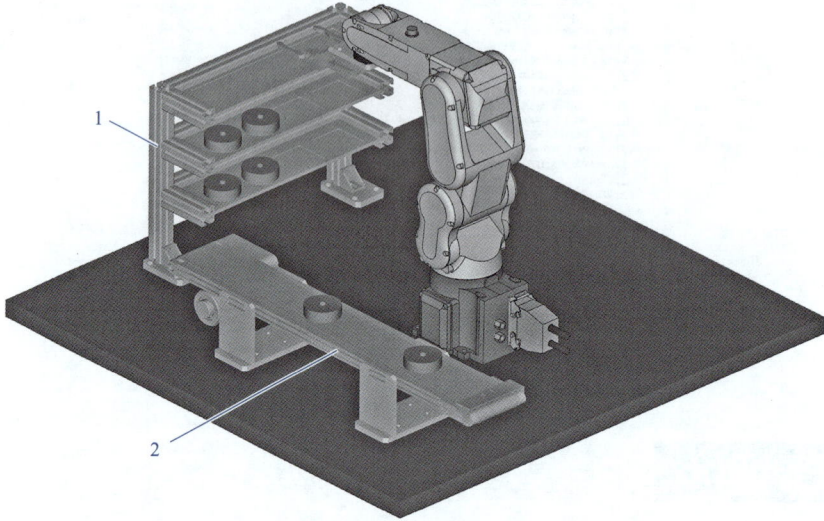

图 2-82　机器人拆垛作业示意

1—（模拟）料仓；2—带式输送机

实践报告——机器人码垛仿真

院系		课程名称		日期	
姓名		学号		班级	
任务名称			成绩		

一、任务描述

二、任务要求

三、任务实施

四、任务评价

五、任务心得

项目 3
机器人焊接

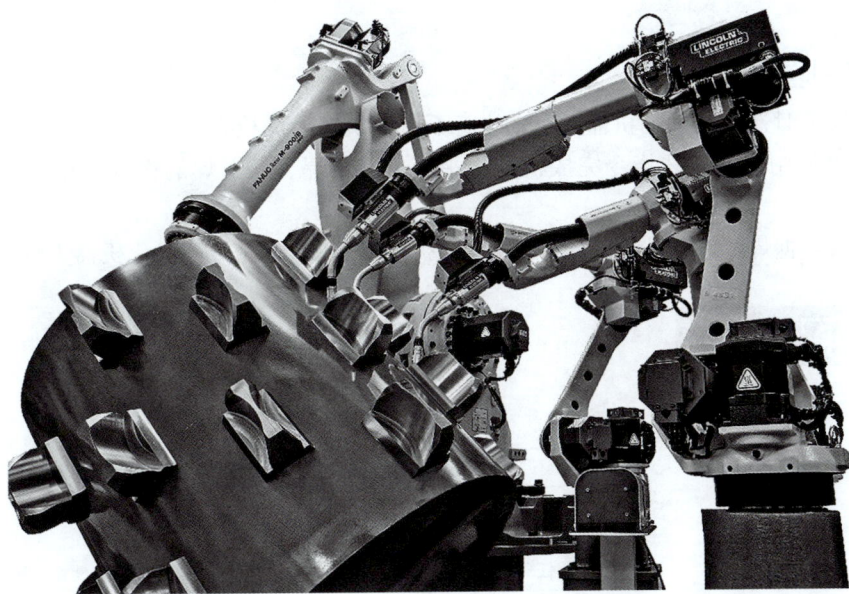

  焊接是我国"强基"工程中的基础工艺之一，标志着国家的工业技术水平，支撑着国家建设及国防安全，不可替代。《中国制造 2025》重点发展十大领域中，九个领域与焊接密切相关。近年来，企业面临着焊工老龄化、劳动力短缺等挑战，需要迫切采取更为自动化、柔性化、智能化的"机器代人"的解决方案，以实现提质、降本、增效和提高市场竞争力。

  本项目通过机器人平焊、平角焊和船形焊等典型场景的任务编程，助力学生认知气体保护电弧焊的基本原理，熟悉机器人焊接动作次序及工艺指令，明晰机器人焊接参数对焊缝成形质量的影响，深化理解机器人运动轨迹、动作次序和工艺条件编程。

学习目标

【价值塑造】

① 理解交流机器人工具坐标系设定的理论意义，明确技术规范，培养学生精雕细琢、一丝不苟的科研数据观念，以及脚踏实地、耐心钻研的品质。

② 描述焊接工艺流程、动作次序和参数设置，欣赏焊接美学，明确技术规范，体会焊接工作的精益求精，培养学生对焊接技术人才的职业敬仰，养成严谨求学、不言放弃的坚韧品格，引导学生树立正确的职业观。

【知识运用】

① 能够归纳机器人工具坐标系设置的流程，采用三点/六点（接触）法和直接输入法设置机器人工具坐标系。

② 能够描述机器人焊接动作次序和焊接参数配置的原则，并举例说明常见的机器人焊接缺陷及调控对策。

③ 能够界定焊缝的形状尺寸参数内涵，规划直线、曲线焊缝的机器人运动路径和焊枪姿态。

【能力训练】

① 能够适时选择合适的机器人点动坐标系调整机器人焊枪姿态。

② 能够调用焊接工艺指令完成机器人平焊、平角焊、船形焊的作业动作次序和工艺条件编程。

③ 能够根据焊缝的形状尺寸参数要求和常见焊接缺陷调控对策优化机器人焊接参数。

学习导图

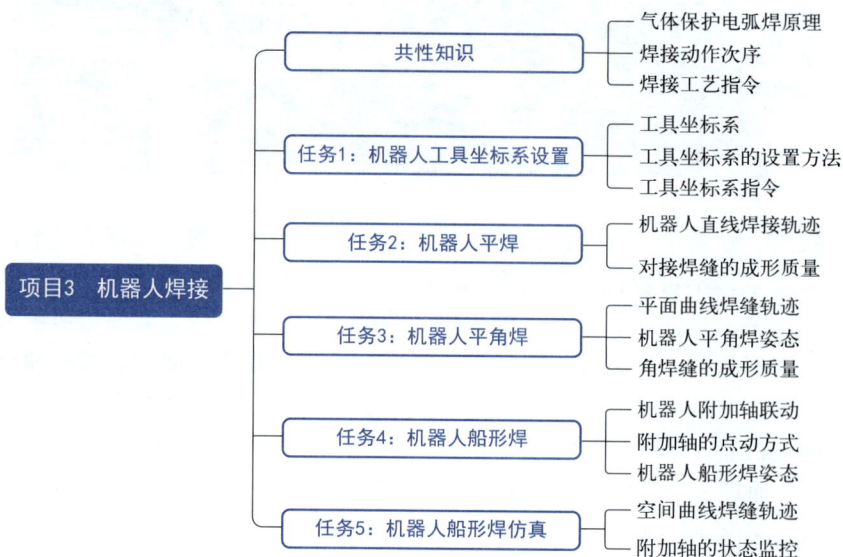

3.1　气体保护电弧焊原理

焊接是一种以加热、高温或高压的方式接合金属或其他热塑性材料的制造工艺及技术。根据工艺过程的特点，焊接可分为熔焊、压焊和钎焊三大类。其中，熔焊是将待焊处的母材金属熔化以形成焊缝❶的焊接方法，如气焊、电弧焊、激光焊等。在焊接热源作用下，当被焊金属加热至熔化状态形成熔池时，原子之间可以充分扩散和紧密接触，冷却凝固后可形成牢固的焊接接头。根据热源种类的不同，电弧焊又可分为焊条电弧焊、埋弧焊和气体保护电弧焊等。目前，气体保护电弧焊的应用最广泛。

气体保护电弧焊是用外加气体作为电弧介质并保护电弧和焊接区域的电弧焊，包括熔化极气体保护焊（GMAW）和非熔化极气体保护焊（GTAW）两种。熔化极气体保护焊通过采用连续送进可熔化的焊丝与焊件之间的电弧作为热源来熔化焊丝和母材，形成熔池和焊缝，如图 3-1 所示。为获得质量优良的焊缝并保证焊接过程的稳定性，必须利用外加气体（如 CO_2、Ar、Ar80%+$CO_2$20% 等）作为电弧介质，避免熔滴、熔池和焊接区域金属受到周围空气的不良影响。

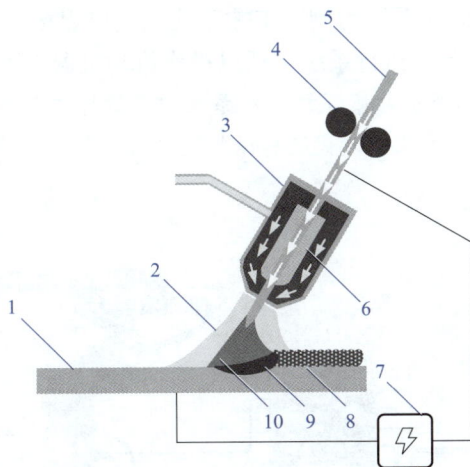

图 3-1　气体保护电弧焊原理

1—焊件（母材）；2—保护气体；3—喷嘴（机器人焊枪）；4—送丝机构；5—焊丝；
6—导电嘴（机器人焊枪）；7—焊接电源；8—焊缝；9—熔池；10—焊接电弧

焊接作为工业"裁缝"，是工业生产中非常重要的加工手段，但由于焊接烟尘、弧光、金属飞溅的存在，以及焊接的工作环境非常恶劣，导致焊接领域缺工现象十分严重，尤其是缺乏高质量的焊工，而焊接质量又直接决定着产品质量。在此背景下，焊接机器人以其高一致性、高效率和节省成本在航空航天、重型结构、海洋工程等现代制造领域得到广泛的应用，如图 3-2 所示。从世界范围来看，工业机器人用于焊接领域已占到总数的 50% 以上。

---

❶　焊缝（weld）是指焊件经焊接后所形成的接合部分。

图 3-2　气体保护电弧焊机器人

　　工业机器人在焊接领域的应用，可以看作工艺系统和执行系统的集成与创新。以图 3-3 所示的气体保护电弧焊机器人系统为例，工艺系统包括以焊接电源、送丝机构和气路装置（储气瓶）为核心的工艺设备，执行系统包括以操作机和机器人焊枪（含防碰撞传感器）为核心的执行设备。整套气体保护电弧焊机器人系统的关键焊接参数包括焊接电流（或送丝速度）、电弧电压、焊接速度、焊丝干伸长度和保护气体流量等。

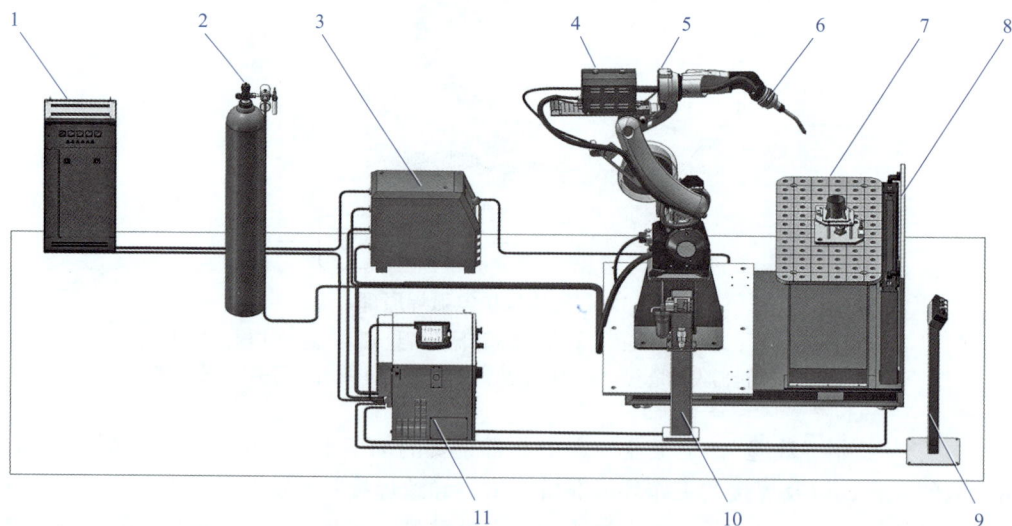

图 3-3　气体保护电弧焊机器人系统

1—外部电源；2—气路装置（储气瓶）；3—焊接电源；4—送丝机构；5—操作机；6—机器人焊枪
（含防碰撞传感器）；7—焊接工作台（或焊接变位机）；8—自动升降遮光屏；9—外部操作盒；
10—自动清枪器；11—控制器（含示教盒）

3.1.1　焊丝干伸长度

干伸长度是指焊丝从导电嘴端部到工件表面的距离，而不是从喷嘴端部到工件的距离。保持焊丝干伸长度不变是保证弧长稳定和焊接过程稳定的重要因素之一。干伸长度过长，气体保护效果不佳，容易产生气孔，引弧性能变差，电弧不稳，飞溅增大；反之，干伸长度过短，喷嘴容易被飞溅物堵塞，焊丝容易与导电嘴粘连。对于不同直径、不同电流、不同材料的焊丝，允许使用的焊丝干伸长度是不同的。熔化极气体保护电弧焊的干伸长度 L 经验公式为：当焊接电流 $I \leqslant 300A$ 时，$L=(10 \sim 15)\phi(mm)$；当焊接电流 $I > 300A$ 时，$L=(10 \sim 15)\phi+5mm$。式中，ϕ 为焊丝直径，单位为 mm。现场工程师可以通过机器人系统焊接工艺软件中的"送丝·检气"功能手动调整焊丝干伸长度，如图 3-4 所示。

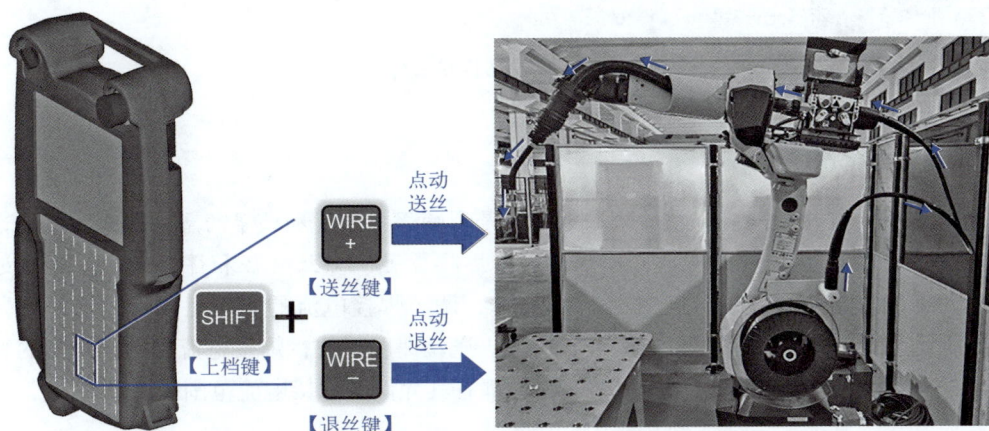

图 3-4　手动调整焊丝干伸长度

3.1.2　保护气体流量

保护气体的种类及其流量大小是影响焊接质量的重要因素之一。常见的气体保护电弧焊的保护气体有一元气体、二元混合气体和三元混合气体等，如纯二氧化碳（CO_2）、纯氩气（Ar）、Ar+CO_2 等。实际焊接时，保护气体从焊枪喷嘴吹出，驱赶电弧区的空气，并在电弧区形成连续、封闭的气层，使焊接电弧、熔滴和熔池与周围空气隔绝。保护气体的流量越大，驱赶空气的能力越强，保护层抵抗流动空气影响的能力越强。但是，流量过大时，会使空气形成紊流，并将空气卷入保护层，反而降低保护效果。通常根据喷嘴形状、焊丝干伸长度等调整保护气体流量。表 3-1 是喷嘴直径为 20mm 时的保护气体流量设置参考值。当喷嘴口径变小时，保护气体流量随之降低。同手动调节焊丝干伸长度类似，现场工程师可以通过机器人系统焊接工艺软件中的"送丝·检气"功能手动调节保护气体流量，如图 3-5 所示。

表 3-1　喷嘴直径为 20mm 时熔化极气体保护焊的保护气体流量

焊丝干伸长度 /mm	CO_2 气体流量 /（L·min^{-1}）	富氩气体流量 /（L·min^{-1}）
8 ～ 15	10 ～ 20	15 ～ 25
12 ～ 20	15 ～ 25	20 ～ 30
15 ～ 25	20 ～ 30	25 ～ 30

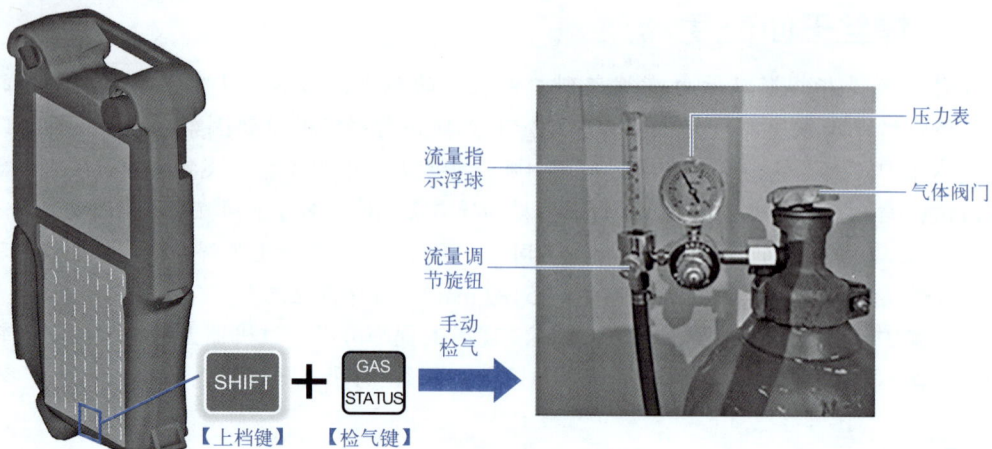

图 3-5　手动调节保护气体流量

3.1.3　焊接电流

焊接电流是焊接时流经焊接回路的电流，是影响焊接质量和效率的重要因素之一。通常根据待焊工件的板厚、材料类别、坡口形式、焊接位置、焊丝直径和焊接速度等参数适配合理的焊接电流。对于熔化极气体保护焊而言，调节焊接电流的实质是调整送丝速度，如图 3-6 所示。同一规格的焊丝，焊接电流越大，送丝速度越快；焊接电流相同，焊丝的直径越小，送丝速度越快。此外，每一规格的焊丝都有其允许的焊接电流范围，见表 3-2。

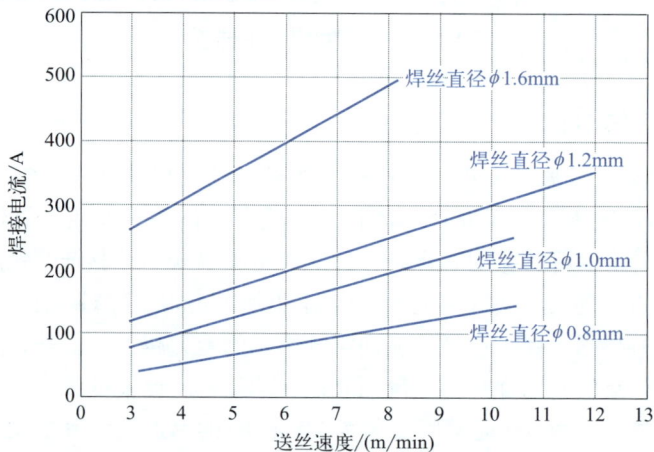

图 3-6　焊接电流与送丝速度的关系

表 3-2　不同直径实芯钢焊丝所适用的焊接电流

焊丝直径 /mm	焊接电流 /A	适用板厚 /mm
0.8	50 ～ 150	0.8 ～ 2.3
1.0	90 ～ 250	1.2 ～ 6.0
1.2	120 ～ 350	2.0 ～ 10
1.6	＞ 300	＞ 6.0

3.1.4　电弧电压

电弧电压是电弧两端（两电极）之间的电压，其与焊接电流匹配与否直接影响焊接过程稳定性和最终焊接质量。通常电弧电压越高，焊接热量越大，焊丝熔化速度越快，焊接电流也越大。换而言之，电弧电压应与焊接电流相匹配，即保证送丝速度与电弧电压对焊丝的熔化能力一致，有利于实现弧长稳定控制。待焊接电流设置后，可以根据经验公式计算适配的电弧电压 $U_{电弧}$：当焊接电流 $I \leqslant 300A$ 时，$U_{电弧}=0.04I+16\pm1.5$（V）；当焊接电流 $I > 300A$ 时，$U_{电弧}=0.04I+20\pm2.0$（V）。电弧电压偏高时，弧长变长，焊接飞溅颗粒变大，焊接过程中发出"啪嗒、啪嗒"声，容易产生气孔，焊缝变宽，熔深和余高变小；反之，电弧电压偏低时，弧长变短，焊丝插入熔池，飞溅增加，焊接过程中发出"嘭、嘭、嘭"声，焊缝变窄，熔深和余高变大。

点拨

电弧电压等于焊接电源输出电压减去焊接回路的损耗电压，可表示为 $U_{电弧}=U_{输出}-U_{损耗}$。损耗电压是指焊枪电缆延长所带来的电压损失，此时可以参考表 3-3 中的数值调整焊接电源的输出电压。

表 3-3　焊接电源输出电压微调整参考　　　　　　V

电缆长度 /m	焊接电流 /A				
	100	200	300	400	500
10	～ 1	～ 1.5	～ 1	～ 1.5	～ 2
15	～ 1	～ 2.5	～ 2	～ 2.5	～ 3
20	～ 1.5	～ 3	～ 2.5	～ 3	～ 4
25	～ 2	～ 4	～ 3	～ 4	～ 5

3.1.5　焊接速度

焊接速度是单位时间内完成的焊缝长度，是影响焊接质量和效率的又一重要因素。当焊接电流一定时，焊接速度的选择应保证单位时间内焊缝获得足够的热量。焊接热量的计算公式：$Q_{热量}=I^2Rt$，式中，I 为焊接电流，R 为电弧及焊丝干伸长度的等效电阻，t 为焊接时间。显然，在相同的焊接热量条件下，存在两种可选择的焊接规范：一种是硬规范，即大电流、短时间（或快焊速）；另一种是小电流、长时间（或慢焊速）。实际生产中偏向硬规范的选择，有利于提高焊接效率。相比而言，焊接速度越快，单位长度焊缝的焊接时间越短，其获得的热量越少。对于熔化极气体保护焊而言，机器人焊接速度的参考范围为 30 ～ 60cm/min。焊接速度过快时，容易产生气孔，焊道变窄，熔深和余高变小。

![点拨图标] **点拨**

焊接电流、电弧电压和焊接速度等焊接参数的配置原则：在焊接起始点配置焊接电流和电弧电压；在焊接结束点配置焊接速度、收弧电流、收弧电压和弧坑处理时间。收弧电流略小，通常设置为焊接电流的 60% ～ 80%。合理配置弧坑处理时间可以避免收弧处出现热裂纹及缩孔，参考范围为 0.5 ～ 1.5s。

焊接电流、电弧电压和焊接速度等焊接参数的配置方法有调用焊接数据库（编号）和直接输入焊接参数两种。当通过调用焊接数据库（编号）间接配置参数时，需要提前创建焊接数据库并录入焊接规范。

3.2 焊接动作次序

焊接机器人种类繁多，其系统组成也因待焊工件的材质、接头形式、几何尺寸和工艺方法等不同而各不相同。综合来看，焊接机器人（执行系统）和焊接系统（工艺系统）是整套机器人系统的两大核心组成。为提供多样化的集成选择，机器人制造商和焊接电源制造商都开发支持主流通信的硬件接口，有效保证机器人控制器与焊接电源之间可以通过模拟量、现场总线（如 DeviceNet）和工业以太网（如 EtherNet/IP）等方式进行通信。针对机器人气体保护电弧焊场景，焊接电源一般选择四步工作模式❶，其工作过程可划分为提前吹气、引弧、焊接、弧坑处理、焊丝回烧、熔敷检测和滞后停止吹气等九个阶段，动作时序如图 3-7 所示。具体过程如下：

① 当机器人减速停止在焊接起始点指令位姿时，机器人控制器向焊接电源发出焊接开始信号，保护气路接通，进入提前吹气阶段（T1）。

② 提前吹气结束后，进入引弧阶段（T2），此阶段焊接电源输出空载电压，送丝机构开始缓慢送丝，直至焊丝与工件接触（取决于焊丝端部距离工件的距离和缓慢送丝速度）。

③ 接触引弧成功（T3）后，焊接电源进入正常焊接状态，同时会产生引弧成功信号并传输给机器人控制器，机器人加速移向下一目标指令位姿，并根据实际需要调整或不调整焊接参数，整个焊接过程中焊接电源会按照机器人控制器配置的参数输出电压和送丝（T4）。

④ 当焊接完成时，机器人减速停止在焊接结束点指令位姿，向焊接电源发出结束请求，焊接电源根据配置的收弧参数填充弧坑（T5，取决于弧坑处理时间）。

⑤ 待弧坑处理完毕，焊接电源根据设置的回烧时间（T6）自动完成焊丝回烧，随后机器人控制器发出焊丝熔敷状态检测信号（T7、T8），确认是否发生粘丝。

⑥ 粘丝检测结束后，系统进入滞后停止吹气阶段，当预先设置的滞后停止吹气时间（T9）到，整个焊接过程结束。

---

❶ 焊接电源的二步工作模式是指按住焊枪开关开始焊接，松开开关停止焊接，适用于半自动焊接；四步工作模式是指按下焊枪开关开始焊接，松开开关继续焊接，再按下开关然后松开，停止焊接，适用于焊接小车或焊接机器人等全自动焊接。

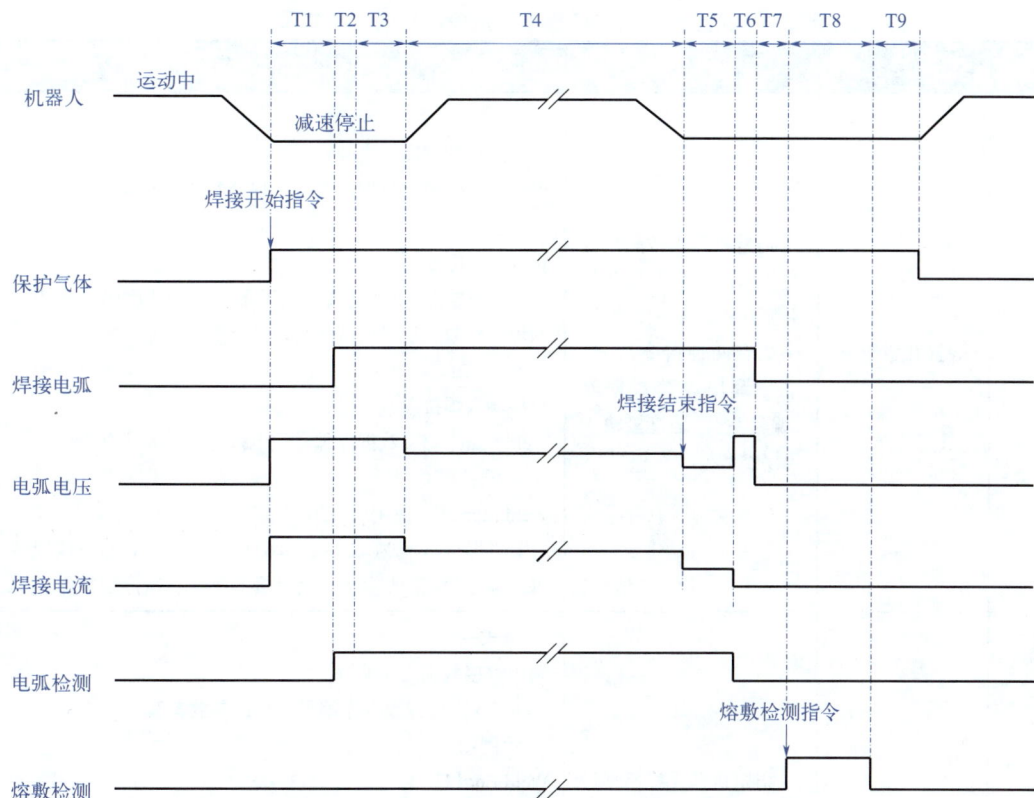

图 3-7　气体保护电弧焊机器人的焊接动作次序

T1—提前吹气时间；T2—电弧检测；T3—引弧时间；T4—焊接时间；T5—弧坑处理时间；T6—焊丝回烧时间；
T7—熔敷检测延迟时间；T8—熔敷检测时间；T9—滞后停止吹气时间

点拨

焊接动作次序的配置通常采用调用焊接数据库（编号）方法。但是在调用焊接数据库（编号）间接配置焊接动作次序前，现场工程师需要提前创建焊接数据库并录入相关焊接动作次序参数，如提前吹气时间、滞后停止吹气时间等。

3.3　焊接工艺指令

机器人工艺指令是对机器人作业开始和作业结束等控制，以及对作业工艺条件设置的相关指令，视细分应用领域而不同。焊接工艺指令是指定机器人何时、如何进行焊接的指令，包含焊接开始指令（Weld Start）、焊接结束指令（Weld End）和焊接速度指令（WELD_SPEED）等。当执行焊接开始指令和焊接结束指令之间的运动指令语句序列时，机器人进行连续焊接作业。常见的机器人焊接工艺指令的功能、格式及示例见表3-4。

表 3-4　常见的机器人焊接工艺指令的功能、格式及示例

序号	焊接工艺指令	指令功能	指令示例（FANUC）

1	焊接开始指令	指定机器人按照预设的动作次序和焊接条件引弧作业。其中，焊接规范有两种指令格式：一是调用焊接数据库（编号）；二是直接输入焊接参数	格式一：
			调用焊接数据库（编号）
			Weld Start［焊接数据库编号，焊接参数表编号］
			　示例：
			Weld Start［1，1］
			// 按照编号为 1 的焊接数据库中预设的动作次序和编号为 1 的焊接参数表记录的焊接规范进行引弧作业
			格式二：
			直接输入焊接参数
			Weld Start［焊接数据库编号，电弧电压，焊接电流］
			　示例：
			Weld Start［1，16.4V，120A］
			// 按照焊接电流为 120A、电弧电压为 16.4V 的焊接规范，以及编号为 1 的焊接数据库中预设的动作次序引弧作业

2	焊接结束指令	指定机器人按照预设的动作次序和焊接条件收弧作业。其中，焊接结束规范有两种指令格式：一是调用焊接数据库（编号）；二是直接输入焊接参数	格式一：
			调用焊接数据库（编号）
			Weld End［焊接数据库编号，焊接参数表编号］
			　示例：
			Weld End［1，2］
			// 按照编号为 1 的焊接数据库中预设的动作次序和编号为 2 的焊接参数表记录的焊接规范进行收弧作业
			格式二：
			直接输入焊接参数
			Weld End［焊接数据库编号，收弧电压，收弧电流］
			　示例：
			Weld End［1，16.2V，100A］
			// 按照收弧电流为 100A、收弧电压为 16.2V 的结束规范，以及编号为 1 的焊接数据库中预设的动作次序收弧作业，弧坑不做处理

3	焊接速度指令	指定焊接作业区间的机器人焊枪运动速度	示例： L　P［4］　WELD_SPEED　FINE // 调用焊接数据库中的焊接速度参数

注：1. 只有焊接开始指令和焊接结束指令序列存在于同一任务程序内时，方可发挥指令功能；

2. 除采用焊接速度指令指定焊接区间的机器人焊枪运动速度外，现场工程师也可以采用直接输入法设置运动指令语句（序列）中的运动速度参数。

点拨

当机器人运动速度通过"WELD_SPEED"指令指定时，焊接区间指令位姿采用焊接数据库中预设的焊接速度；否则，与参考点相同，即由运动指令语句中的运动速度参数指定。

针对焊接区间，机器人焊接动作次序和工艺条件编程相互融通。

3.4　任务 1：机器人工具坐标系设置

机器人工具坐
标系设置

任务提出

使用工业机器人执行任务，必须在其机械接口安装末端执行器。此时，机器人的运动学控制点或工具执行点（工具中心点，TCP）将发生变化。默认情况下，机器人 TCP 与工具坐标系的原点（O_t）重合，位于机器人手腕末端的机械法兰中心处（与机械接口坐标系的原点 O_m 重合）。为提高工具姿态调整的便捷性和保证机器人运动轨迹的精度，当更换末端执行器或因碰撞而导致末端执行器及其关键部件发生变形时，现场工程师应重新设置机器人运动学的研究对象——工具坐标系。

本任务要求采用六点（接触）法设置焊接机器人工具坐标系，如图 3-8 所示。在此过程中，通过点动机器人在机械接口坐标系和工具坐标系中运动，认知机器人系统运动轴在上述点动坐标系中的运动特点和调姿规律，明晰两者的内在关联及区别，为后续机器人焊接等工具姿态调姿和运动轨迹编程奠定基础。

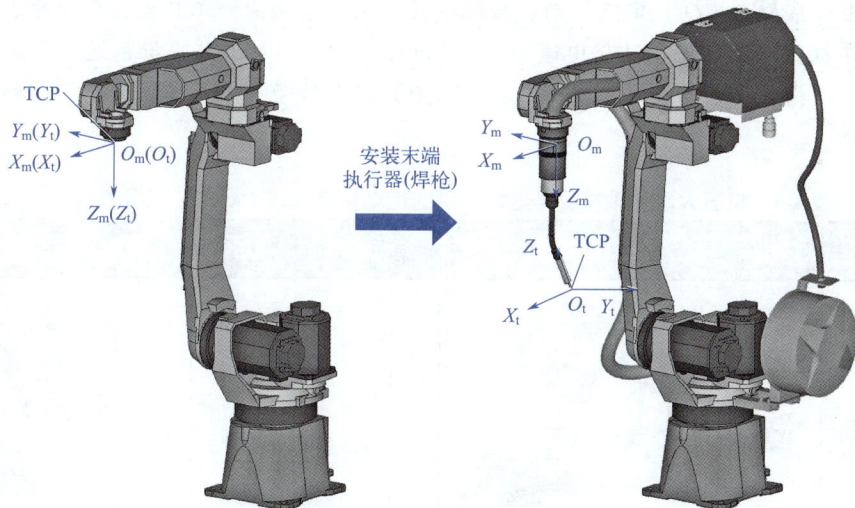

图 3-8　焊接机器人工具坐标系设置示意

3.4.1　工具坐标系

工具坐标系（Tool Coordinate System，TCS）是机器人现场工程师参照机械接口坐标系（MICS）而定义的三维空间正交坐标系，也就是说，工具坐标系的原点（O_t）和坐标轴方向（$+X_t$、$+Y_t$、$+Z_t$）是相对机械接口坐标系的原点（O_m）和坐标轴方向（$+X_m$、$+Y_m$、$+Z_m$）而设置的。在未设置前，工具坐标系与机械接口坐标系重合，如图 3-9 所示。通常系统允许机器人现场工程师设置 5 ～ 10 套工具坐标系，每套工具对应一套工具坐标系，而且每次只能使用其中的一套工具坐标系点动机器人或记忆工具中心点（TCP）位姿。

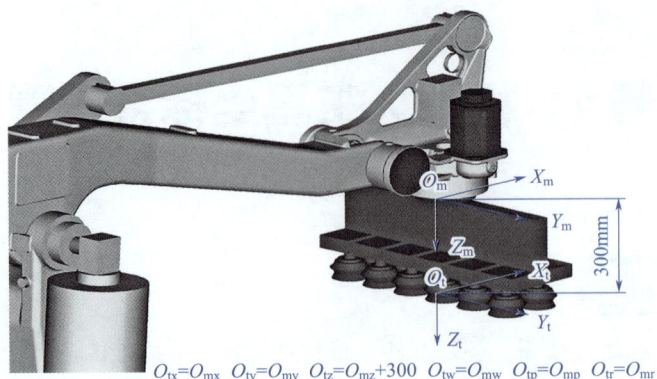

$O_{tx}=O_{mx}$ $O_{ty}=O_{my}$ $O_{tz}=O_{mz}+300$ $O_{tw}=O_{mw}$ $O_{tp}=O_{mp}$ $O_{tr}=O_{mr}$

图 3-9　工具坐标系与机械接口坐标系的关联

作为机器人运动学的主要研究对象，设置工具坐标系的主要目的是为任务编程快速调整和查看机器人 TCP 位姿，并准确记忆机器人 TCP 的运动轨迹。根据运动过程中 TCP 移动与否，可将机器人工具坐标系划分为移动工具坐标系和静止工具坐标系两种。顾名思义，移动工具坐标系在机器人执行任务过程中会跟随机器人末端执行器一起运动，如机器人弧焊作业时 TCP 设置在焊丝端头。静止工具坐标系参照静止工具而不是运动的机器人末端执行器。例如，机器人搬运工件至固定焊钳位置进行点焊作业，此时机器人 TCP 宜设置在焊钳静臂的前端。

同为直角坐标系，工业机器人本体轴在工具坐标系中的运动基本仍为多轴联动，而且能够实现绕坐标系原点（O_t）定点转动。与机械接口坐标系相似，工具坐标系的原点位置和坐标轴方向在机器人执行任务过程中通常是变化的，见表 3-5。工具坐标系适用于点动工业机器人沿工具所指方向移动或绕工具中心点（TCP）定点转动，以及工具横向摆动和运动轨迹平移等场合。

表 3-5　机器人本体轴在工具坐标系中的运动特点（以 FANUC 机器人为例）

运动类型	轴名称	动作示例	运动类型	轴名称	动作示例
移动	沿 X 轴移动	X 轴	转动	绕 X 轴转动	W 轴
	沿 Y 轴移动	Y 轴		绕 Y 轴转动	P 轴

运动类型		轴名称	动作示例	运动类型		轴名称	动作示例
移动	沿 Z 轴移动	Z 轴	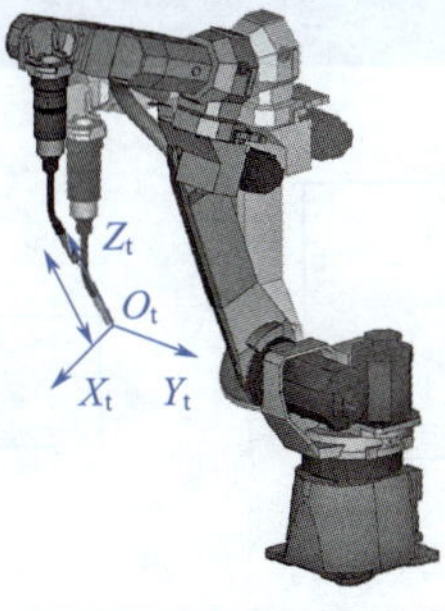	转动	绕 Z 轴转动	R 轴	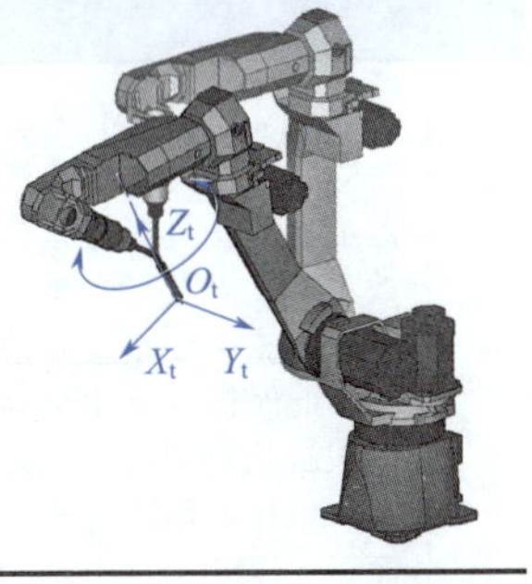

点拨

机器人工具坐标系的原点和坐标轴方向始终同机械接口（法兰）保持绝对的位姿关系，随机器人运动而变化。

3.4.2　工具坐标系的设置方法

通过在工业机器人手腕末端（机械法兰）安装不同类型的末端执行器来使其执行多样化任务。那么，在任务编程过程中如何方便、快捷地调整机器人末端执行器位姿？机器人执行作业时，又如何安全携带末端执行器沿指令（规划）路径精确运动？

（1）设置缘由

工业机器人运动控制的关键点是工具中心点（TCP）或工具坐标系的原点（O_t）。想必令读者疑惑的是，在不正确设置工具坐标系的情况下，工业机器人的示教与再现将会遇到哪些棘手的问题？下面通过表3-6中描述的三个场景，阐明机器人工具坐标系的设置理由。

表3-6　机器人工具坐标系的设置缘由

场景	场景描述	场景示例	
		设置前	设置后
任务示教	在机器人任务示教过程中，当工具坐标系尚未设置或参数丢失而未正确设置时，机器人末端执行器作业姿态的调整无法通过绕 TCP 定点转动快捷实现	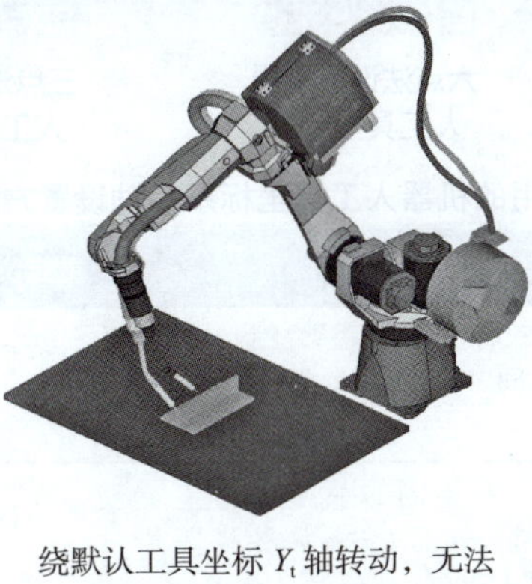 绕默认工具坐标 Y_t 轴转动，无法实现定点调姿（重定向）	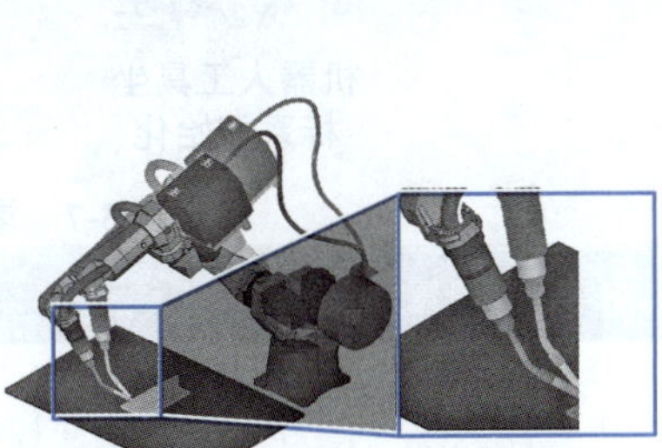 绕工具坐标系 Y_t 轴转动，可以实现定点调姿（重定向）

续表

场景	场景描述	场景示例	
		设置前	设置后
程序测试	当机器人执行任务程序时，若遇到末端执行器更换而工具坐标系参数不变，以及工具坐标系参数未正确设置等情况，此时极易发生机器人末端执行器与工件碰撞、动作不可达等现象而导致停机	更换机器人焊枪，但 TCP 保持不变，实到位姿存在偏差	调整换枪后的 TCP 参数，实到位姿与指令位姿一致
视觉导引	当利用机器视觉进行寻位、跟踪等自适应作业时，若机器人工具坐标系参数未正确设置，机器人视觉导引纠偏容易导致末端执行器与工件发生碰撞，以及动作不可达等现象	机器人 TCP 参数设置不准确，视觉寻位存在偏差	机器人 TCP 参数设置准确，视觉寻位精度高

（2）设置方法

面对丰富的机器人上下料、码垛、焊接、涂胶等"机器人+"应用场景，在机器人运动轨迹示教过程中经常需要不断调整末端执行器的姿态，此时精准的工具执行点（工具坐标系的原点）和坐标轴方向是高效完成调姿的基本保证。换而言之，机器人工具坐标系的设置除要求重定义坐标系的原点（O_t）外，很多场景还要求同时重定义坐标系的原点（O_t）和坐标轴的方向（$+X_t$、$+Y_t$、$+Z_t$）。目前，常用的机器人工具坐标系手动设置方法包括三点（接触）法、六点（接触）法和直接输入法三种，见表3-7。

机器人工具坐标系初始化

六点法设置机器人工具坐标系

三点法设置机器人工具坐标系

表3-7　常用的机器人工具坐标系手动设置方法

序号	设置方法	方法要领	重定义要素	适用场景
1	三点（接触）法	点动机器人以三种不同的手臂（腕）姿态指向并接触同一外部（尖端）参照点	工具坐标系的原点（O_t）	机器人搬运、机器人上下料、机器人码垛等
2	六点（接触）法	点动机器人以三种不同的手臂（腕）姿态指向并接触同一外部（尖端）参照点，同时点动机器人以同一外部（尖端）参照点为基准重定义坐标轴方向	工具坐标系的原点（O_t）和坐标轴方向（$+X_t$、$+Y_t$、$+Z_t$）	机器人焊接、机器人涂胶、机器人磨抛等

序号	设置方法	方法要领	重定义要素	适用场景
3	直接输入法	在工具坐标系（详细）参数配置界面，依次输入相对机械接口坐标系的原点偏移量和坐标轴方向偏转量	工具坐标系的原点（O_t）或 / 和坐标轴方向（$+X_t$、$+Y_t$、$+Z_t$）	批量调试或已知机器人末端执行器的几何尺寸等

注：针对某些场合，机器人现场工程师可以先采用三点（接触）法或六点（接触）法重定义工具坐标系，然后利用直接输入法修正系统自动生成的坐标系偏移（偏转）数据，以获得良好的坐标系设置精度。

由表 3-7 可见，三点（接触）法和六点（接触）法设置工具坐标系的基本原则：点动机器人以若干不同的手臂（腕）姿态指向并接触同一外部（尖端）参照点。但是，不同品牌的机器人工具坐标系设置过程略有差异。以 FANUC 机器人为例，当采用六点（接触）法设置机器人工具坐标系时，现场工程师需要操控机器人以三种不同的手臂（腕）姿态指向并接触同一外部尖端点（如销针），同时重定义工具坐标系的 X 轴起点、X 轴方向点和 Z 轴（或 Y 轴）方向点，如图 3-10 所示。机器人控制系统基于上述六点位姿信息，自动计算生成新的工具坐标系的原点（O_t）和坐标轴方向（$+X_t$、$+Y_t$、$+Z_t$）。

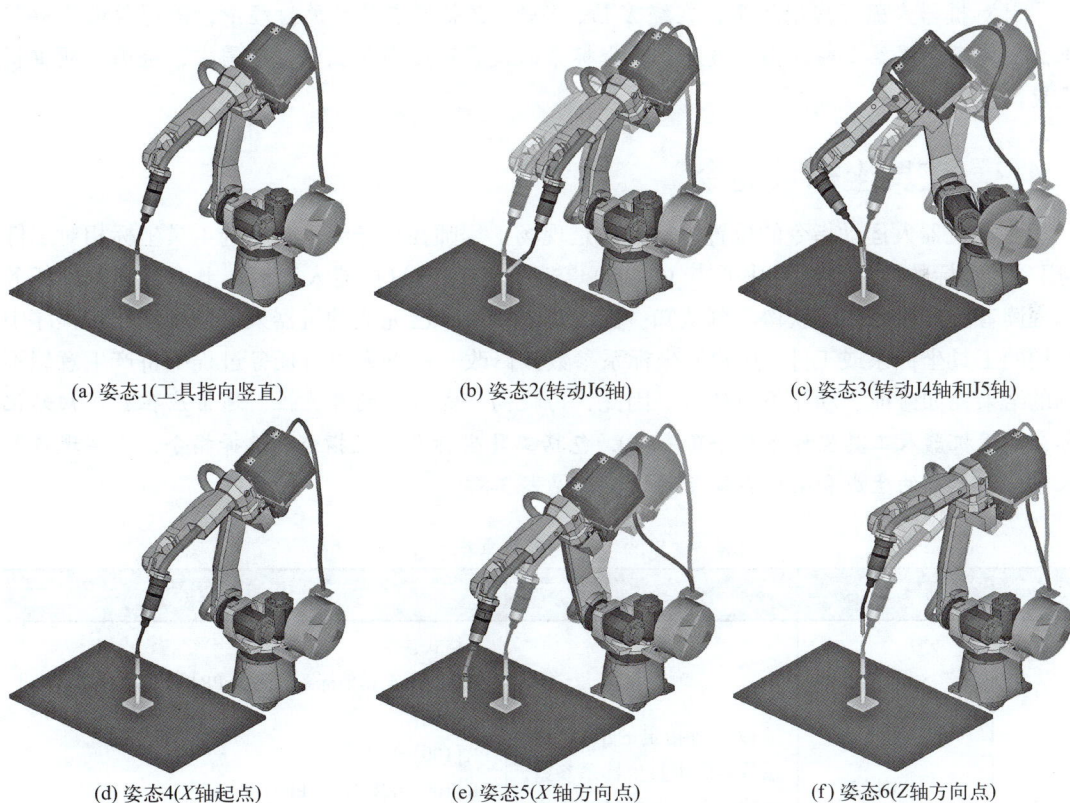

(a) 姿态1(工具指向竖直)　　　(b) 姿态2(转动J6轴)　　　(c) 姿态3(转动J4轴和J5轴)

(d) 姿态4(X轴起点)　　　(e) 姿态5(X轴方向点)　　　(f) 姿态6(Z轴方向点)

图 3-10　六点（接触）法设置机器人工具坐标系

待系统自动生成机器人工具坐标系参数后，现场工程师应根据机器人应用领域的工艺要求，通过绕外部（尖端）参照点转动检验工具坐标系原点（O_t）的精度，以及通过定向移动检验坐标轴方向（$+X_t$、$+Y_t$、$+Z_t$）的精度，如图 3-11 所示。

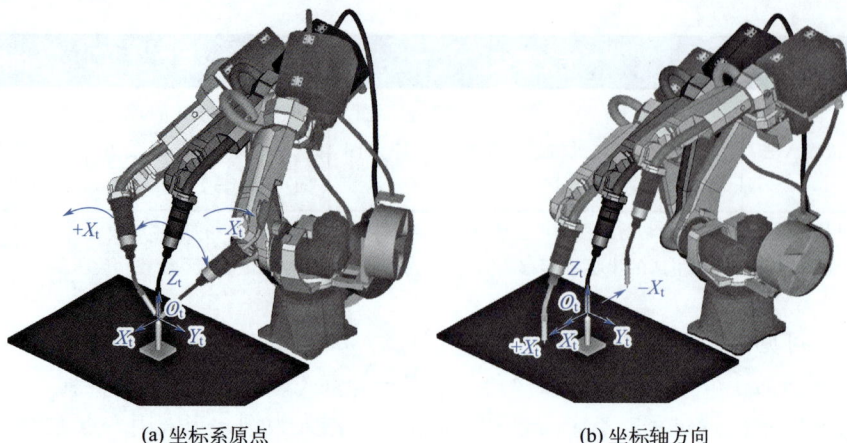

(a) 坐标系原点　　　　　　　　(b) 坐标轴方向

图 3-11　工具坐标系的精度检验

点拨

　　针对机器人弧焊应用场景，在绕 X 轴、Y 轴、Z 轴定点转动的过程中，若焊丝端头与基准点的偏离在焊丝直径以内，表明工具坐标系的设置精度满足弧焊工艺需求；否则，须重新设置。

3.4.3　工具坐标系指令

　　工业机器人运动指令的位置坐标数据是现场工程师在任务编程时所选工具坐标相对工件（用户）坐标的机器人工具中心点（TCP）空间位姿，通过机器人搬运、上下料和码垛任务编程读者已对指令内涵获得深刻认知。也就是说，对于已完成的机器人任务程序，若程序中使用的工具坐标系或工件（用户）坐标系参数被修改，机器人执行任务过程中将产生意想不到的结果，如碰撞、动作不可达等。因此，为提高任务程序的可靠性，通常应在程序初始化部分调用机器人工具坐标系指令（序列），包括工具坐标系设置指令和选择指令，以实现机器人坐标系参数的生成和坐标系编号的切换，见表 3-8。

表 3-8　常见的机器人工具坐标系指令及功能

序号	坐标系指令	指令功能	指令示例（FANUC）
1	工具坐标系设置指令	改变所指定的工具坐标系号码的工具坐标系参数，该功能与三点（接触）法、六点（接触）法和直接输入法相同	格式： UTOOL[工具坐标系号码]=PR[位置寄存器号码] 示例： PR[100]=LPOS PR[100]=PR[100]−PR[100] PR[100，1]=192 PR[100，3]=164 UTOOL[1]=PR[100] // 将位置寄存器 PR[100] 中存储的坐标系原点偏移量赋值给编号为 1 的工具坐标系

续表

序号	坐标系指令	指令功能	指令示例（**FANUC**）
2	工具坐标系 选择指令	改变当前所选的工具坐 标系号码	格式： UTOOL_NUM= 工具坐标系号码（1 ～ 10） 示例： UTOOL_NUM=1 J　P[1]　80%　FINE J　P[2]　30%　CNT10　//参考点 L　P[3]　50cm/min　FINE　//抓取点 L　P[2]　50cm/min　CNT10　//参考点 UTOOL_NUM=2 J　P[4]　80%　FINE J　P[5]　30%　CNT10　//参考点 L　P[6]　50cm/min　FINE　//释放点 L　P[5]　50cm/min　CNT10　//参考点 //切换工具编号完成机器人上下料作业

注：在任务编程过程中，若采用工具坐标系指令（序列）自动设置机器人工具坐标系参数和切换工具坐标系编号，现场工程师须先测试运行工具坐标系指令（序列），方可进行机器人运动轨迹编程。

任务分析

完整的焊接机器人工具坐标系设置过程包括工具坐标系参数计算（或输入）、工具坐标系编号选择和工具坐标系精度检验三个步骤，具体流程如图 3-12 所示。其中，工具坐标系参数

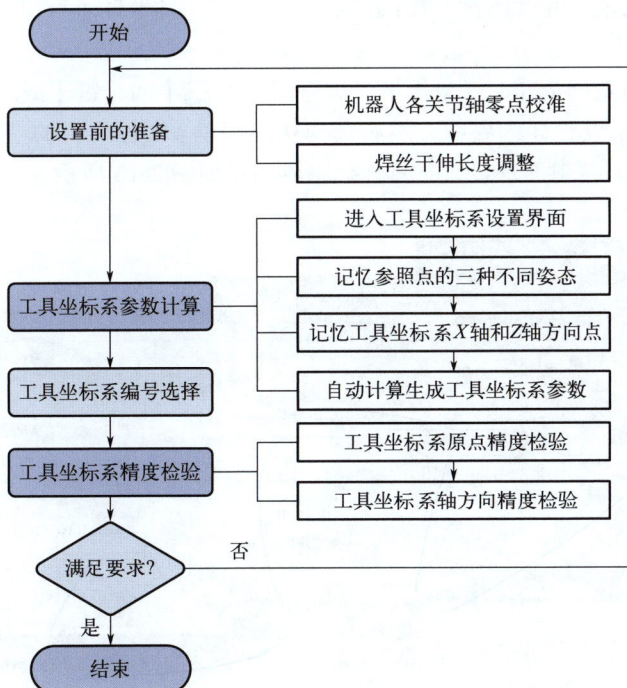

图 3-12　六点（接触）法设置焊接机器人工具坐标系的流程

计算是通过记忆同一外部（尖端）参照点的三种不同手臂（腕）姿态，以及坐标系的 X 轴起点、X 轴方向点和 Z 轴方向点完成的。待新设置的坐标系参数计算生成及编号选择完毕，现场工程师可以从坐标系原点（O_t）和坐标轴方向（$+X_t$、$+Y_t$、$+Z_t$）两个方面分别检验机器人工具坐标系的设置精度。

任务实施

（1）设置前的准备

开始设置焊接机器人工具坐标系前，请做好如下准备：

① 准备一个外部尖端点　将尖端点（如销针）放置在机器人工作空间的可达位置。

② 检查机器人各关节运动轴的零点是否正确　若发现零点不准，请参照 FANUC 焊接机器人电池更换及零点校准方法予以调整。

③ 机器人原点确认　执行机器人控制器内存储的原点程序，使机器人返回原点（如 J5=−90°、J1=J2=J3=J4=J6=0°）。

④ 焊丝干伸长度调整　根据任务（工艺）需求，合理调整焊丝干伸长度，如焊丝直径的 10 ～ 15 倍。

（2）工具坐标系参数计算

点动机器人以三种不同手臂（腕）姿态指向并接触同一外部尖端点，并移至待设置的工具坐标系原点、X 轴方向点和 Z 轴方向点，记忆以上位姿数据，系统会自动计算新的工具坐标系原点及轴指向。

① 进入工具坐标系设置界面　打开工具坐标系设置界面，步骤如下：

a. 在"T1 或 T2"模式下，依次选择主菜单【设置】→【坐标系】，在弹出的坐标系设置一览界面中，选择功能菜单（图标）栏的"坐标"→"工具坐标系"，切换至工具坐标系设置界面。

b. 移动光标至待选择的工具（坐标系）编号，点按 ENTER【回车键】或 F2【功能菜单】（详细），弹出工具坐标系设置详细界面，然后选择功能菜单（图标）栏的"方法"→"六点法（XZ）"，进入至六点（接触）法设置工具坐标系界面，如图 3-13 所示。

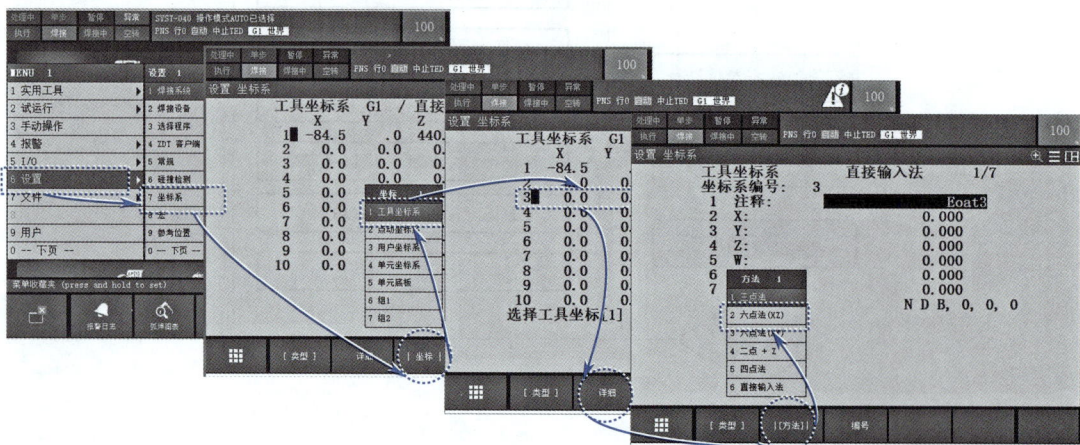

图 3-13　六点（接触）法设置工具坐标系界面

② 记忆参考点的三种不同姿态

a. 记忆外部参考点的第一种手臂（腕）姿态信息，步骤如下：

● 调枪姿。点按 [COORD]【坐标系键】，切换机器人点动坐标系为 [图]机座（世界）坐标系，然后遵循 FANUC 焊接机器人的点动基本条件，点动机器人绕 Y 轴转动，调整机器人焊枪喷嘴的指向竖直向下。

● 点对点。在机座（世界）坐标系中，保持焊枪姿态不变，点动机器人沿 X 轴、Y 轴、Z 轴方向线性贴近销针，直至焊丝端头接触到销针顶尖［图 3-10（a）］。

● 记位姿。使用【方向键】移动光标至"接近点 1"，按住 [SHIFT]【上档键】+ [F5]【功能菜单】（记录）组合键，记忆当前点为外部参考点的第一种手臂（腕）姿态，"接近点 1"的状态变更为"已记录"，如图 3-14 所示。

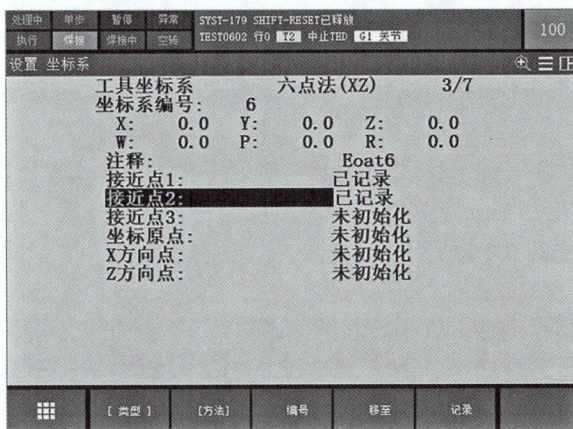

图 3-14　同一外部参考点的机器人手臂（腕）姿态一

b. 记忆外部参考点的第二种手臂（腕）姿态，步骤如下：

● 调枪姿。在机座（世界）坐标系中，点动机器人沿 Z 轴方向线性远离销针，然后点按 [COORD]【坐标系键】，切换机器人点动坐标系为 [图]关节坐标系，点动机器人绕 J6 轴转动 $90°\sim360°$。

● 点对点。点按 [COORD]【坐标系键】，切换机器人点动坐标系为 [图]机座（世界）坐标系。在机座（世界）坐标系中，保持焊枪姿态不变，再次点动机器人线性贴近销针，直至焊丝端头接触到销针顶尖［图 3-10（b）］。

● 记位姿。使用【方向键】移动光标至"接近点 2"，按住 [SHIFT]【上档键】+ [F5]【功能菜单】（记录）组合键，记忆当前点为外部参考点的第二种手臂（腕）姿态，"接近点 2"的状态变更为"已记录"，如图 3-15 所示。

c. 记忆外部参考点的第三种手臂（腕）姿态，步骤如下：

● 调枪姿。使用【方向键】移动光标至"接近点 1"，按住 [SHIFT]【上档键】+ [F4]【功能菜单】（移至）组合键，快速将机器人调整至接近点 1 姿态。在 [图]机座（世界）坐标系中，点动机器人沿 Z 轴方向线性远离销针，然后点按 [COORD]【坐标系键】，切换机器人点动坐标系为 [图]关节坐标系，点动机器人绕 J4 轴和 J5 轴转动（不超过 90°）。

● 点对点。点按 [COORD]【坐标系键】，切换机器人点动坐标系为 [图]机座（世界）坐标系。在机座（世界）坐标系中，保持焊枪姿态不变，再次点动机器人线性贴近销针，直至焊丝端头接触到销针顶尖［图 3-10（c）］。

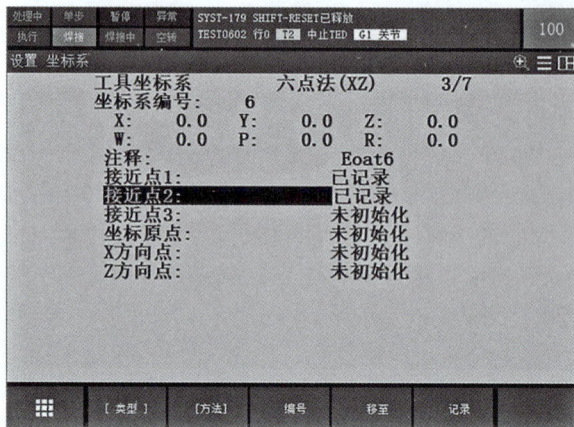

图 3-15　同一外部参考点的机器人手臂（腕）姿态二

● 记位姿。使用【方向键】移动光标至"接近点 3"，按住 [SHIFT]【上档键】+ [F5]【功能菜单】（记录）组合键，记忆当前点为外部参考点的第三种手臂（腕）姿态，"接近点 3"的状态变更为"已记录"，如图 3-16 所示。

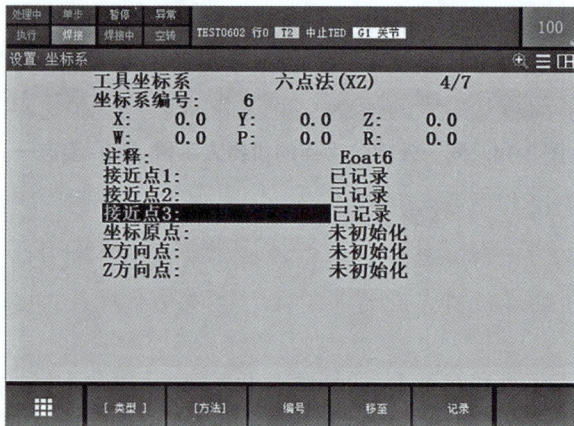

图 3-16　同一外部参考点的机器人手臂（腕）姿态三

③ 记忆工具坐标轴方向点

a. 记忆工具坐标系的原点（X 轴和 Z 轴的起始点），步骤如下：

● 调枪姿、点对点。与接近点 1 的姿态要求相同，调整机器人焊枪喷嘴的指向竖直向下，可以通过按住 [SHIFT]【上档键】+ [F4]【功能菜单】（移至）组合键，快速调整机器人焊枪姿态并移动焊丝端头与销针顶尖接触［图 3-10（d）］。

● 记位姿。使用【方向键】移动光标至"坐标原点"，按住 [SHIFT]【上档键】+ [F5]【功能菜单】（记录）组合键，记忆当前点为工具坐标系的原点，"坐标原点"的状态变更为"已记录"，如图 3-17 所示。

b. 记忆工具坐标系的 X 轴方向点，步骤如下：

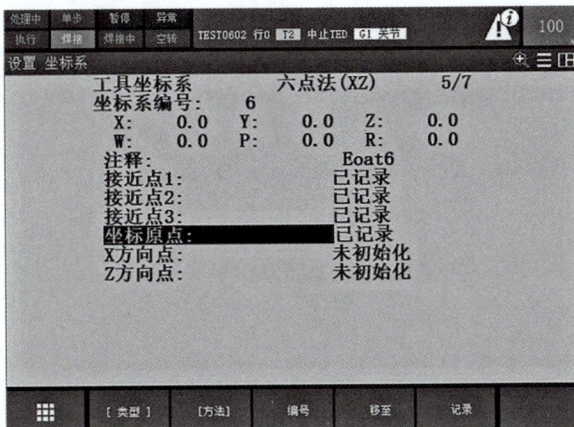

图 3-17　工具坐标系原点记忆

● 定方向。保持焊枪姿态不变，点动机器人沿 🔲 机座（世界）坐标系的 X 轴方向线性移动一段距离（至少 250mm）。

● 记位姿。使用【方向键】移动光标至 "X 方向点"，按住 🔲 【上档键】+ 🔲 【功能菜单】（记录）组合键，记忆当前点为工具坐标系的 X 轴方向点，"X 方向点" 的状态变更为 "已记录"，如图 3-18 所示。

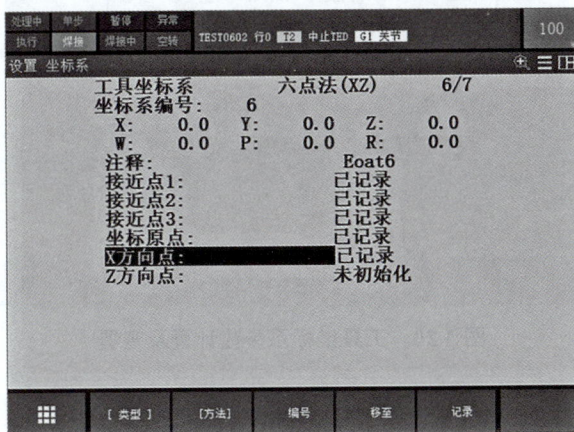

图 3-18　工具坐标系 X 方向点记忆

c. 记忆工具坐标系的 Z 轴方向点，步骤如下：

● 定方向。使用【方向键】移动光标至 "坐标原点"，按住 🔲 【上档键】+ 🔲 【功能菜单】（移至）组合键，快速将机器人移至坐标原点。保持焊枪姿态不变，点动机器人沿 🔲 机座（世界）坐标系的 Z 轴方向线性移动一段距离（至少 250mm）。

● 记位姿。使用【方向键】移动光标至 "Z 方向点"，按住 🔲 【上档键】+ 🔲 【功能菜单】（记录）组合键，记忆当前点为工具坐标系的 Z 轴方向点，"Z 方向点" 的状态变更为 "已记录"，如图 3-19 所示。

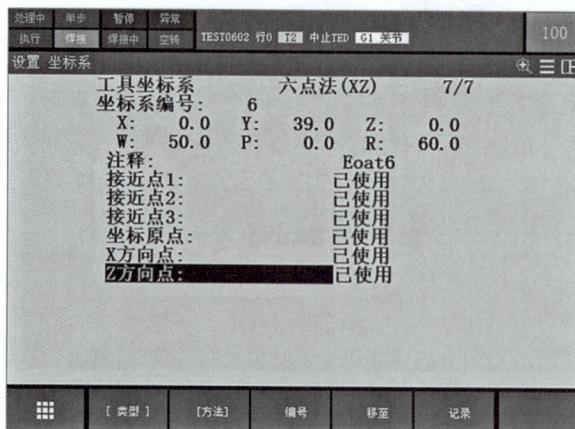

图 3-19　工具坐标系 Z 方向点记忆

④ 自动计算生成工具坐标系参数　待六个位姿信息记忆后，系统自动计算生成新的工具坐标系相对机械接口坐标系的原点偏移量和坐标轴指向的偏转量，并将计算结果显示在六点（接触）法设置工具坐标系界面的上部，如图 3-20 所示。

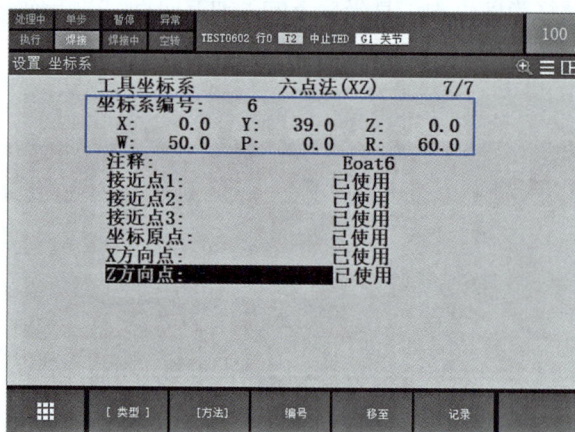

图 3-20　工具坐标系参数计算及查看

（3）工具坐标系编号选择

为检验及使用新设置的工具坐标系，在手动模式下，可以通过如下两种方式选择激活指定编号的工具坐标系。

① 主菜单　依次选择主菜单【设置】→【坐标系】，在弹出坐标系设置一览界面中选择功能菜单（图标）栏的"切换"→"工具坐标系"选项，输入待选择的工具坐标系编号，点按 ENTER【回车键】确认即可，如图 3-21（a）所示。

② 弹出菜单　按住 SHIFT【上档键】+ COORD【坐标系键】组合键，弹出坐标系菜单（示教盒液晶界面右上角），使用【方向键】移动光标至"Tool"，点按【数字键】（0～9）即可激活所选编号的工具坐标系。若选择第十套工具坐标系，则点按"."，如图 3-21（b）所示。

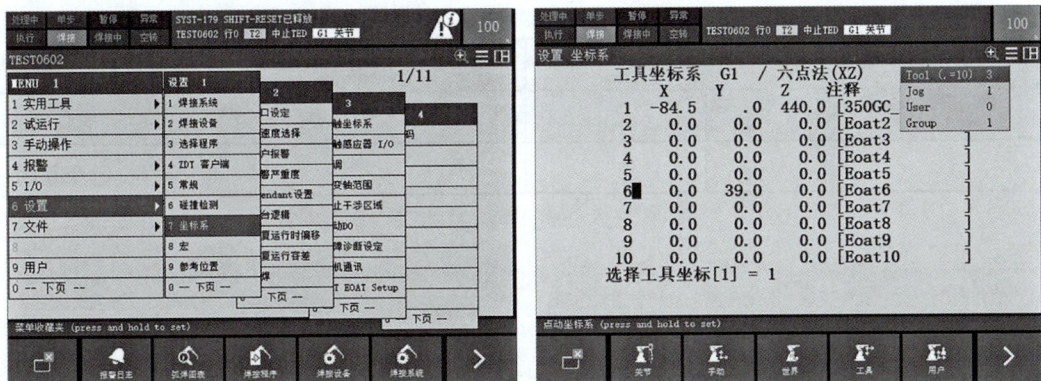

(a) 主菜单方式　　　　　　　　　　　　　　　(b) 弹出菜单方式

图 3-21　工具坐标系编号选择

（4）工具坐标系精度检验

从工具坐标系的原点（TCP）和坐标轴的指向两个方面分别检验坐标系的设置精度，步骤如下：

① 切换机器人点动坐标系　在满足点动机器人基本条件的前提下，点按 [coord]【坐标系键】，切换机器人点动坐标系为 [工具] 工具坐标系。

② 检验工具坐标系的原点（TCP）和轴指向精度　在工具坐标系中，仍以销针顶尖为基准点，调整焊枪喷嘴竖直向下，然后依次点动机器人沿 X 轴、Y 轴、Z 轴方向线性贴近或远离销针，观察工具坐标系轴指向的准确性。同时绕 X 轴、Y 轴、Z 轴定点转动，观察焊丝端头与基准点的偏离情况，如果偏差在焊丝直径以内，表明工具坐标系的设置精度满足弧焊工艺需求。工具坐标系精度检验如图 3-22 所示。

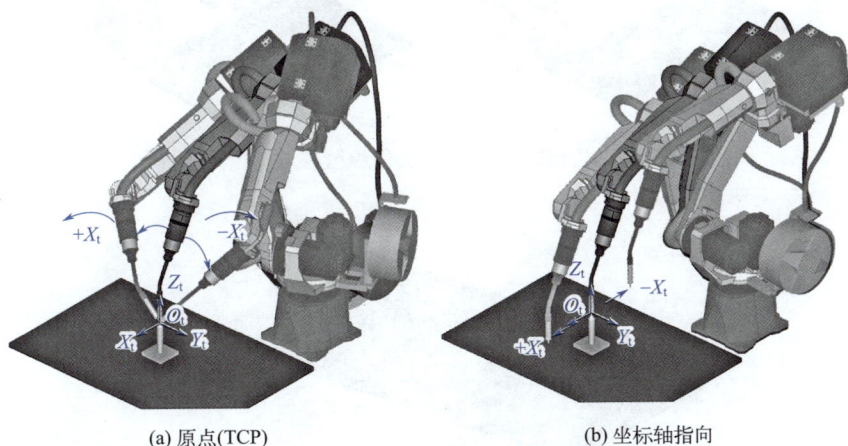

(a) 原点(TCP)　　　　　　　　　　　　　　(b) 坐标轴指向

图 3-22　工具坐标系精度检验

任务评价

采用六点（接触）法设置 FANUC 焊接机器人的工具坐标系，其相对机械接口坐标系的原点偏移量和坐标轴指向的偏转量见表 3-9。

表3-9　工具坐标系相对机械接口坐标系的原点偏移量和坐标轴指向的偏转量

原点偏移量			坐标轴指向的偏转量		
X/mm	Y/mm	Z/mm	W/(°)	P/(°)	R/(°)

◁ 任务拓展

　　一焊件的端面与另一焊件的表面构成直角或近似直角的接头，称为T形接头。T形接头是建筑、桥梁、船舶等钢结构焊接制造时最为常见的接头形式之一。根据焊缝所处位置或承受载荷大小，T形接头包括I形坡口角焊缝（非承载焊缝）和单边V形、J形、K形、双J形对接焊缝（承载焊缝）两种。

　　尝试使用典型案例中设置的工具坐标系点动机器人，模仿T形接头角焊缝（I形坡口，对称焊接）线状焊道运动轨迹编程时的机器人焊枪位姿调整，如图3-23所示。在点动机器人过程中，要求机器人作业时的焊枪姿态保持行进角[1]α=65°～80°、工作角[2]β=45°，如图3-24所示。

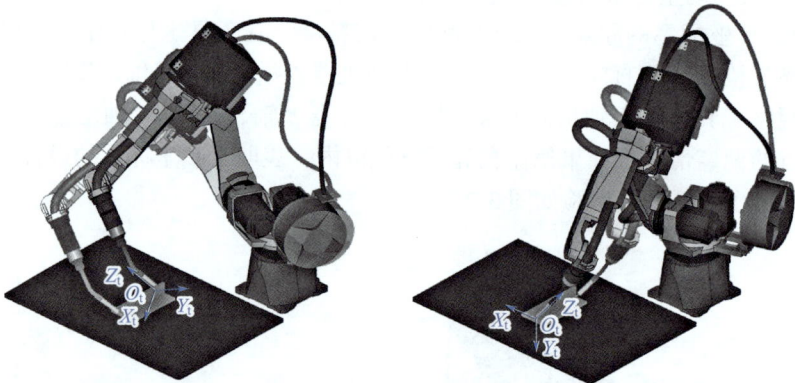

图3-23　点动机器人沿T形接头角焊缝移动（工具坐标系）

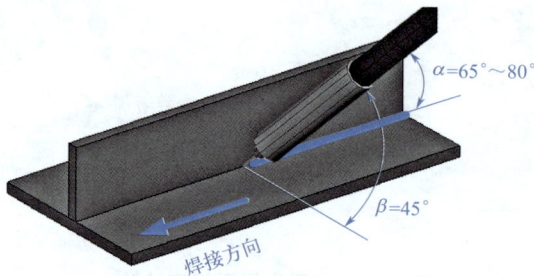

图3-24　T形接头角焊缝的机器人焊枪姿态

---

　　[1]　行走角：在焊枪（喷嘴）轴线与焊接方向所在平面内，焊枪（喷嘴）轴线与焊缝中心线所成的锐角称为行走角。通常情况下，平（角）焊、船形焊的行进角为65°～80°，向上立（角）焊的行进角为60°～80°。

　　[2]　工作角：焊枪（喷嘴）轴线与工件表面所成的角称为工作角。通常情况下，角焊缝工作角为45°，对接焊缝工作角为90°。

实践报告——机器人工具坐标系设置

院系		课程名称		日期	
姓名		学号		班级	
任务名称			成绩		

一、任务描述

二、任务要求

三、任务实施

四、任务评价

五、任务心得

3.5 任务 2：机器人平焊

任务提出

两焊件表面构成 135°～180° 夹角的接头称为对接接头。从力学角度看，对接接头是较为理想的接头形式，其受力状况较好，应力集中较小，能承受较大的静载荷和动载荷，是焊接结构中常用的一种接头形式。根据板材厚度、焊接方法和坡口形式的不同，对接接头可分为不开坡口（I 形，板厚≤ 3mm）对接接头和开坡口（如 V 形、X 形、U 形等，板厚＞3mm）对接接头两种类型。

本任务要求使用富氩气体（如 Ar80%+$CO_2$20%）、直径为 1.0 mm 的 ER50-6 实芯焊丝和六自由度焊接机器人，完成尺寸为 200mm×50mm×1.5mm 的两块碳钢试板（如 Q235）的板 - 板对接机器人平焊，单面焊双面成形，焊缝美观饱满，余高≤ 1.5mm，焊接变形控制合理，如图 3-25 所示。

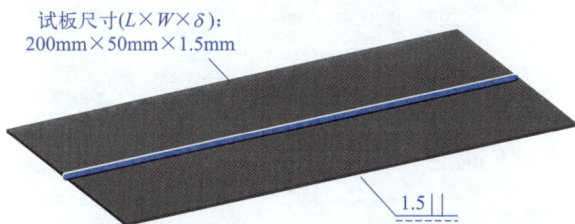

试板尺寸($L×W×\delta$)：
200mm×50mm×1.5mm

1.5

图 3-25 板 - 板对接平焊接头示意

机器人平焊任务示范

3.5.1 机器人直线焊接轨迹

以图 3-26 所示的直线（焊接）运动轨迹为例，指令位姿 P[2] 为直线轨迹起点、P[3] 为焊接起始点、P[4] 为焊接结束点、P[5] 为直线轨迹终点，P[2] → P[5] 为直线运动轨迹区间，共分为 P[2] → P[3] 焊前区间段、P[3] → P[4] 焊接区间段和 P[4] → P[5] 焊后区间段。机器人完成直线焊缝施焊作业的任务程序如图 3-27 所示。其中，第 4 ～ 5 行程序指令语句序列的功能是：机器人携带焊枪采用 Weld Start 指令指定的焊接开始规范，从指令位置 P[3] 成功引弧后，按照预设的焊接速度线性移向目标点 P[4]，并在此位置点减速收弧停止，收弧规范由 Weld End 指令指定。

3.5.2 对接焊缝的成形质量

根据接合形式不同，焊缝可分为对接焊缝、角焊缝、塞焊缝、槽焊缝和端接焊缝五种。其中，对接焊缝是在焊件的坡口面间或一零件的坡口面与另一零件表面间焊接的焊缝。作为极具代表性的一种焊缝，它是各种焊接结构中采用最多且最完善的一种焊缝，具有受力好、强度大和节省材料的特点。对接焊缝的形状尺寸参数主要包括焊缝宽度、余高和熔深等，见表 3-10。

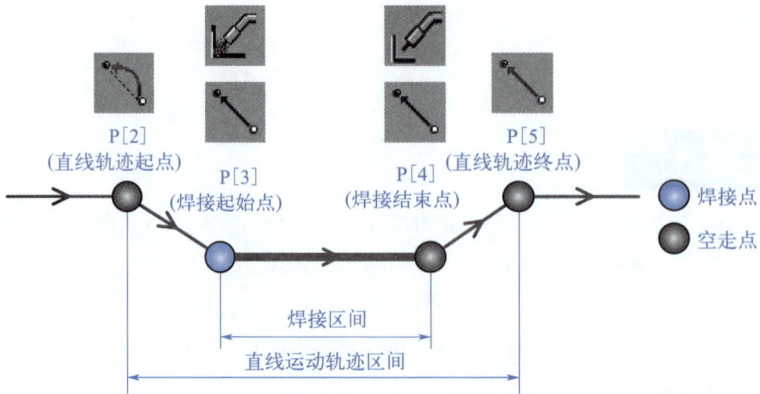

图 3-26　直线（焊接）运动轨迹示意

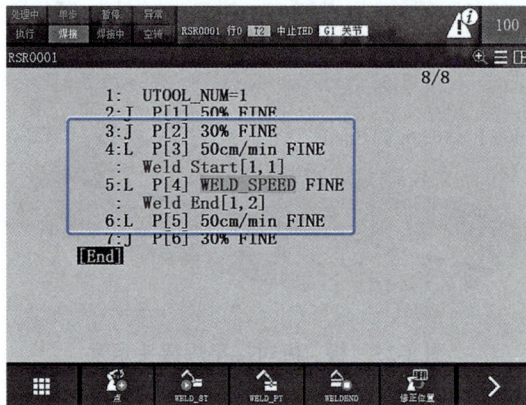

图 3-27　直线焊缝机器人焊接任务程序示例（FANUC）

表 3-10　对接焊缝的形状尺寸参数

形状参数	参数说明	参数示例
焊缝宽度	焊缝表面两焊趾之间的距离。建议控制在坡口上表面宽度的 105% ～ 120%	
余 高	超出母材表面连线上面的那部分焊缝金属的最大高度。建议单面焊正面余高控制在 3mm 以内；背面余高控制在 1.5mm 以内	

续表

形状参数	参数说明	参数示例
熔深	在焊接接头横截面上，母材或前道焊缝熔化的深度。建议母材熔深控制在 0.5 ～ 1.0mm；焊道层间熔深控制在 3.0 ～ 4.0mm	

注：焊趾是焊缝表面与母材交界处。

　　机器人焊接具有质量稳定、一致性好等优点，但是若机器人运动轨迹准度和焊接参数适配不合理，将会出现气孔、咬边、焊瘤和烧穿等外观缺陷。表 3-11 是常见的机器人对接焊缝外观缺陷原因分析及调控方法。

表 3-11　常见的机器人对接焊缝外观缺陷原因分析及调控方法

类别	外观特征	产生原因	调控方法	缺陷示例
成形差	焊缝两侧附着大量焊接飞溅，焊缝宽度及余高的一致性差，焊道断续	1) 导电嘴磨损严重，焊丝指向弯曲，焊接过程中电弧跳动 2) 焊丝干伸长度过长，焊接电弧燃烧不稳定 3) 焊接参数选择不当，导致焊接过程中飞溅量大，熔深大小不一	1) 更换导电嘴和送丝压轮，校直焊丝 2) 调节焊丝干伸长度 3) 调节并适配焊接电流、电弧电压和焊接速度	
未焊透	接头根部未完全熔透	1) 焊接电流过小，焊接速度太快，焊接热输入偏小，导致坡口根部无法受热熔化 2) 坡口间隙偏小，钝边偏厚，导致接头根部很难熔透	1) 调节并适配焊接电流（送丝速度）和焊接速度 2) 调整坡口角度及钝边	
未熔合	焊道与母材之间或焊道与焊道之间未完全熔化接合	1) 焊接电流过小，焊接速度太快，焊接热输入偏小，导致坡口或焊道受热熔化不足 2) 焊接电弧作用位置不当，母材未熔化时已被液态熔覆金属覆盖	1) 调节并适配焊接电流（送丝速度）和焊接速度 2) 修正机器人运动轨迹，调整电弧作用位置	
咬边	沿焊趾的母材部位产生沟槽或凹陷，呈撕咬状	1) 焊接电流太大，焊缝边缘的母材熔化后未得到熔覆金属的充分填充 2) 焊接电弧过长	1) 调节并适配焊接电流（送丝速度）和焊接速度 2) 调节焊丝干伸长度	

类别	外观特征	产生原因	调控方法	缺陷示例
气孔	焊缝表面有密集或分散的小孔，大小、分布不等	1）母材表面污染，受热分解产生的气体未及时排出 2）保护气体覆盖不足，导致焊接熔池与空气接触发生反应 3）焊缝金属冷却过快，导致气体来不及逸出	1）焊前清理焊接区域的油污、油漆、铁锈、水或镀锌层等 2）调节保护气体流量、焊丝干伸长度和焊枪姿态 3）调节焊接速度	气孔
焊瘤	熔化金属流淌到焊缝外未熔化的母材上所形成的金属瘤	熔池温度过高，冷却凝固较慢，液态金属因自重产生下坠	调节并适配焊接电流（送丝速度）和焊接速度	焊瘤
凹坑	焊后在焊缝表面或背面，形成低于母材表面的局部低洼	1）接头根部间隙偏大，钝边偏薄，熔池体积较大，液态金属因自重产生下坠 2）焊接电流偏大，熔池温度高、冷却慢，导致熔池金属重力增加而表面张力减小	1）调整接头根部间隙和坡口钝边 2）调节焊接电流（送丝速度）	凹坑
下塌	单面熔化焊时，焊缝正面塌陷、背面凸起	1）焊接电流偏大，焊缝金属过量透过背面 2）焊接速度偏慢，热量在小区域聚集，熔覆金属过多而下坠	1）调节焊接电流（送丝速度） 2）调节焊接速度或焊枪姿态	下塌
烧穿	熔化金属自坡口背面流出，形成穿孔	1）焊接电流过大，热量过高，熔深超过板厚 2）焊接速度过慢，热量小区域聚集，烧穿母材	1）调节焊接电流（送丝速度） 2）调节焊接速度	烧穿
热裂纹	焊接过程中在焊缝和热影响区产生焊接裂纹	1）焊丝含硫量较高，焊接时形成低熔点杂质 2）焊接头拘束不当，冷却凝固的焊缝金属沿晶粒边界拉开 3）收弧电流不合理，产生弧坑裂纹	1）选择含硫量较低的焊丝 2）采用合适的接头工装卡具及拘束力 3）优化收弧电流，必要时采取预热和缓冷措施	热裂纹

续表

类别	外观特征	产生原因	调控方法	缺陷示例
焊接变形	焊件由焊接而产生的角变形、弯曲变形等	1）工件固定不牢，受焊接残余应力作用而变形 2）焊接顺序不当，导致焊接应力集中而变形 3）焊接接头设计不合理	1）采用反变形法或工装卡具刚性固定 2）调整焊接顺序 3）优化接头设计及焊接参数	焊接变形

任务分析

板 - 板对接机器人平焊作业的运动轨迹编程较为容易，与本书项目 2 任务 1 的机器人搬运示教编程类似。使用机器人实现两块（碳钢）试板的平焊对接一般需要五个目标指令位姿。其中，机器人原点（指令位置 1）应设置在远离作业对象（待焊工件）的可动区域的安全位置；焊接起始参考点（指令位置 2）和焊接结束参考点（指令位置 5）应设置在邻近焊接作业区间且便于调整焊枪姿态的安全位置。机器人平焊作业的运动规划如图 3-28 所示。各指令位姿见表 3-12。

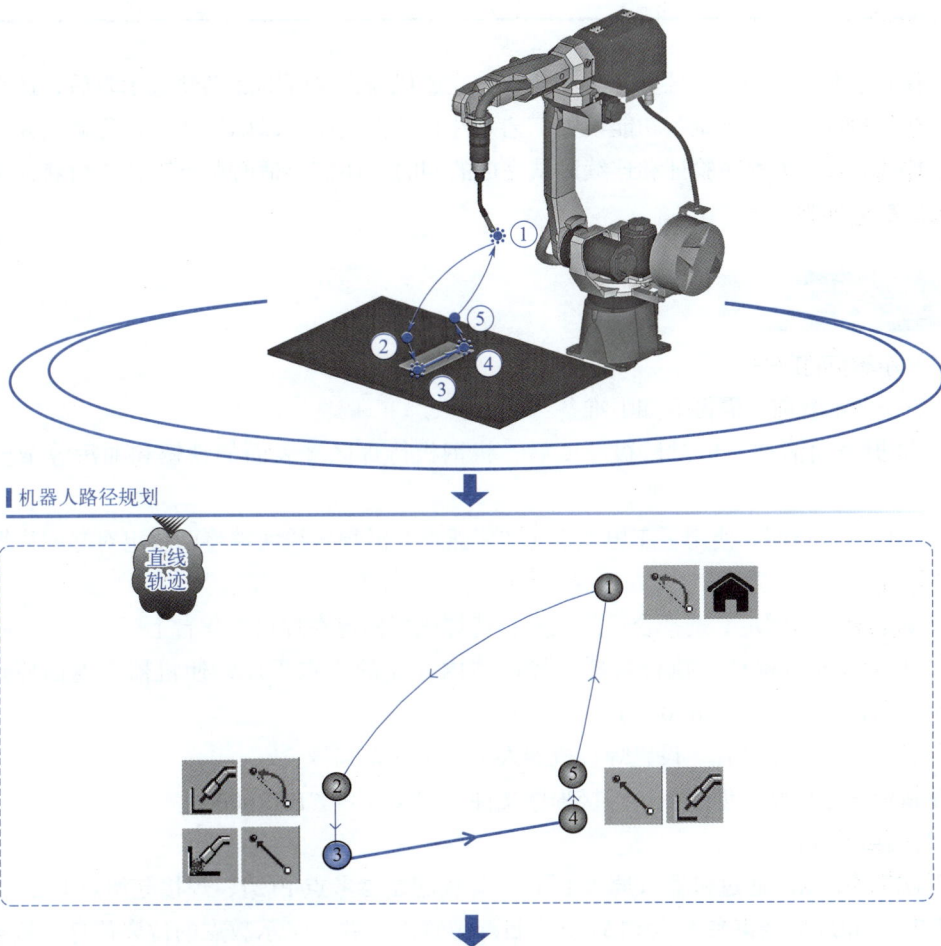

机器人路径规划

图 3-28

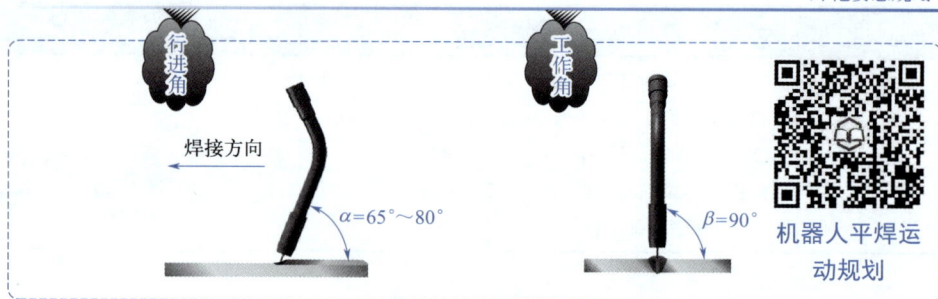
焊枪姿态规划

图 3-28　机器人平焊作业的运动规划

表 3-12　机器人平焊作业的指令位姿

指令位姿	备　注	指令位姿	备　注	指令位姿	备　注
①	原点（HOME）	③	焊接起始点	⑤	焊接结束参考点
②	焊接起始参考点	④	焊接结束点	—	—

同搬运、上下料和码垛任务编程相比较，完成机器人平焊的运动轨迹示教后，还需要通过弧焊软件里的"焊接导航"功能设置工艺条件和动作次序，以确保焊接过程顺畅并获得高品质的焊缝。在单步程序验证和连续测试完成的同时，还需要适时调整工艺参数获得满足质量要求的焊缝外观成形。

任务实施

（1）示教前的准备

开始任务示教前，需做好如下准备：

① 试板表面清理　核对试板厚度后，将钢板待焊区域表面的铁锈和油污等杂质清理干净。

② 坡口组对点固　使用手工电弧焊（如氩弧焊）沿焊接线两端将两块组对好的待焊试板定位焊点固。

③ 试板装夹与固定　选择合适的夹具将待焊试板固定在焊接工作台上。

④ 机器人原点确认　执行机器人控制器内存储的原点程序，使机器人返回原点（如 J5=−90°、J1=J2=J3=J4=J6=0°）。

⑤ 机器人坐标系设置　设置焊接机器人工具坐标系编号。

⑥ 新建任务程序　创建一个焊接程序文件，如文件名"RSR0004"。

（2）运动轨迹示教

点动机器人依次通过机器人原点 P[1]、焊接起始参考点 P[2]、焊接起始点 P[3]、焊接结束点 P[4] 和焊接结束参考点 P[5] 五个目标位置点，并记忆示教点的位姿信息。板-板对接接头机器人平焊的运动轨迹示教步骤见表 3-13。编制完成的任务程序见表 3-14。

表 3-13　板 - 板对接接头机器人平焊的运动轨迹示教步骤

示教点	示教方法
机器人原点 P[1]	1）切换手动模式。切换机器人控制器操作面板【模式旋钮】至"T1"或"T2"位置（手动模式） 2）示教盒置于有效状态。切换示教盒【使能键】至"ON"位置（有效） 3）记忆示教点 P[1]。点按功能菜单（图标）栏的"点"（F1【功能菜单】），弹出标准动作界面，使用【方向键】选择关节运动指令（J...FINE），点按 ENTER【回车键】确认，记忆当前示教点 P[1] 为机器人原点
焊接起始参考点 P[2]	1）消除报警信息。轻握【安全开关】，按 RESET【复位键】，消除机器人系统报警信息 2）调整机器人焊枪姿态。保持默认的 关节坐标系，握住【安全开关】的同时，按住 SHIFT【上档键】+【运动键】组合键，调整机器人末端焊枪至作业姿态（焊枪行进角 $\alpha=65°\sim80°$） 3）切换机器人点动坐标系。点按 COORD【坐标系键】，切换机器人点动坐标系为系统默认的 工件（用户）坐标系 4）移至焊接起始参考点。在 工件（用户）坐标系中，握住【安全开关】的同时，按住 SHIFT【上档键】+【运动键】组合键，点动机器人线性移至作业开始位置附近 5）记忆示教点 P[2]。点按功能菜单（图标）栏的"点"（F1【功能菜单】），弹出标准动作界面，使用【方向键】选择关节运动指令（J...FINE），点按 ENTER【回车键】确认，记忆当前示教点 P[2] 为焊接起始参考点，如图 3-29（a）所示
焊接起始点 P[3]	1）移至焊接起始点。在 工件（用户）坐标系中，点动机器人线性移至焊接作业开始位置，如图 3-29（b）所示 2）记忆示教点 P[3]。点按功能菜单（图标）栏的"WELD_ST"（F2【功能菜单】），弹出起弧定义菜单，使用【方向键】选择直线动作焊接开始指令（L...FINE Weld Start...），点按 ENTER【回车键】确认，记忆当前示教点 P[3] 为焊接起始点
焊接结束点 P[4]	1）移至焊接结束点。在 工件（用户）坐标系中，沿 -X 轴方向点动机器人线性移至焊接结束点，如图 3-29（c）所示 2）记忆示教点 P[4]。点按功能菜单（图标）栏的"WELDEND"（F4【功能菜单】），弹出收弧定义菜单，使用【方向键】选择直线动作焊接结束指令（L...FINE Weld End...），点按 ENTER【回车键】确认，记忆当前示教点 P[4] 为焊接结束点
焊接结束参考点 P[5]	1）移至焊接结束参考点。在 工件（用户）坐标系中，沿 +Z 轴方向点动机器人远离焊接结束点，如图 3-29（d）所示 2）记忆示教点 P[5]。点按功能菜单（图标）栏的"点"（F1【功能菜单】），弹出标准动作界面，使用【方向键】选择直线运动指令（L...FINE），点按 ENTER【回车键】确认，记忆当前示教点 P[5] 为焊接结束参考点
机器人原点 P[1]	1）记忆示教点 P[6]。保持机器人位姿不变，点按功能菜单（图标）栏的"点"（F1【功能菜单】），弹出标准动作界面，使用【方向键】选择关节运动指令（J...FINE），点按 ENTER【回车键】确认，记忆当前示教点 P[6] 2）修改示教点位置变量。使用【方向键】移动光标至位置变量 P[6] 处，通过【数字键】变更位置变量 P[6] 为 P[1]，点按 ENTER【回车键】确认，记忆机器人原点

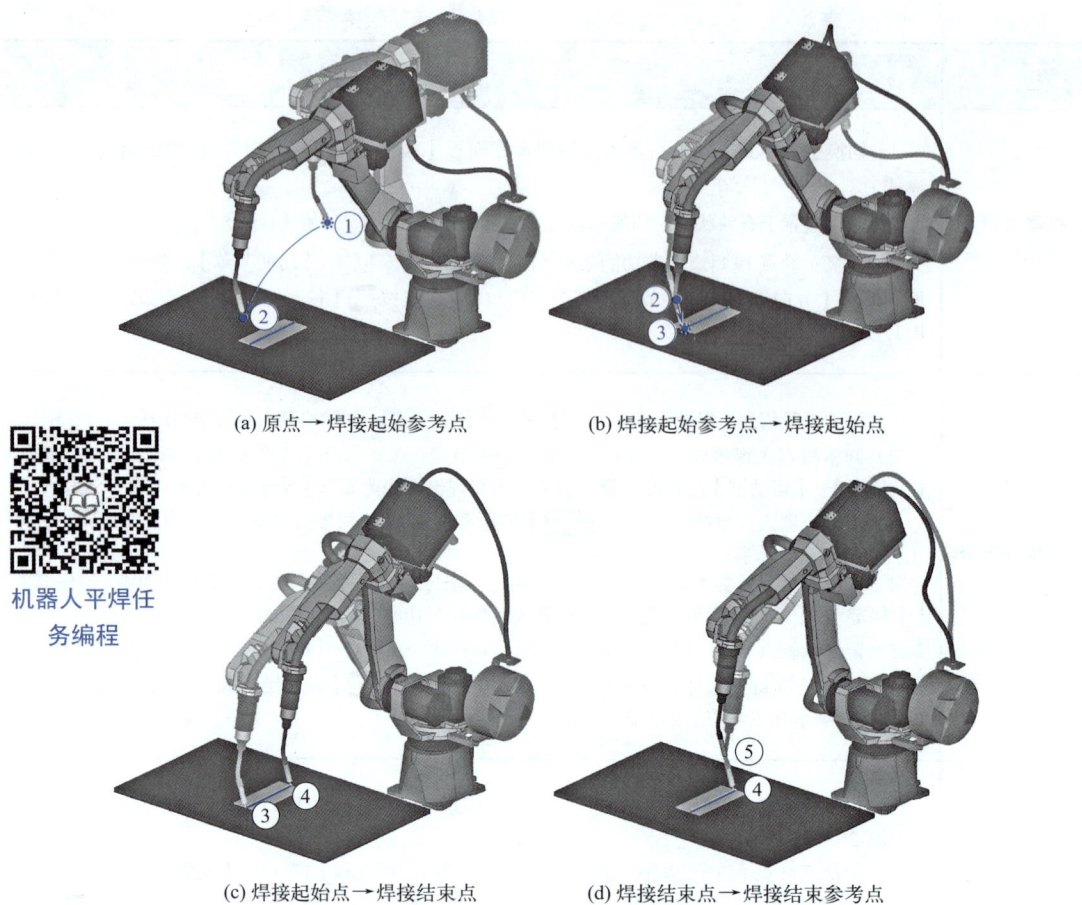

(a) 原点→焊接起始参考点

(b) 焊接起始参考点→焊接起始点

机器人平焊任
务编程

(c) 焊接起始点→焊接结束点

(d) 焊接结束点→焊接结束参考点

图 3-29　机器人平焊指令位姿示意

表 3-14　板 - 板对接接头机器人平焊任务程序

行号码	指令语句	备 注
1：	UTOOL_NUM=1	工具坐标系（焊枪）选择
2：	J　P[1]　80%　FINE	机器人原点（HOME）
3：	J　P[2]　30%　FINE	焊接起始参考点
4：	L　P[3]　50cm/min　FINE	焊接起始点
：	Weld Start[1，1]	焊接开始规范和动作次序
5：	L　P[4]　WELD_SPEED　FINE	焊接结束点
：	Weld End[1，2]	焊接结束规范和动作次序
6：	L　P[5]　50cm/min　FINE	焊接结束参考点
7：	J　P[1]　80%　FINE	机器人原点（HOME）
[End]		程序结束

注：机器人焊接条件和动作次序均通过调用焊接数据库方法予以配置。

（3）焊接条件和动作次序示教

本任务选用直径为 1.0mm 的 ER50-6 实芯焊丝，较为合理的焊丝干伸长度为 10～12mm，富氩保护气体（Ar80%+CO$_2$20%）流量为 15～20L/min，并通过"焊接导航功能"生成 1.5mm 厚碳钢对接焊缝的参考规范，如图 3-30 所示。焊接结束规范（收弧电流）为参考规范的 80% 左右，确保在焊接结束时，电流逐渐降低，避免因突然断电或电流突变引起的焊接缺陷。焊接开始和焊接结束时动作次序保持默认，以确保机器人在开始和结束焊接时能够按照预设的程序进行操作，避免因错误的动作次序引起的工艺问题。

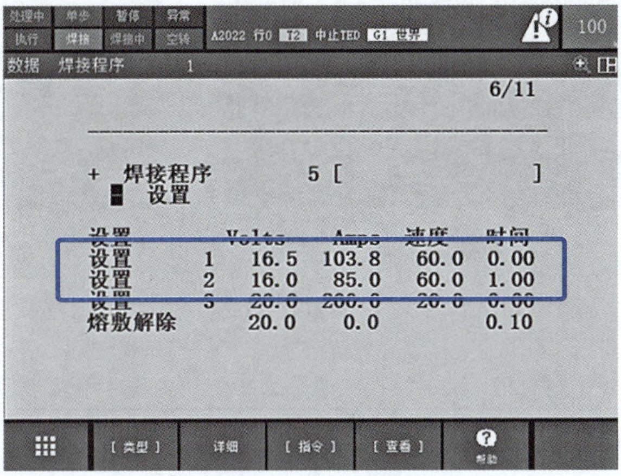

图 3-30 1.5mm 厚碳钢机器人平板对接焊接规范（焊接导航）

（4）程序验证与参数优化

为确认机器人 TCP 路径，需要依次进行单步程序验证和连续测试运转。任务程序验证无误后，方可再现施焊和参数优化。通过 RSR（机器人启动请求）远程方式自动运转机器人任务程序的步骤如下所述。

① 中止执行中的程序 在手动模式下，点按 [FCTN]【辅助菜单】，选择"中止程序"选项。

② 加载任务主程序 使用 [SELECT]【一览键】和【方向键】选择并加载"RSR0004"程序。

③ 启用焊接引弧功能 点按 [SHIFT]【上档键】+ [WELD ENBL]【引弧键】组合键，界面左上角的状态栏指示灯 [焊接] 亮，表明焊接引弧功能启用。

④ 调整速度倍率 点按 [+%]【倍率键】，切换机器人运动速度的倍率挡位至 100%。

⑤ 示教盒置于无效状态 切换示教盒【使能键】至"OFF"位置（无效）。

⑥ 选择自动模式 切换机器人控制器操作面板的【模式旋钮】至"AUTO"位置（自动模式）。

⑦ 自动运转程序 点按焊接机器人系统外部集中控制盒上的【启动按钮】，自动运转执行任务程序，机器人开始焊接，如图 3-31 所示。

为获得成形美观的高质量焊缝，在机器人焊接过程中可以适度渐进减小焊枪的行进角；为获得合适的焊接熔深和变形控制，可以适度增加焊接速度或降低焊接电流。板 - 板对接接头机器人平焊任务程序编辑步骤见表 3-15。综合优化后的焊缝宽度为 4.1mm，正面余高为 1.1mm，背面余高为 0.4mm，焊件的弯曲变形程度降低，整体成形效果如图 3-32 所示。

(a) 焊前准备

(b) 焊接过程

(c) 焊缝正面成形

(d) 焊缝背面成形

机器人平焊工
艺调试

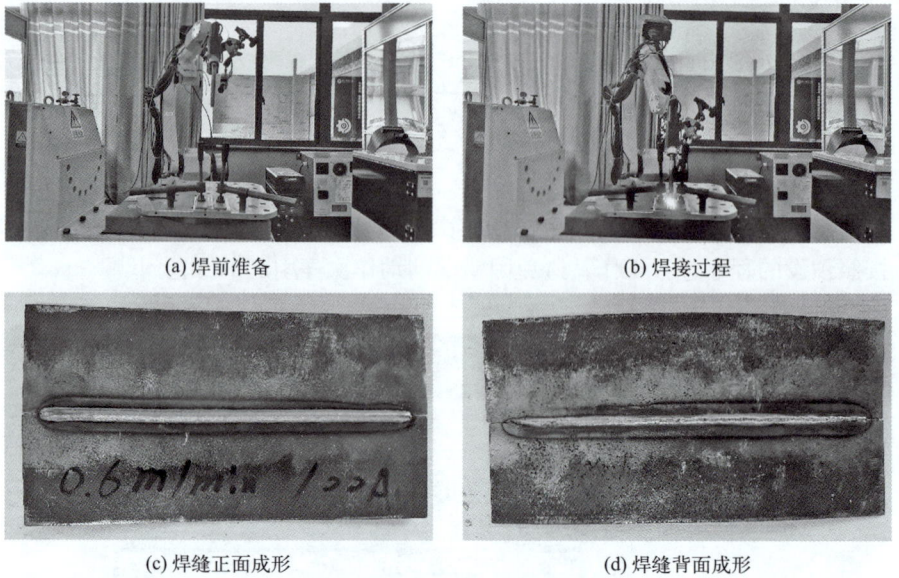

图 3-31　厚度为 1.5mm 碳钢试板板 - 板对接接头机器人平焊

表 3-15　板 - 板对接接头机器人平焊任务程序编辑步骤

编辑类别	编辑步骤
焊枪姿态调整	1）移动光标位置。在手动模式下，使用【方向键】移动光标至示教点 P[3] 所在行的行号 2）切换机器人点动坐标系。点按 COORD 【坐标系键】，切换机器人点动坐标系为 工件（用户）坐标系 3）调整机器人焊枪姿态。握住【安全开关】的同时，使用 SHIFT【上档键】+【运动键】组合键，点动机器人绕工件（用户）坐标系 Y 轴转动，适度减小焊枪行进角（如 α=70°） 4）重新记忆示教点 P[3]。根据需要按 NEXT【翻页键】，使用 SHIFT【上档键】+ F5【功能菜单】（记忆）组合键，记忆覆盖新的指令位姿至示教点 P[3] 5）移至焊接结束点。握住【安全开关】的同时，使用 SHIFT【上档键】+【运动键】组合键，点动机器人沿工件（用户）坐标系的 X 轴和 Y 轴线性移至焊接结束点 P[4] 6）重新记忆示教点 P[4]。使用 SHIFT【上档键】+ F5【功能菜单】（记忆）组合键，记忆覆盖新的指令位姿至示教点 P[4]
焊接速度变更	1）移动光标位置。在手动模式下，使用【方向键】移动光标至 WELD_SPEED 指令处 2）打开焊接数据库界面。同时按下 i【i 键】+ FCTN【辅助菜单】组合键，显示弹出菜单，依次选择"相关视图"→"焊接程序"选项，弹出焊接数据库一览界面多画面模式，移动光标并适度增加焊接速度（如 65 ~ 70cm/min），按 ENTER【回车键】确认 3）关闭焊接数据库界面。确认参数无误后，按下 SHIFT【上档键】+ DISP【分屏键】组合键，选择弹出菜单"单画面"选项，结束焊接电流微调操作
焊接电流微调	1）移动光标位置。在手动模式下，使用【方向键】移动光标至 Weld Start（或 Weld End）指令的第二要素上 2）打开焊接数据库界面。同时按下 i【i 键】+ FCTN【辅助菜单】组合键，显示弹出菜单，依次选择"相关视图"→"焊接程序"选项，弹出焊接数据库一览界面多画面模式，移动光标并适度降低焊接电流（如 80A），按 ENTER【回车键】确认 3）关闭焊接数据库界面。确认参数无误后，按下 SHIFT【上档键】+ DISP【分屏键】组合键，选择弹出菜单"单画面"选项，结束焊接电流微调操作

注：焊接电流和焊接速度等焊接条件通过调用焊接数据库方法予以配置。

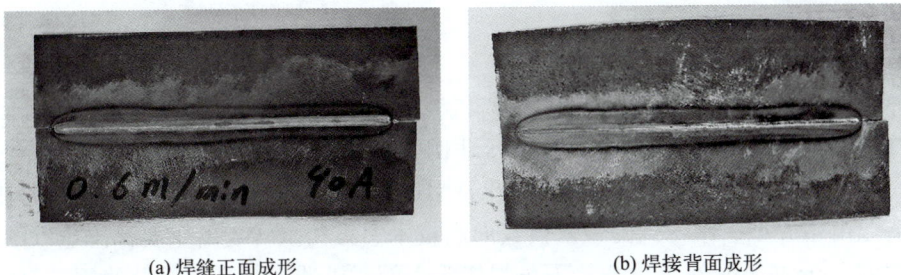

(a) 焊缝正面成形

(b) 焊接背面成形

图 3-32　1.5mm 厚碳钢试板机器人平焊焊缝成形优化

任务评价

本任务要求使用机器人平焊实现厚度为 1.5mm 的板 - 板对接接头单面焊双面成形，余高 ≤ 1.5mm，且合理控制焊接变形。待焊接结束、试板冷却至室温后，通过目视进行焊缝外观检查，然后使用游标卡尺和焊缝检验尺等测量工具，记录及评价机器人平焊质量，见表 3-16。同时，为培养良好的职业素养，对任务实施过程中学生的操作规范性和安全文明生产等进行考核。

表 3-16　板 - 板对接接头机器人平焊试件外观评分标准

检查项目	标准分数	焊缝等级				得分
		Ⅰ	Ⅱ	Ⅲ	Ⅳ	
焊缝余高	标准 /mm	≥ 1，≤ 1.5	> 1.5，≤ 2	> 2，≤ 2.5	< 1，> 2.5	
	分数	20	14	8	0	
焊缝余高差	标准 /mm	≤ 0.5	> 0.5，≤ 1	> 1，≤ 1.5	> 1.5	
	分数	10	7	4	0	
焊缝宽度	标准 /mm	≥ 4，≤ 5	> 5，≤ 5.5 或 3.5，< 4	> 5.5，≤ 6 或 ≥ 3，< 3.5	< 3 或 > 6	
	分数	20	14	8	0	
焊缝宽窄差	标准 /mm	≤ 1	> 1，≤ 2	> 2，≤ 3	> 3	
	分数	10	7	4	0	
外观成形	标准	正面成形美观，背面熔透高低宽窄一致	正面成形较好，背面熔透平整连续	正面成形尚可，背面熔透高低宽窄明显	正面焊缝弯曲，背面熔透断续	
	分数	20	14	8	0	
角变形	标准 /mm	≥ 5，≤ 6	> 6，≤ 7	> 7，≤ 8	> 8	
	分数	10	7	4	0	
表面气孔	标准 /（≥ 0.5mm）	无	1 个	2 个	> 2 个	
	分数	10	7	4	0	

注：1. 表面气孔等缺陷检查采用 5 倍放大镜。

2. 表面有裂纹、未熔合、未焊透和焊瘤等缺陷之一的，该试件外观为 0 分。

3. 职业素养评分采取倒扣分形式：劳保穿戴不符合要求扣 5 分；安全操作不符合要求扣 5 分；文明生产不符合要求扣 5 分。

◁ 任务拓展

中厚板 ❶ 在工程机械、矿山机械、煤炭机械、建筑钢结构和海洋工程装备等领域应用广泛。随着国内大型项目的接续开展，如南水北调、西气东输、高铁和高速公路等开工，对装备制造的需求越来越高。中厚板焊接自动化是实现我国装备制造业由大到强转变的基石，是装备制造业由粗放型、作坊式的经营模式向高技术、集约型转变的重要标志。以图 3-33 所示的厚度为 8mm 的板 - 板 T 形角接平角焊接头为例，机器人携带焊枪及使用富氩气体（如 Ar80%+CO_2 20%）、直径为 1.2mm 的 ER50-6 实芯焊丝，实现中厚板 T 形接头机器人平角焊作业，焊脚对称且尺寸为 6mm，焊缝呈凹形圆滑过渡，无咬边和气孔等焊接缺陷。如何调整机器人平焊任务程序中的焊枪姿态和焊接参数？

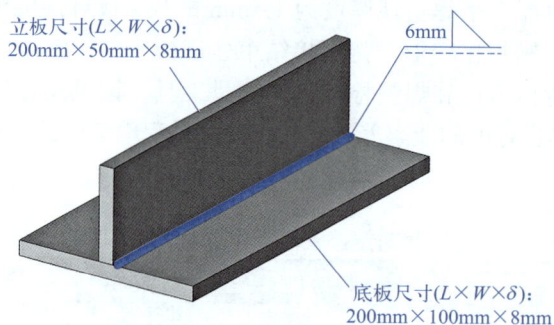

立板尺寸($L×W×δ$)：
200mm×50mm×8mm

6mm

底板尺寸($L×W×δ$)：
200mm×100mm×8mm

图 3-33　板 - 板 T 形角接平角焊接头示意

---

❶ 中厚板是指厚度为 4.5 ～ 25.0mm 的钢板，厚度为 25.0 ～ 100.0mm 的钢板称为厚板，厚度超过 100.0mm 钢板的为特厚板。

实践报告——机器人平焊

院系		课程名称		日期	
姓名		学号		班级	
任务名称			成绩		

一、任务描述

二、任务要求

三、任务实施

四、任务评价

五、任务心得

3.6　任务 3：机器人平角焊

任务提出

　　T 形接头是钢结构中最为常见的一种焊接接头形式，包括板 - 板 T 形接头和管 - 板 T 形接头等。其中，管 - 板 T 形接头可以看作板 - 板 T 形接头的延伸，不同之处在于管 - 板角焊缝位于圆管的端部，属于环缝。根据接头结构形式的不同，可将管 - 板 T 形接头分为插入式和骑坐式管 - 板接头两类；根据空间位置的不同，每类管 - 板 T 形接头又可分为垂直固定俯焊（平角焊）、垂直固定仰焊（仰角焊）和水平固定全位置焊三种。

　　本任务尝试使用富氩气体（如 Ar80%+CO$_2$20%）、直径为 1.2mm 的 ER50-6 实芯焊丝和六自由度焊接机器人，实现骑坐式管 - 板（无缝钢管尺寸为 ϕ60mm×60mm×6mm，底板尺寸为 100mm×100mm×10mm，钢管与底板材质均为 Q235）T 形接头机器人平角焊作业，要求焊脚对称且尺寸为 6mm，焊缝呈凹形圆滑过渡，无咬边和气孔等焊接缺陷，如图 3-34 所示。

钢管尺寸($\phi\times\delta\times L$)：6mm×60mm×60mm

6mm

底板尺寸($L\times W\times\delta$) 100mm×100mm×10mm

机器人平角焊 任务示范

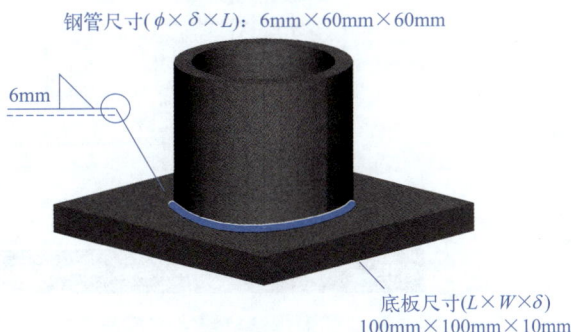

图 3-34　骑坐式管 - 板 T 形接头示意

3.6.1　平面曲线焊缝轨迹

　　环缝[1] 是管 - 板 T 形接头和管 - 管对接接头的主流焊缝形式，很多复杂的焊接结构都是由若干环缝连接而成的，如管道、锅炉、压力容器及其关键部件焊接。圆弧轨迹是机器人连续路径运动的典型路径，也是工业机器人任务编程的常见运动轨迹之一。机器人完成单一圆弧轨迹的作业至少需要示教三个关键位置点（圆弧起点、圆弧中间点和圆弧终点），而且每个关键位置点的动作类型（或插补方式）均为圆弧动作。以图 3-35 所示的圆弧（焊接）运动轨迹为例，指令位姿 P[2] 至 P[6] 分别是圆弧运动轨迹的邻近参考点、起点、中间点、终点和回退参考点。其中，P[2] → P[3] 为焊前区间段，P[3] → P[5] 为焊接区间段，P[5] → P[6]

---

[1]　环缝是指沿筒形焊件分布的头尾相接的封闭焊缝。

为焊后区间段。机器人完成弧形焊缝施焊作业的任务程序如图 3-36 所示。

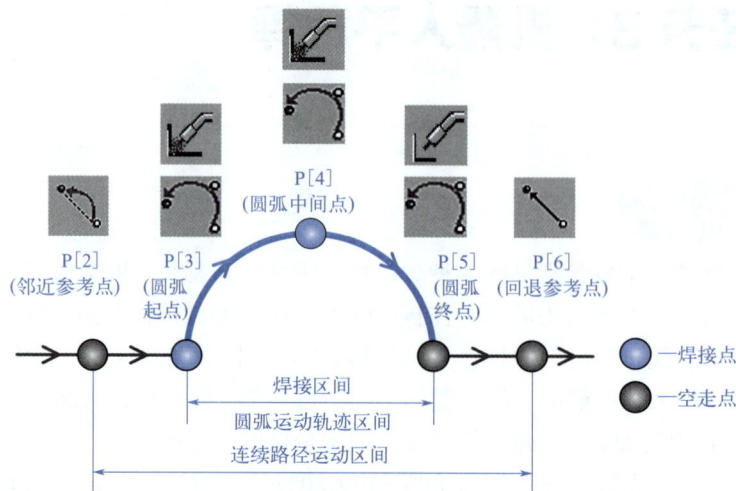

图 3-35　圆弧（焊接）运动轨迹示意

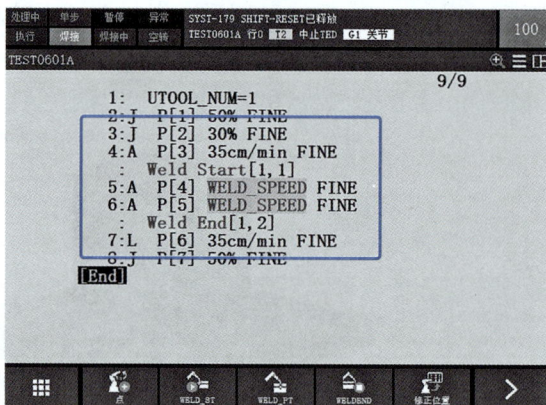

图 3-36　弧形焊缝机器人焊接任务程序示例（FANUC）

点拨

　　无论邻近参考点采用关节动作还是直线动作，其至圆弧起点区段机器人系统自动按直线路径规划运动轨迹。

　　圆弧运动轨迹编程时，若指令位姿数量少于三点或任务程序中紧邻圆弧运动指令少于三条，机器人系统无法计算圆弧中心及路径，将发出报警信息或按直线路径规划运动轨迹。

　　环缝焊接作业需要机器人完成圆周运动轨迹。通常机器人圆周运动轨迹至少需要示教五个关键位置点（一个圆周起点、三个圆周中间点和一个圆周终点），而且每个关键位置点的动作类型（或插补方式）均为圆弧动作。以图 3-37 所示的圆周（焊接）运动轨迹为例，示教点 P[2] 至 P[8] 分别是圆周运动轨迹的邻近参考点、起点、中间点、中间点、中间点、终点和回退参考点。其中，P[2] → P[3] 为焊前区间段，P[3] → P[7] 为焊接区间段，P[7] → P[8]

为焊后区间段。机器人完成环缝焊接作业的任务程序如图 3-38 所示。

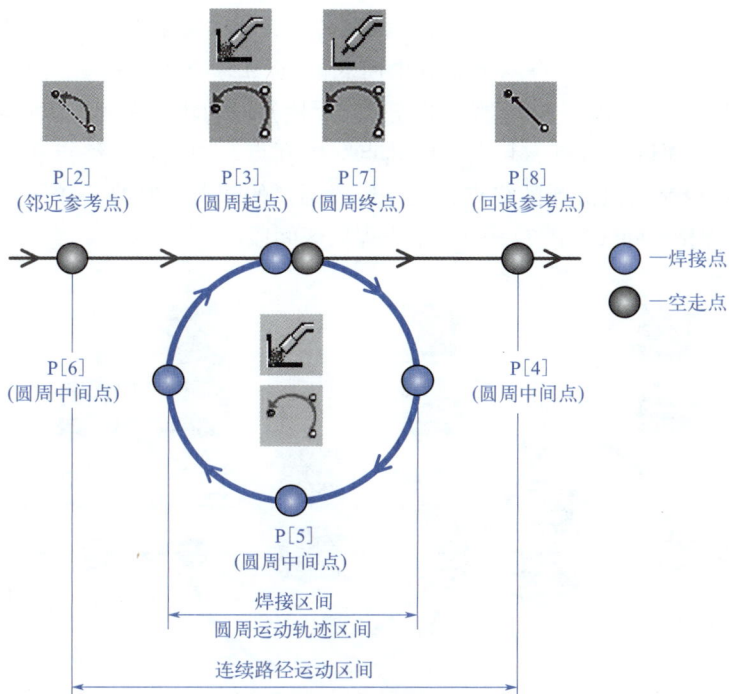

图 3-37 圆周（焊接）运动轨迹示意

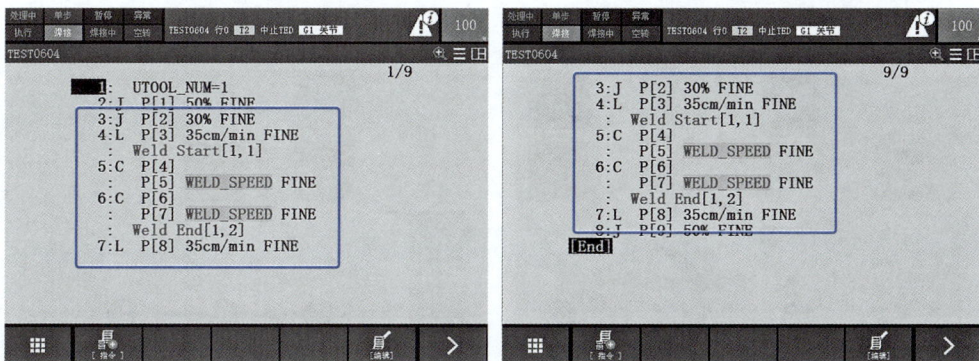

图 3-38 环缝机器人焊接任务程序示例（FANUC）

点拨

当机器人任务程序包含两条以上紧邻的圆弧运动指令 C 时，机器人系统将自上而下、逐次取出与圆弧运动指令 C 紧邻的上一个示教点和 C 指令包含的两个示教点进行圆弧插补运算，如图 3-37 所示的圆周（焊接）运动轨迹，将依次按照 P[3]→P[5]、P[5]→P[7] 两个圆弧分段计算圆弧运动轨迹。

鉴于无缝钢管加工制造存在圆度误差，建议采用六个及以上均匀分布的目标指令位姿

（如沿圆周方向每转 $60°$ 规划一个指令位姿）实现圆周运动轨迹，有利于保证机器人运动路径的准确度和作业质量。

此外，机器人完成两个及以上连续圆弧轨迹的作业至少需要示教五个关键位置点（一个圆弧起点、一个圆弧终点和三个以上圆弧中间点），而且每个关键位置点的动作类型（或插补方式）均为圆弧动作。以图 3-39 所示的连弧（焊接）运动轨迹为例，示教点 P[2] 至 P[8] 分别是连弧轨迹的邻近参考点、起点、中间点、中间点、中间点、终点和回退参考点。其中，示教点 P[5] 既是前段圆弧的终点，又是后段圆弧的起点。P[2] → P[3] 为焊前区间段，P[3] → P[7] 为焊接区间段，P[7] → P[8] 为焊后区间段。

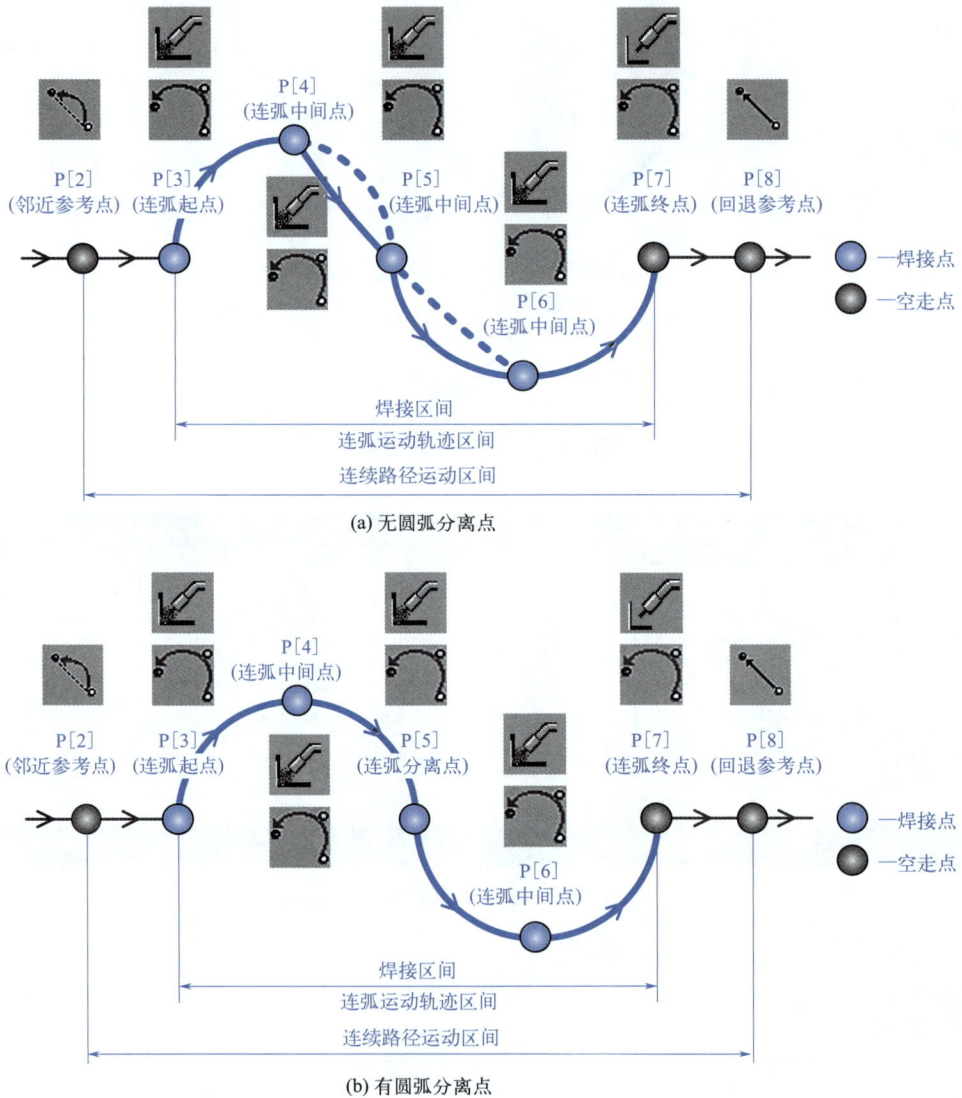

(a) 无圆弧分离点

(b) 有圆弧分离点

图 3-39 连弧（焊接）运动轨迹示意

机器人系统按照"自上而下、逐块插补"的圆弧动作原则，图 3-39（a）所示的 P[3] → P[7] 连弧轨迹区间的运动又分为 P[3] → P[5]、P[4] → P[6] 和 P[5] → P[7] 三个圆弧分段。需要强调的是，P[3] → P[4] 分段的运动是由 P[3] ~ P[5] 三个指令位姿计算生成的，P[4] → P[5] 分段的运动则由 P[4] 至 P[6] 三个指令位姿计算生成的，P[5] → P[7] 分段的运动是由 P[5] ~ P[7] 三个指令位姿计算生成的。同为连弧轨迹区间，但若要实现图 3-39（b）所示的 P[3] → P[5] 和 P[5] → P[7] 两个圆弧分段的（焊接）作业，则需要在两个圆弧分段连接点处设置一个圆弧分离点（SO）。机器人完成连弧焊接作业的任务程序如图 3-40 和图 3-41 所示。

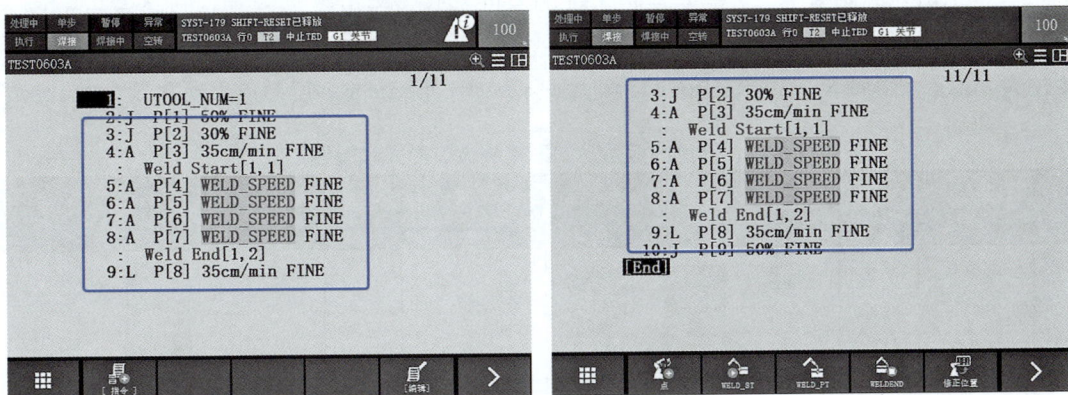

图 3-40 机器人连弧（焊接）轨迹任务程序示例（无圆弧分离点，FANUC）

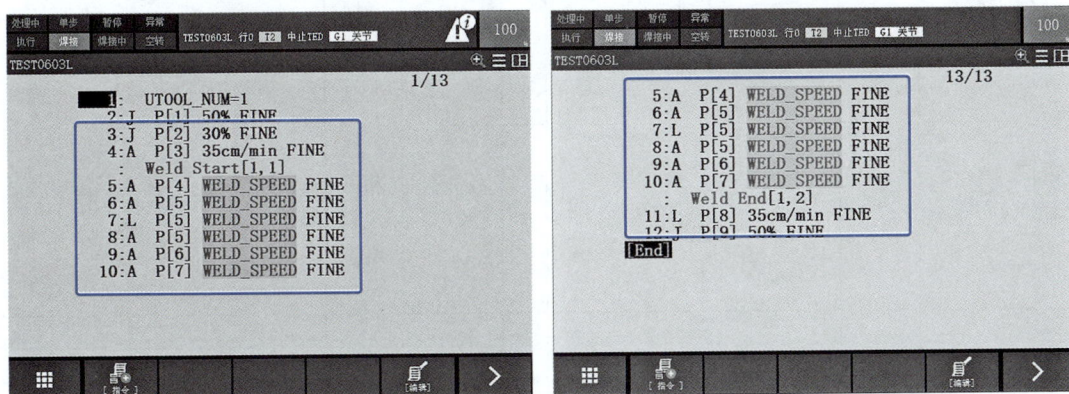

图 3-41 机器人连弧（焊接）轨迹任务程序示例（有圆弧分离点，FANUC）

点拨

当机器人任务程序包含三条以上紧邻的圆弧运动指令 A 时，机器人系统将自上而下、逐次取出三条圆弧运动指令进行圆弧插补运算，如图 3-39（a）所示的连弧（焊接）运动轨迹，将依次按照 P[3] → P[5]、P[4] → P[6]、P[5] → P[7] 三个圆弧分段计算圆弧运动轨迹。

圆弧分离点（SO）的设置本质上可以看作"一点多用"，即同一指令位姿既是上一段圆弧动作的终点，又是下一段圆弧动作的起点，同时还是动作类型的转换点（相当于在两条紧邻的圆弧运动指令之间插入一条直线运动指令）。

3.6.2　机器人平角焊姿态

表 3-17 是钢结构制作中常见的板 - 板 T 形接头坡口形式和焊缝形式。与对接接头相比，构成 T 形接头的两工件成 90°左右的夹角，降低了熔敷金属和熔渣的流动性，焊后容易产生咬边和气孔等缺陷。因此，为获得理想的焊接接头质量，合理规划机器人焊枪姿态尤为重要。如图 3-42 所示，对于（I 形坡口）T 形角焊缝而言，当焊脚 S_1、$S_2 \leq 7$mm 时，通常采用单层（道）焊，焊枪行进角 α=65°～80°、工作角 β=45°，而且焊枪指向位置（焊丝端头与接头根部的距离 L_1、L_2）与待焊工件的厚度关联。若板厚 $T_1 \leq T_2$，则 L_1=0mm、L_2=（1.0～1.5）ϕ；反之，若 $T_1 > T_2$，则 L_1=（1.0～1.5）ϕ、L_2=0mm。式中，ϕ 为焊丝直径，单位为 mm。当焊脚 S_1、$S_2 > 7$mm 时，则需要横向摆动焊枪或多层多道焊工艺。

表 3-17　常见的板 - 板 T 形接头坡口形式和焊缝形式

序号	坡口形式	焊缝形式	接头示例	序号	坡口形式	焊缝形式	接头示例
1	I 形	角焊缝		5	K 形	对接焊缝	
2	单边 V 形	对接焊缝		6	K 形（带钝边）	对接焊缝	
3	单边 V 形	对接焊缝		7	K 形	对接和角接的组合焊缝	
4	J 形（带钝边）	对接焊缝		8	双 J 形	对接焊缝	

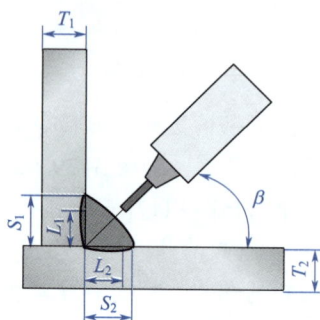

图 3-42　板 - 板 T 形接头平角焊姿态示意

当采用多层多道焊焊接（I形坡口）T形接头时，通常焊枪行进角保持 α =65°～ 80°，工作角视焊道（层）而实时调整。例如，焊脚 S1、S2=10～12mm，一般采用两层三道焊，焊第一道（第一层）焊缝时，工作角 β =45°；焊接第二道焊缝时，应覆盖不小于第一道焊缝的 2/3，焊枪工作角稍大些， β =45°～ 55°；焊接第三道焊缝时，应覆盖第二道焊缝的 1/3～ 1/2，焊枪工作角 β =40°～ 45°，角度太大，容易产生焊脚下偏现象。

作为板 - 板 T 形角焊缝的延伸，管 - 板 T 形角焊缝的机器人焊枪姿态（行进角 α 和工作角 β ）规划与板 - 板 T 形角焊缝极为相似，如图 3-43 所示。针对（I形坡口）T 形角焊缝，当焊脚 S_1、$S_2 \leqslant$ 7mm 时，通常采用单层（道）焊，焊枪行进角 α =65°～ 80°、工作角 β = 45°；当焊脚 S_1、$S_2 >$ 7mm 时，则需要横向摆动焊枪（摆焊）或采用多层多道焊工艺。此外，焊枪的指向位置（焊丝端头与接头根部的距离 L_1、L_2）与钢管壁厚 δ 关联。若钢管壁厚 $\delta \leqslant T_1$，则 L_1=0mm、L_2=（1.0～ 1.5）ϕ；反之，若钢管壁厚 $\delta > T_1$，则 L_1=（1.0～ 1.5）ϕ、L_2=0mm。式中，ϕ 为焊丝直径，单位为 mm。需要引起注意的是，管 - 板角焊缝为弧形（圆周）焊缝，焊枪姿态随管 - 板角焊缝的弧度变化而动态调整。同时，管状试件与板类试件的散热、熔化情况不同，当焊枪姿态规划不合理时，焊接过程中容易产生咬边、焊偏和气孔等缺陷。

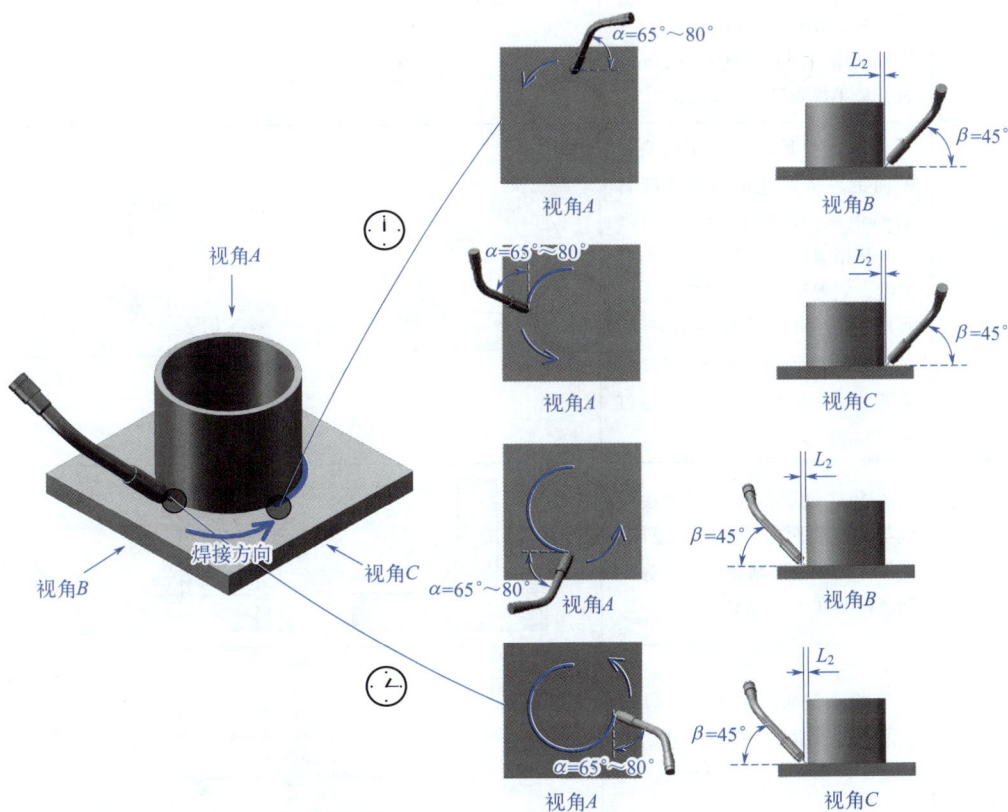

图 3-43　管 - 板 T 形接头平角焊姿态示意

3.6.3 角焊缝的成形质量

角焊缝是沿两直交或近直交零件的交线所焊接的焊缝。根据焊缝表面平整情况，角焊缝可分为凸形角焊缝和凹形角焊缝两种。在其他条件一定时，凹形角焊缝比凸形角焊缝应力集中小，承受动力荷载的性能好，因此焊接结构件的关键部位时角焊缝应凹形圆滑过渡。角焊缝的形状尺寸参数主要包括焊脚尺寸、焊缝厚度、焊缝凹度（凸度）和熔深等，见表3-18。

表 3-18　角焊缝的形状尺寸参数

形状参数	参数说明	参数示例
焊脚尺寸	焊脚是指在角焊缝横截面中，从一个直角面上的焊趾到另一个直角面表面的最小距离；焊脚尺寸是指在角焊缝横截面内画出的最大等腰直角三角形的直角边的长度。凸形角焊缝的焊脚和焊脚尺寸相等；凹形角焊缝的焊脚尺寸略小于焊脚。当母材厚度 $\delta \leqslant 6mm$ 时，最小焊脚尺寸为 3mm；母材厚度 $6mm < \delta \leqslant 12mm$ 时，最小焊脚尺寸为 5mm；母材厚度 $12mm < \delta \leqslant 20mm$ 时，最小焊脚尺寸为 6mm；母材厚度 $\delta > 20mm$ 时，最小焊脚尺寸为 8mm	
焊缝（计算）厚度	焊缝厚度是指在焊接接头横截面上，从焊缝正面到焊缝背面的距离；焊缝计算厚度（喉厚）是指设计焊缝时使用的焊缝厚度，它等于在角焊缝横截面内画出的最大等腰直角三角形中，从直角顶点到斜边的垂线长度。单道（层）焊缝厚度不宜超过 4～5mm	
焊缝凹度（凸度）	在角焊缝横截面上，焊趾连线与焊缝表面之间的最大距离，建议焊缝凸度控制在 3mm 以内、凹度控制在 1.5mm 以内	
熔深	在焊接接头横截面上，母材或前道焊缝熔化的深度，建议母材熔深控制在 0.5～1.0mm	

注：焊趾是焊缝表面与母材交界处。

当机器人运动轨迹准度和焊接参数适配不合理时，将会出现未熔合、未焊透、咬边、气孔和裂纹等外观缺陷，机器人角焊缝也不例外。表 3-19 是常见的机器人角焊缝外观缺陷原因分析及调控方法。

表 3-19　常见的机器人角焊缝外观缺陷原因分析及调控方法

类别	外观特征	产生原因	调控方法	缺陷示例
成形差	焊缝两侧附着大量焊接飞溅，焊道断续	1）导电嘴磨损严重，焊丝指向弯曲，焊接电弧跳动 2）焊丝干伸长度过长，焊接电弧燃烧不稳定 3）焊接参数选择不当，导致焊接过程飞溅大	1）更换导电嘴和送丝压轮，校直焊丝 2）调节焊丝干伸长度 3）调节并适配焊接电流、电弧电压和焊接速度	飞溅
未焊透	接头根部未完全熔透	1）焊接电流过小，焊接速度太快，焊接热输入偏小，导致接头根部无法受热熔化 2）焊丝端头偏离接头根部较远，导致根部很难熔透	1）调节并适配焊接电流（送丝速度）和焊接速度 2）调整焊丝端头与接头根部距离	未焊透
未熔合	焊道与母材之间或焊道与焊道之间未完全熔化接合	1）焊接电流过小，焊接速度太快，导致母材或焊道受热熔化不足 2）焊接电弧作用位置不当，母材未熔化时已被液态熔覆金属覆盖	1）调节并适配焊接电流（送丝速度）和焊接速度 2）调节焊枪姿态和调整电弧作用位置	未熔合
咬边	沿焊趾的母材部位产生沟槽或凹陷，呈撕咬状	1）焊接电流太大，焊缝边缘的母材熔化后未得到熔敷金属的充分填充 2）焊接电弧过长，母材被熔化区域过大 3）坡口两侧停留时间太长或太短	1）调节并适配焊接电流（送丝速度）和焊接速度 2）调节焊丝干伸长度 3）调整坡口两侧停留时间	咬边
气孔	焊缝表面有密集或分散的小孔，大小、分布不等	1）母材表面污染，受热分解产生的气体未及时排出 2）保护气体覆盖不足，导致焊接熔池与空气接触发生反应 3）焊缝金属冷却过快，导致气体来不及逸出	1）焊前清理焊接区域的油污、油漆、铁锈、水或镀锌层等 2）调节保护气体流量、焊丝干伸长度和焊枪姿态 3）优化焊接速度	气孔
焊瘤	熔化金属流淌到焊缝外未熔化的母材上所形成的金属瘤	熔池温度过高，冷却凝固较慢，液态金属因自重产生下坠	优化送丝速度或焊接电流	焊瘤

续表

类别	外观特征	产生原因	调控方法	缺陷示例
热裂纹	焊接过程中在焊缝和热影响区产生焊接裂纹	1）焊丝含硫量较高，焊接时形成低熔点杂质 2）焊接头拘束不当，凝固的焊缝金属沿晶粒边界拉开 3）收弧电流不合理，产生弧坑裂纹	1）选择含硫量较低的焊丝 2）采用合适的接头工装卡具及拘束力 3）优化收弧电流，必要时采取预热和缓冷措施	 热裂纹

任务分析

同板 - 板对接机器人平焊作业的直线运动轨迹编程相比较，管 - 板 T 形环缝机器人平角焊的运动轨迹编程复杂一些。使用机器人完成骑坐式管 - 板 T 形接头的平角焊作业一般需要八个目标指令位姿。其中，机器人原点（指令位置 1）应设置在远离作业对象（待焊工件）的可动区域的安全位置；焊接起始参考点（指令位置 2）和焊接结束参考点（指令位置 8）应设置在邻近焊接作业区间，而且便于调整焊枪姿态的安全位置。机器人平角焊作业的运动规划如图 3-44 所示。各指令位姿见表 3-20。

完成机器人平角焊的运动轨迹示教后，需要通过弧焊软件中的"焊接导航"功能设置工艺条件和动作次序，以确保焊接过程顺畅并获得高品质的焊缝。在单步程序验证和连续测试完成的同时，还需要适时调整工艺参数以获得满足质量要求的焊缝外观成形。

表 3-20 机器人平角焊作业的指令位姿

指令位姿	备注	指令位姿	备注	指令位姿	备注
①	原点（HOME）	④	圆周焊接路径点 1	⑦	圆周焊接结束点
②	焊接起始参考点	⑤	圆周焊接路径点 2	⑧	焊接结束参考点
③	圆周焊接起始点	⑥	圆周焊接路径点 3	—	—

任务实施

（1）示教前的准备

开始任务示教前，需做好如下准备：

① 工件表面清理　核对钢管和试板的几何尺寸后，将待焊区域表面铁锈和油污等杂质清理干净。

② 接头组对点固　使用手工电弧焊（如氩弧焊）沿钢管内壁（或外壁）将组对好的管 - 板接头定位焊点固。

③ 工件装夹与固定　选择合适的夹具将待焊试件固定在焊接工作台上。

④ 机器人原点确认　执行机器人控制器内存储的原点程序，使机器人返回原点（如 J5=−90°、J1= J2 =J3=J4=J6=0°）。

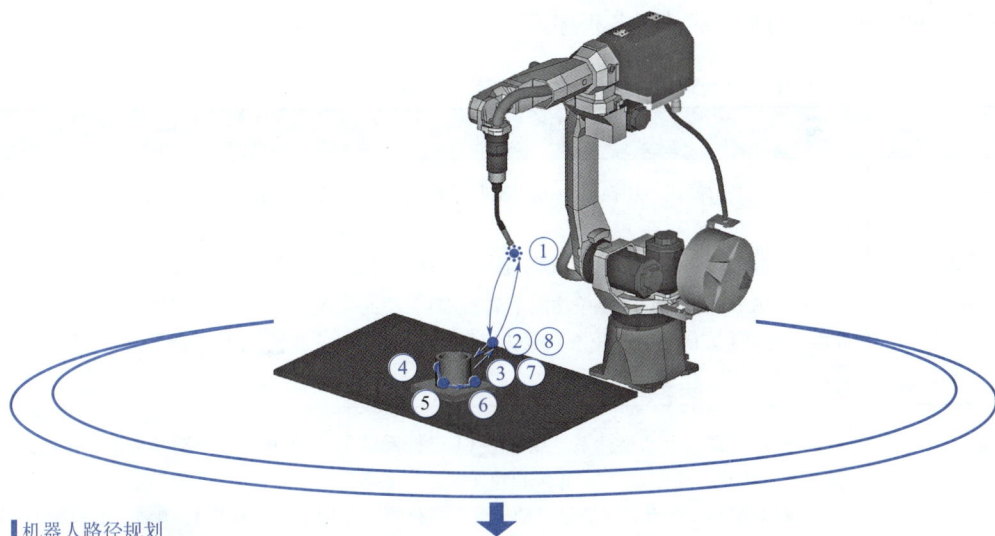

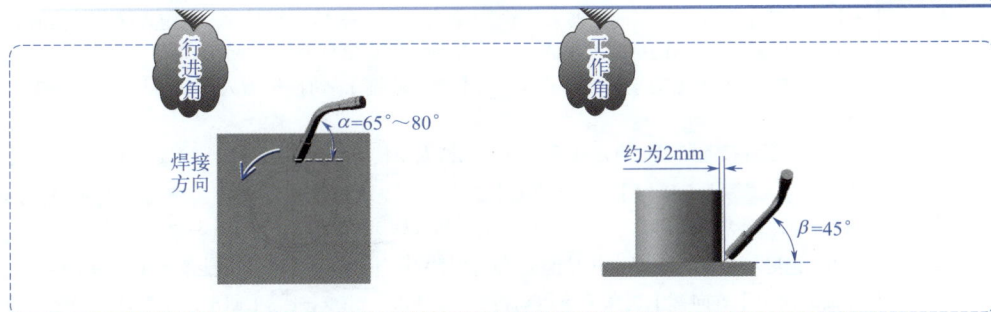

图 3-44　机器人平角焊作业的运动规划

⑤ 机器人坐标系设置　设置焊接机器人工具坐标系编号。

⑥ 新建任务程序　创建一个文件名为"RSR0005"的焊接程序文件。

（2）运动轨迹示教

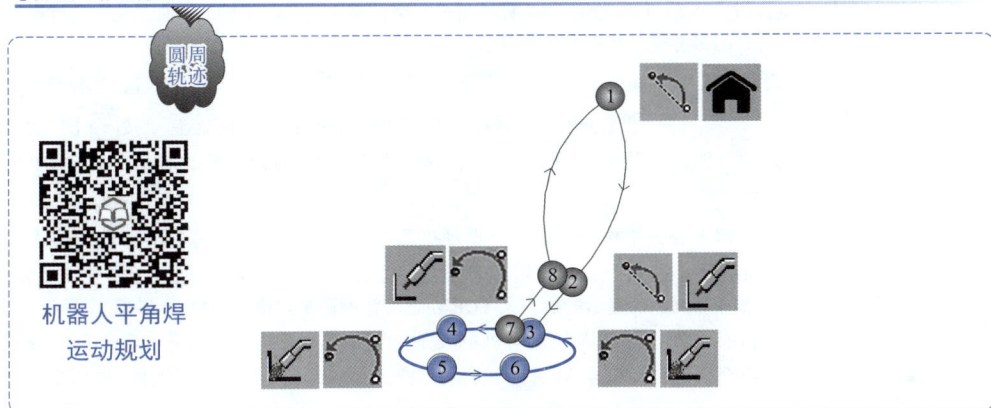

针对图 3-44 所示的圆周运动路径和焊枪姿态规划，点动机器人依次通过机器人原点 P[1]、焊接起始参考点 P[2]、圆周焊接起始点 P[3]、圆周焊接路径点 P[4] ～ P[6]、圆周焊接结束点 P[7]、焊接结束参考点 P[8] 八个目标位置点，并记忆示教点的位姿信息。具体

示教步骤见表 3-21。编制完成的任务程序见表 3-22。

表 3-21　骑坐式管 - 板 T 形接头机器人平角焊的运动轨迹示教步骤

示教点	示教步骤
机器人原点 P[1]	1）切换手动模式。切换机器人控制器操作面板【模式旋钮】至 "T1" 或 "T2" 位置（手动模式） 2）示教盒置于有效状态。切换示教盒【使能键】至 "ON" 位置（有效） 3）记忆示教点 P[1]。点按功能菜单（图标）栏的 "点"（F1【功能菜单】），弹出标准动作界面，使用【方向键】选择关节运动指令（J...FINE），点按 ENTER【回车键】确认，记忆当前示教点 P[1] 为机器人原点
焊接起始参考 点 P[2]	1）切换机器人点动坐标系。点按 COORD【坐标系键】，切换机器人点动坐标系为系统默认的 工件（用户）坐标系，即与 机座（世界）坐标系重合 2）移至调姿参考点。在满足点动机器人条件下，使用【安全开关】+ SHIFT【上档键】+【运动键】组合键，点动机器人沿 工件（用户）坐标系的 X 轴、Y 轴、Z 轴方向，线性贴近焊接起始点附近的参考点，如钢管端头外沿 3）查看机器人 TCP 位姿。同时按下 SHIFT【上档键】+ DISP【分屏键】组合键，选择弹出菜单 "双画面" 选项，通过 DISP【分屏键】选择界面右侧为当前活动窗口，然后点按 POSN【位置键】，选择功能菜单（图标）栏的 "用户" 或 "世界" 选项，以 "直角" 形式显示机器人 TCP 的当前位姿 4）调整机器人焊枪工作角。在满足点动机器人条件下，使用【安全开关】+ SHIFT【上档键】+【运动键】组合键，点动机器人分别绕 工件（用户）坐标系的 Z 轴和 Y 轴定点转动，实时查看示教盒右侧画面显示的机器人 TCP 姿态，精确调整焊枪工作角 $\beta=45°$ 5）移至焊接起始点。在满足点动机器人条件下，使用【安全开关】+ SHIFT【上档键】+【运动键】组合键，点动机器人沿 工件（用户）坐标系的 -Z 轴方向线性缓慢移至焊接起始点 6）调整机器人焊枪行进角。在满足点动机器人条件下，使用【安全开关】+ SHIFT【上档键】+【运动键】组合键，点动机器人绕 工件（用户）坐标系的 X 轴方向定点转动，实时查看示教盒右侧界面显示的机器人 TCP 姿态，精确调整焊枪行进角 $\alpha=65°\sim80°$ 7）切换机器人点动坐标系。点按 COORD【坐标系键】，切换机器人点动坐标系为 工具坐标系 8）移至焊接起始参考点。在满足点动机器人条件下，保持机器人焊枪姿态不变，使用【安全开关】+ SHIFT【上档键】+【运动键】组合键，点动机器人沿 工具坐标系的 +Z 轴方向，线性移向远离焊接起始点的安全位置，距离起始点 30～50mm，如图 3-45（a）所示 9）记忆示教点 P[2]。点按功能菜单（图标）栏的 "点"（F1【功能菜单】），弹出标准动作界面，使用【方向键】选择关节运动指令（J...FINE），点按 ENTER【回车键】确认，记忆当前示教点 P[2] 为焊接起始参考点
圆周焊接 起始点 P[3]	1）移至焊接起始点。在满足点动机器人条件下，使用【安全开关】+ SHIFT【上档键】+【运动键】组合键，点动机器人沿 工具坐标系的 -Z 轴方向线性缓慢移至圆周焊接起始点，如图 3-45（b）所示 2）记忆示教点 P[3]。点按功能菜单（图标）栏的 "WELD_ST" 选项（F2【功能菜单】），弹出起弧定义菜单，使用【方向键】选择直线动作焊接开始指令（L...FINE Weld Start...），点按 ENTER【回车键】确认，记忆当前示教点 P[3] 为圆周焊接起始点，焊接开始指令被同步记忆

续表

示教点	示教步骤
圆周焊接路径点 P[4]	1）切换机器人点动坐标系。点按 COORD【坐标系键】，切换机器人点动坐标系为系统默认的工件（用户）坐标系 2）调整机器人焊枪姿态。在满足点动机器人条件下，使用【安全开关】+ SHIFT【上档键】+【运动键】组合键，点动机器人绕工件（用户）坐标系的 +Z 轴方向定点转动 90°，实时查看示教盒右侧界面显示的机器人 TCP 姿态，精确调整焊枪行进角 α=65°～80°、工作角 β=45° 3）移至圆周焊接路径点。在满足点动机器人条件下，使用【安全开关】+ SHIFT【上档键】+【运动键】组合键，点动机器人沿工件（用户）坐标系的 X 轴、Y 轴、Z 轴方向，线性贴近圆周焊接路径点，如图 3-45（c）所示 4）记忆示教点 P[4]。点按功能菜单（图标）栏的“WELD_PT”选项（F3【功能菜单】），弹出焊接路径点定义菜单，使用【方向键】选择圆弧动作焊接速度指令（C...WELD_SPEED CNT100），点按 ENTER【回车键】确认，记忆当前示教点 P[4] 为圆周焊接路径点
圆周焊接路径点 P[5]	1）调整机器人焊枪姿态。在满足点动机器人条件下，使用【安全开关】+ SHIFT【上档键】+【运动键】组合键，点动机器人绕工件（用户）坐标系的 +Z 轴方向定点转动 90°，实时查看示教盒右侧界面显示的机器人 TCP 姿态，精确调整焊枪行进角 α=65°～80°、工作角 β=45° 2）移至圆周焊接路径点。在满足点动机器人条件下，使用【安全开关】+ SHIFT【上档键】+【运动键】组合键，点动机器人沿工件（用户）坐标系的 X 轴、Y 轴、Z 轴方向，线性贴近圆周焊接路径点，如图 3-45（d）所示 3）记忆示教点 P[5]。移动光标至圆周焊接路径点 P[4] 所在行的下一行行号，使用 SHIFT【上档键】+ F3【功能菜单】（记忆）组合键，记忆当前示教点 P[5] 为圆周焊接路径点
圆周焊接路径点 P[6]	1）调整机器人焊枪姿态。在满足点动机器人条件下，使用【安全开关】+ SHIFT【上档键】+【运动键】组合键，点动机器人绕工件（用户）坐标系的 +Z 轴方向定点转动 90°，实时查看示教盒右侧界面显示的机器人 TCP 姿态，精确调整焊枪行进角 α=65°～80°、工作角 β=45° 2）移至圆周焊接路径点。在满足点动机器人条件下，使用【安全开关】+ SHIFT【上档键】+【运动键】组合键，点动机器人沿工件（用户）坐标系的 X 轴、Y 轴、Z 轴方向，线性贴近圆周焊接路径点，如图 3-45（e）所示 3）记忆示教点 P[6]。点按功能菜单（图标）栏的“WELDEND”选项（F4【功能菜单】），弹出收弧定义菜单，使用【方向键】选择圆弧动作焊接结束指令（C...WELD_SPEED FINE Weld End...），点按 ENTER【回车键】确认，记忆当前示教点 P[6] 为圆周焊接路径点
圆周焊接结束点 P[7]	1）调整机器人焊枪姿态。在满足点动机器人条件下，使用【安全开关】+ SHIFT【上档键】+【运动键】组合键，点动机器人绕工件（用户）坐标系的 +Z 轴方向定点转动 90°，实时查看示教盒右侧界面显示的机器人 TCP 姿态，精确调整焊枪行进角 α=65°～80°、工作角 β=45° 2）移至圆周焊接结束点。在满足点动机器人条件下，使用【安全开关】+ SHIFT【上档键】+【运动键】组合键，点动机器人沿工件（用户）坐标系的 X 轴、Y 轴、Z 轴方向，线性贴近圆周焊接结束点，如图 3-45（f）所示 3）记忆示教点 P[7]。移动光标至圆周焊接路径点 P[6] 所在行的下一行行号，使用 SHIFT【上档键】+ F3【功能菜单】（记忆）组合键，记忆当前示教点 P[7] 为圆周焊接结束点

示教点	示教步骤
焊接结束参考点 P[8]	1）切换机器人点动坐标系。点按 📶【坐标系键】，切换机器人点动坐标系为 🔧工具坐标系 2）移至焊接结束参考点。在满足点动机器人条件下，保持机器人焊枪姿态不变，使用【安全开关】+ 🔳【上档键】+【运动键】组合键，点动机器人沿 🔧工具坐标系的 +Z 轴方向，线性移向远离圆周焊接结束点的安全位置，距离结束点 30～50mm 3）记忆示教点 P[8]。点按功能菜单（图标）栏的"点"（🔳【功能菜单】），弹出标准动作界面，使用【方向键】选择直线运动指令（L...FINE），点按 🔳【回车键】确认，记忆当前示教点 P[8] 为焊接结束参考点
机器人原点 P[1]	1）记忆示教点 P[9]。保持机器人位姿不变，点按功能菜单（图标）栏的"点"（🔳【功能菜单】），弹出标准动作界面，使用【方向键】选择关节运动指令（J...FINE），点按 🔳【回车键】确认，记忆当前示教点 P[9] 2）修改示教点位置变量。使用【方向键】移动光标至位置变量 P[9] 处，通过【数字键】变更位置变量 P[9] 为 P[1]，点按 🔳【回车键】确认，记忆机器人原点

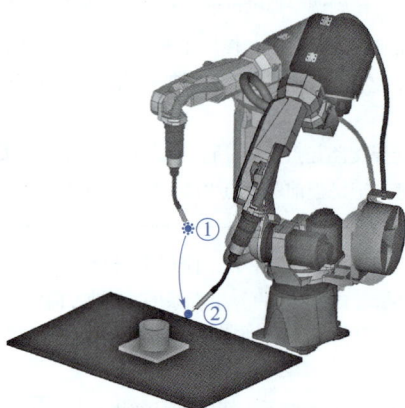

(a) 原点→焊接起始参考点

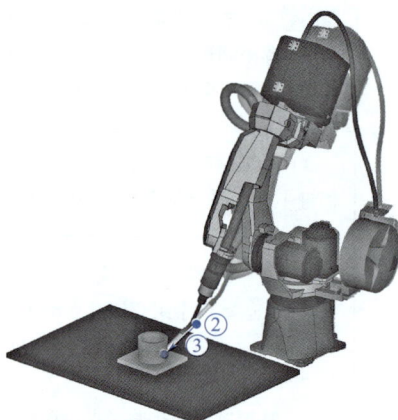

(b) 焊接起始参考点→圆周焊接起始点

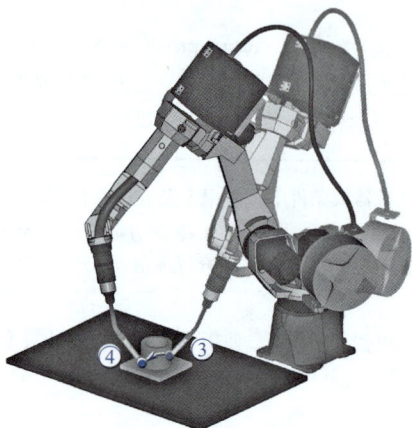

(c) 圆周焊接起始点→圆周焊接路径点1

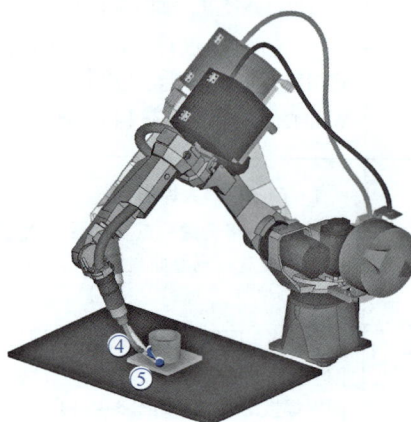

(d) 圆周焊接路径点1→圆周焊接路径点2

机器人平角焊
任务编程

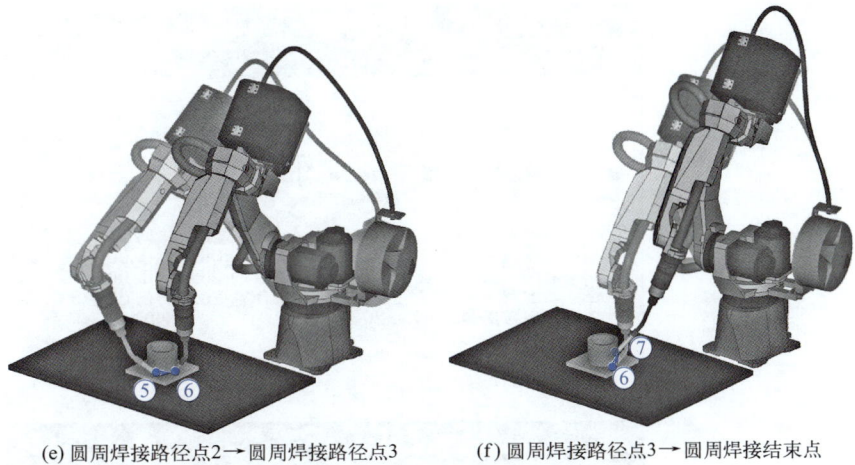

(e) 圆周焊接路径点2→圆周焊接路径点3　　　(f) 圆周焊接路径点3→圆周焊接结束点

图 3-45　机器人平角焊指令位姿示意

表 3-22　骑坐式管 - 板 T 形接头机器人平角焊的任务程序

行号码	指令语句	备注
1：	UTOOL_NUM=1	工具坐标系（焊枪）选择
2：	J　P[1]　80%　FINE	机器人原点（HOME）
3：	J　P[2]　30%　FINE	焊接起始参考点
4：	L　P[3]　50cm/min　FINE	圆周焊接起始点
：	Weld Start[1，1]	焊接开始规范和动作次序
5：	C　P[4]	圆周焊接路径点
6：	P[5]　WELD_SPEED　CNT100	圆周焊接路径点
7：	C　P[6]	圆周焊接路径点
8：	P[7]　WELD_SPEED　FINE	圆周焊接结束点
：	Weld End[1，2]	焊接结束规范和动作次序
9：	L　P[8]　50cm/min　FINE	焊接结束参考点
10：	J　P[1]　80%　FINE	机器人原点（HOME）
[End]		程序结束

注：机器人焊接条件和动作次序均通过调用焊接数据库方法予以配置。

（3）焊接条件和动作次序示教

本任务选用直径为 1.2mm 的 ER50-6 实芯焊丝，合理的焊丝干伸长度为 12 ～ 15mm，富氩保护气体（Ar80%+$CO_2$20%）流量为 20 ～ 25 L/min，并通过"焊接导航功能"生成骑坐式管 - 板 T 形接头机器人平角焊的参考规范，如图 3-46 所示。焊接结束规范（收弧电流）为参考规范的 80% 左右，焊接开始和焊接结束动作次序保持默认。

（4）程序验证与参数优化

为确认机器人 TCP 运动轨迹的合理性和精确度，需要依次通过单步程序验证和连续测试运转。待任务程序验证无误后，方可再现施焊和参数优化。通过 RSR（机器人启动请求）远程方式自动运转机器人任务程序的步骤如下所述。

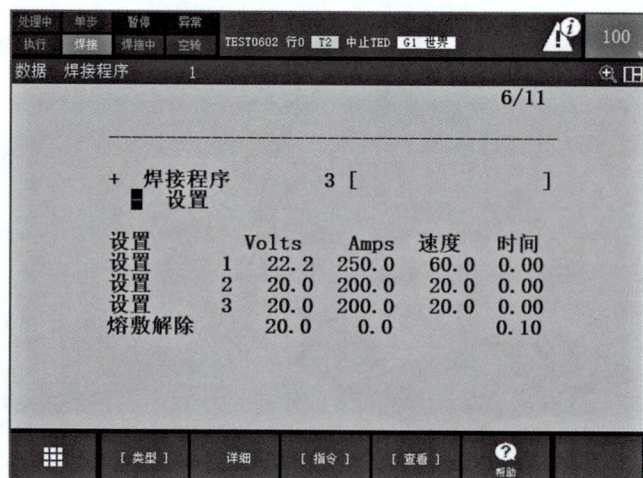

图 3-46　骑坐式管 - 板 T 形接头机器人平角焊的参考规范（焊接导航）

① 中止执行中的程序　在手动模式下，点按 [FCTN]【辅助菜单】，选择"中止程序"选项。

② 加载任务主程序　使用 [SELECT]【一览键】和【方向键】选择并加载"RSR0005"程序。

③ 启用焊接引弧功能　点按 [SHIFT]【上档键】+ [WE/IJ ENBL]【引弧键】组合键，界面左上角的状态栏指示灯 [焊接] 亮，表明焊接引弧功能启用。

④ 调整速度倍率　点按 [+%]【倍率键】，切换机器人运动速度的倍率挡位至 100%。

⑤ 示教盒置于无效状态　切换示教盒【使能键】至"OFF"位置（无效）。

⑥ 选择自动模式　切换机器人控制器操作面板的【模式旋钮】至"AUTO"位置（自动模式）。

⑦ 自动运转程序　点按焊接机器人系统外部集中控制盒上的【启动按钮】，自动运转执行任务程序，机器人开始焊接，如图 3-47 所示。

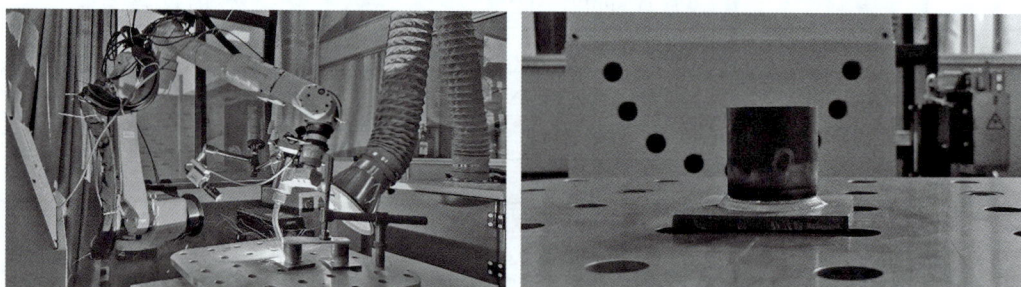

(a) 焊接过程　　　　　　　　　　　　　　　　(b) 焊缝成形

图 3-47　骑坐式管 - 板 T 形接头机器人平角焊

为获得成形美观、凹形圆滑过渡的角焊缝，焊接过程中可以适度渐进降低焊接速度或增加焊接电流；为获得大小一致的焊脚尺寸，可以适度减小焊丝端头与接头根部的距离和机器人焊枪的行进角。具体的焊接接头质量优化实施过程详见表 3-23。综合优化后的角焊缝呈凹形圆滑过渡，焊脚对称且尺寸为 6.3 ～ 6.5mm，无咬边和气孔等焊接缺陷，整体成形效果如图 3-48 所示。

表 3-23 骑坐式管 - 板 T 形接头质量优化实施过程

编辑类别	编辑步骤
焊枪位姿调整	1）移动光标位置。在手动模式下，使用【方向键】移动光标至示教点 P[3] 所在行的行号 2）切换机器人点动坐标系。点按【坐标系键】，切换机器人点动坐标系为 工件（用户）坐标系 3）调整机器人焊枪姿态。握住【安全开关】的同时，使用【上档键】+【运动键】组合键，点动机器人沿 工件（用户）坐标系 X 轴和 Y 轴线性贴近接头根部，在焊丝干伸长度不变的情况下，调整焊丝端头与接头根部的距离至焊丝直径；同时，绕 工件（用户）坐标系 X 轴转动，适度减小焊枪行进角（如 $\alpha=70°$ ） 4）重新记忆示教点 P[3]。根据需要按【翻页键】，使用【上档键】+【功能菜单】（记忆）组合键，记忆覆盖新的指令位姿至示教点 P[3] 5）重新记忆示教点 P[4] ～ P[7]。重复步骤 1）～步骤 4），将机器人分别快速移至示教点 P[4] ～ P[7]，然后点动机器人调整焊枪位姿，并记忆覆盖原有示教点的位置坐标
焊接速度变更	1）移动光标位置。在手动模式下，使用【方向键】移动光标至 WELD_SPEED 指令处 2）打开焊接数据库界面。同时按下【i 键】+【辅助菜单】组合键，显示弹出菜单，依次选择"相关视图"→"焊接程序"选项，弹出焊接数据库一览界面多画面模式，移动光标并适度降低焊接速度（如 45 ～ 55cm/min），按【回车键】确认 3）关闭焊接数据库界面。确认参数无误后，按下【上档键】+【分屏键】组合键，选择弹出菜单"单画面"选项，结束焊接电流微调操作
焊接电流微调	1）移动光标位置。在手动模式下，使用【方向键】移动光标至 Weld Start（或 Weld End）指令的第二个参数处 2）打开焊接数据库界面。同时按下【i 键】+【辅助菜单】组合键，显示弹出菜单，依次选择"相关视图"→"焊接程序"选项，弹出焊接数据库一览界面多画面模式，移动光标并适度增加焊接电流（如 305A），按【回车键】确认 3）关闭焊接数据库界面。确认参数无误后，按下【上档键】+【分屏键】组合键，选择弹出菜单"单画面"选项，结束焊接电流微调操作

注：焊接电流和焊接速度等焊接条件通过调用焊接数据库方法予以配置。

机器人平角焊
工艺调试

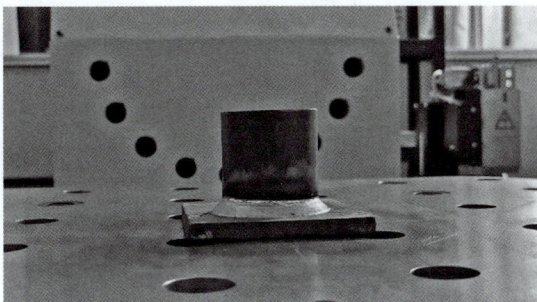

图 3-48 骑坐式管 - 板 T 形接头机器人平角焊成形优化

任务评价

本任务要求使用焊接机器人完成骑坐式管 - 板 T 形接头平角焊，焊脚对称且尺寸为 6mm，焊缝呈凹形圆滑过渡，无咬边和气孔等焊接缺陷。待焊接结束、试板冷却至室温后，通过目视进行焊缝外观检查，然后使用钢板尺、游标卡尺和焊缝检验尺等测量工具，记录及评价机器人平角焊质量，见表 3-24。同时，为培养良好的职业素养，对任务实施过程中学生的操作规范性和安全文明生产等进行考核。

表 3-24　骑坐式管 - 板 T 形接头机器人平角焊试件外观评分标准

检查项目	标准分数	焊缝等级				得分
		I	II	III	IV	
焊脚 K_1	标准 /mm	≥ 6，≤ 6.5	> 6.5，≤ 7	> 7，≤ 7.5	< 6，> 7.5	
	分数	20	14	8	0	
焊脚 K_2	标准 /mm	≥ 6，≤ 6.5	> 6.5，≤ 7	> 7，≤ 7.5	< 6，> 7.5	
	分数	20	14	8	0	
焊脚差 ΔK	标准 /mm	≤ 0.5	> 0.5，≤ 1	> 1，≤ 1.5	> 1.5	
	分数	10	7	4	0	
焊缝凹凸度	标准 /mm	> 0，≤ 0.5	> 0.5，≤ 1	> 1，≤ 1.5	> 1.5	
	分数	10	7	4	0	
咬边	标准 /mm	0	深度≤ 0.5 且长度≤ 10	深度≤ 0.5 长度 > 10，≤ 15	深度 > 0.5 或深度≤ 0.5，长度 > 15	
	分数	20	14	8	0	
表面气孔	标准 /（≥ 0.5mm）	无	1 个	2 个	> 2 个	
	分数	20	7	4	0	

注：1. 表面气孔等缺陷检查采用 5 倍放大镜。

2. 表面有裂纹、未熔合和焊瘤等缺陷之一的，该试件外观为 0 分。

3. 职业素养评分采取倒扣分形式：劳保穿戴不符合要求扣 5 分；安全操作不符合要求扣 5 分；文明生产不符合要求扣 5 分。

◀ 任务拓展

弧形焊缝是管 - 板 T 形接头、管 - 管对接接头和管 - 管角接接头的主流焊缝形式，很多复杂的焊接结构都是由直线和弧形焊缝组合连接而成的。以图 3-49 所示 T 形接头平面曲线焊缝为例，机器人携带焊枪及使用富氩气体（如 Ar80%+CO$_2$ 20%）、直径为 1.2mm 的 ER50-6 实芯焊丝，完成组合式 T 形角焊缝的机器人平角焊作业（I 形坡口，对称焊接），要求单侧连续焊接，焊缝饱满，焊脚对称且尺寸为 6mm，无咬边和气孔等表面缺陷。如何调整机器人平角焊任务程序中的焊枪姿态和焊接参数？

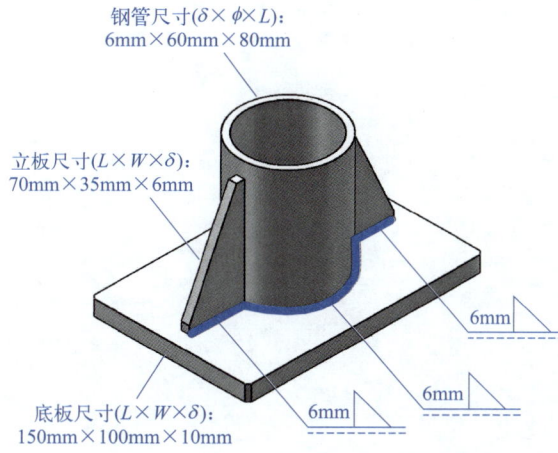

钢管尺寸($\delta \times \phi \times L$)：
6mm×60mm×80mm

立板尺寸($L \times W \times \delta$)：
70mm×35mm×6mm

底板尺寸($L \times W \times \delta$)：
150mm×100mm×10mm

6mm

6mm

6mm

图 3-49　管 - 板组合式 T 形接头示意

实践报告——机器人平角焊

院系		课程名称		日期	
姓名		学号		班级	
任务名称			成绩		

一、任务描述

二、任务要求

三、任务实施

四、任务评价

五、任务心得

3.7　任务 4：机器人船形焊

![任务提出]

　　为克服在 T 形、十字形和角接接头平角焊时，容易产生咬边和焊脚（尺寸）不均匀等缺陷，在生产中常利用焊接变位机等辅助工艺设备将待焊工件转动至 45°斜角，即处于平焊位置进行角焊，称为船形焊或平位置角焊。船形焊相当于坡口角度为 90°的 V 形坡口带钝边的水平对接焊，其焊缝成形光滑美观，单道焊的焊脚尺寸范围较宽、焊缝凹度较大。

　　本任务要求使用富氩气体（如 Ar80%+$CO_2$20%）、直径为 1.2mm 的 ER50-6 实芯焊丝、六自由度焊接机器人和两轴焊接变位机，完成骑坐式管 - 板 T 形接头机器人船形焊作业，满足焊脚对称且尺寸为 6mm，焊缝呈凹形圆滑过渡，无咬边和气孔等焊接缺陷，如图 3-50 所示。

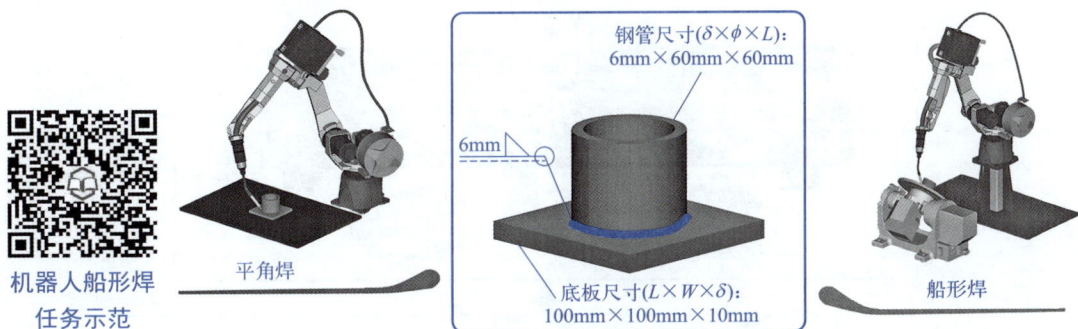

图 3-50　骑坐式管 - 板 T 形接头示意

3.7.1　机器人附加轴联动

　　在面对复杂曲面零件、异形件及（超）大型结构件的自动化作业需求时，仅靠机器人本体的自由度和工作空间难以满足所有的作业要求。在这种情况下，添加基座轴、工装轴等附加轴是一个值得考虑的解决方案。通过添加这些附加轴，可以提高机器人系统的集成应用灵活性和费效比。具体来说，这种方案的优势包括如下。

　　① 扩展工作空间　通过增加附加轴，机器人的运动范围可以显著增加，使其能够处理更大、更复杂的零件和结构件。

　　② 提高工作灵活性　通过增加自由度，机器人可以完成更加复杂和精细的动作，如抓取、装配、焊接等。

　　③ 增强环境适应性　在复杂或动态的环境中，机器人有时需要调整其姿态或运动路径以适应不同的工作条件。附加轴可以使机器人更好地适应这些变化，提高环境适应性。

　　④ 提高工作效率和精度　通过精确控制附加轴，机器人可以更快速、准确地完成工作

任务，从而提高整体工作效率。

以机器人焊接为例，当焊件接缝处于非平焊位置时，通常需要配置柔性工装轴（如焊接变位机）来支承和实现焊件接缝的空间变位。这种配置可以确保焊接质量和效率，同时减少人工干预和操作难度。从编程和控制的角度来看，工业机器人附加轴的运动可以通过内部轴和外部轴两种方式实现，如图 3-51 所示。

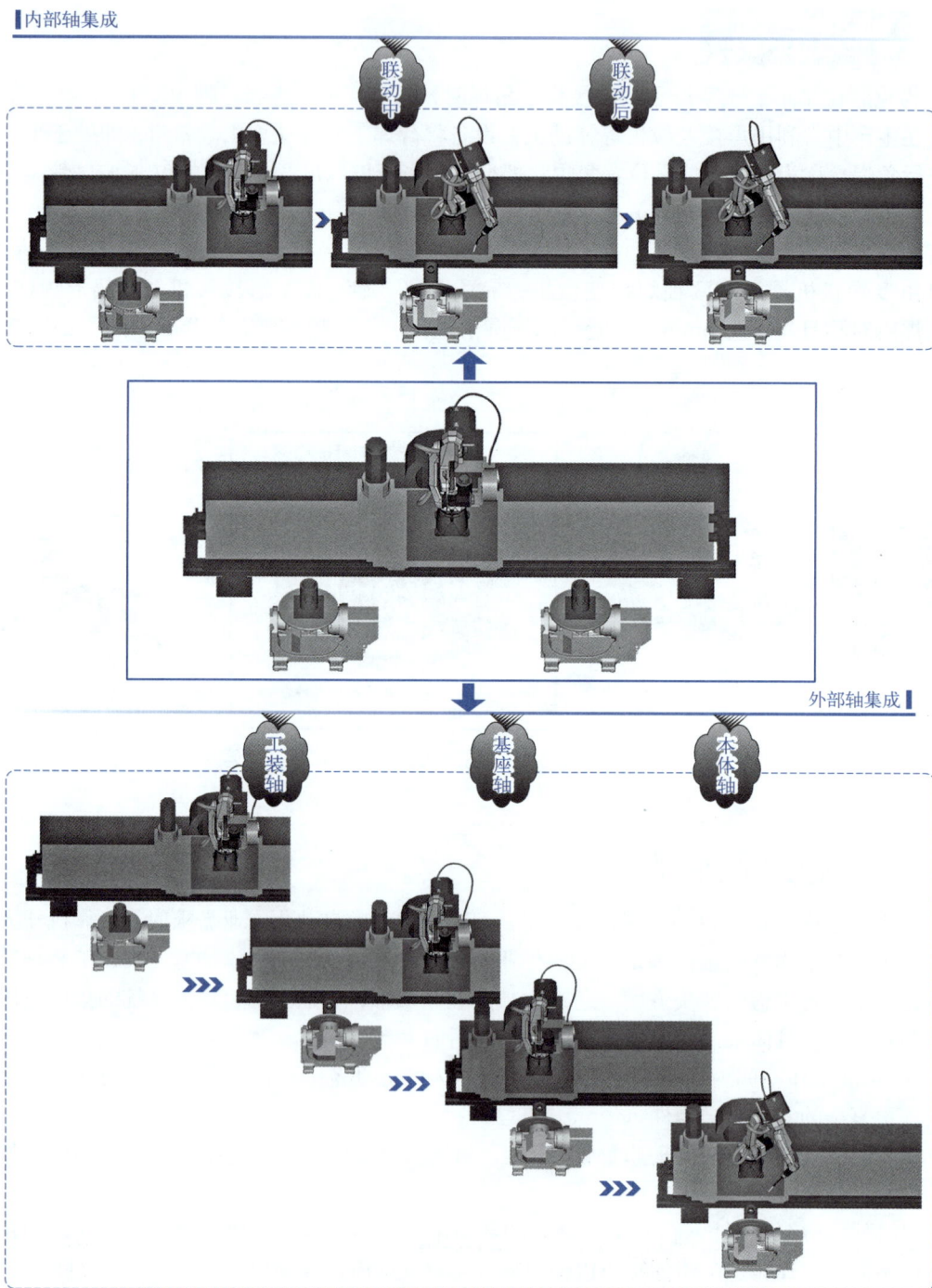

图 3-51　不同附加轴集成方式下的工业机器人系统动作次序

（1）内部轴

附加轴的运动通过机器人控制器附属的示教盒直接控制。该集成方式能够实现机器人本体轴与附加轴的高效联动，完成空间曲线轨迹的高精度、高质量和稳定作业。由于所有轴的运动均由同一控制器管理，因此可以实现高精度的同步和协调运动，如图 3-52 所示。然而，这种方式的不足之处在于成本相对较高，需要额外的硬件和软件支持。

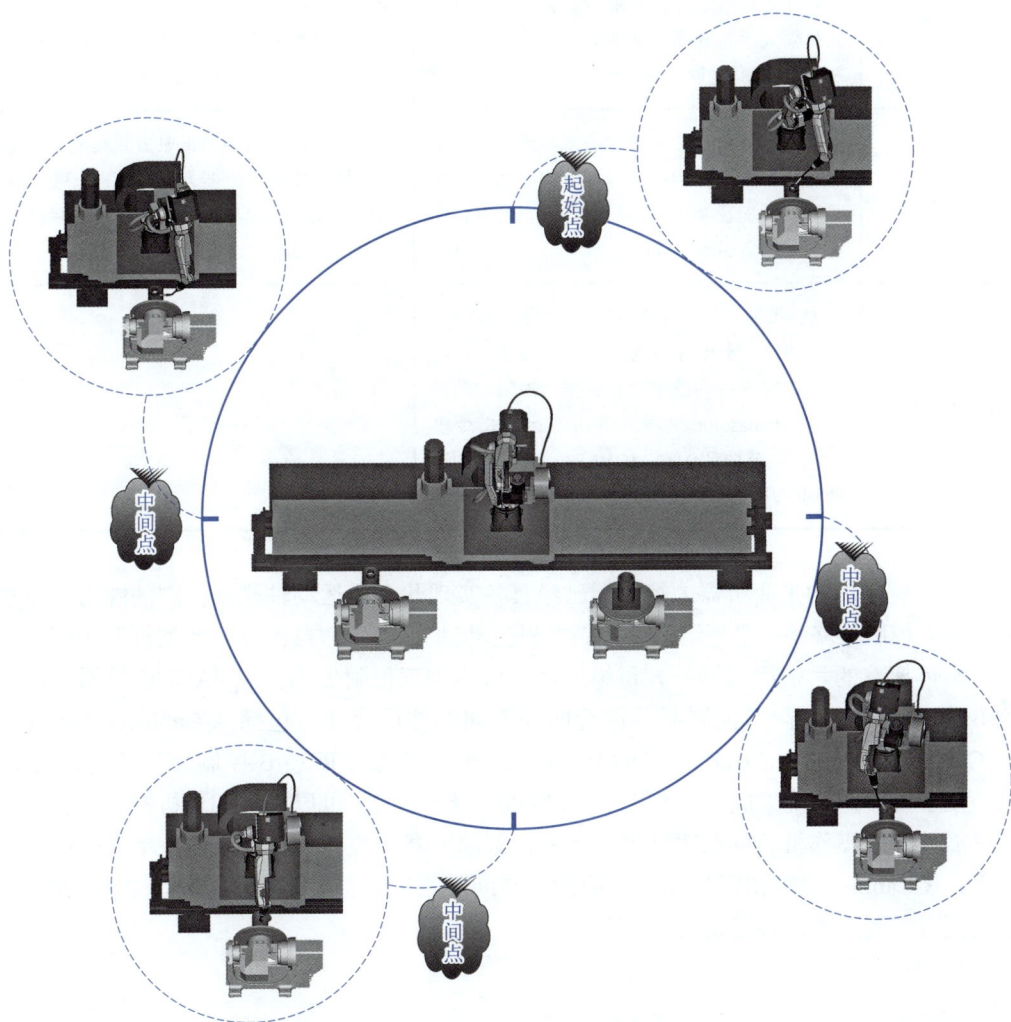

图 3-52　空间曲线轨迹的机器人系统运动轴联动

（2）外部轴

附加轴由外部控制器（如 PLC）直接控制，而机器人控制器则进行间接控制。在这种方式下，机器人本体轴和附加轴的运动相对独立，需要通过外部控制器进行协调。虽然这种方式在成本上相对较低，但在实现高精度同步和协调运动方面存在一定的挑战。

在实际应用中，可以根据具体的作业需求和预算情况选择合适的集成方式。对于需要高精度、高效率作业的应用场景，内部轴集成方式不失为一个好选择；而对于成本敏感或对同步性要求不高的应用场景，外部轴集成方式更具成本效益，详见表 3-25。

表 3-25　机器人附加轴的集成方式

比较因素	集成方式	
	内部轴	外部轴
空间曲线轨迹	机器人本体轴和附加轴的联动能够使机器人始终保持在最佳的作业位置，并配合舒展的机器人手臂和手腕作业姿态，确保作业的高质量和稳定性	机器人本体轴和附加轴的运动相对独立，会导致轨迹不连续、位置误差和运动协调性差，使机器人在进行复杂轨迹作业时难以保持连续、稳定和精确的运动
协调运动	机器人附加轴以内部轴方式集成，可以实现与机器人本体轴的同步和协调运动，在相同的硬件配置及运动速度条件下，可以将作业效率提高 50% ～ 60%	机器人附加轴以外部轴方式集成，各附加运动轴是独立于机器人本体轴进行转动或移动的，无法实现与机器人本体轴的联动，具有一定的局限性
运动指令	视机器人品牌而各不相同。例如：FANUC 机器人的协调运动指令保持不变，仅指令要素中的位置坐标数据增添附加轴的状态；Panasonic 机器人的协调运动指令多"+"，关节协调运动 MOVEP+、直线协调运动 MOVEL+、圆弧协调运动 MOVEC+ 等	—

目前主流品牌的工业机器人控制器已经具备实现几十根运动轴联动控制的能力，通常采取分组独立控制策略（一般每组最多控制九根运动轴）。对于六自由度关节型机器人而言，除机器人本体拥有的六根运动轴外，每组最多还可增添三根附加轴。以 FANUC 机器人控制器 R-30iB 为例，此型机器人控制器共设置四种不同的外形尺寸，包括 A-Cabinet、B-Cabinet、Mate Cabinet 和 Open-Air Cabinet。除 B-Cabinet 外，其他的 R-30iB 控制器均为紧凑型，可叠放，便于机器人系统集成。一套 R-30iB Mate Cabinet 最多可以控制四台机器人，从第二台起，只需要增添操作机及伺服驱动电动机的伺服放大器模块即可完成机器人单元的组建。相比之下，B-Cabinet 采用相同的技术，但预留空间较大，可扩展多个伺服放大器和 I/O 模块，最多能同时控制五十六根运动轴。

点拨

工业机器人系统附加轴的联动需要控制软件包的支撑，这些软件包可以提供丰富的工具和功能，支持附加轴的集成和控制，并提高机器人系统的作业效率和精度。例如，FANUC 机器人用于基座轴联动控制的 Extended Axis Control（J518）和用于工装轴联动控制的 Multi–Group Motion（J601）、Coordinated Motion Package（J686）等。

机器人系统工装轴的空间布局遵循工业机器人的工作空间原则，工装轴作为主导轴、机器人本体轴作为随动轴进行联动。

当机器人附加轴采取内部轴集成方式时，其与机器人本体轴的同步和协调运动的实质是将两者的运动轨迹合为一个整体的空间曲线。

3.7.2　附加轴的点动方式

工业机器人系统的附加轴控制方式与点动机器人的本体轴类似，也分为增量点动和连续点动两类。同时，通过内部轴集成机器人系统附加轴时，控制系统会将各附加轴独立分组控制，并以组号码的形式进行标识。在控制过程中，为实现对附加轴的精确操控，需要适时切换系统运动轴的组号码。通常同一组号码运动轴的切换顺序是先本体轴后附加轴，现场工程师根据需要选择相应的点动模式和控制轴组号码即可，如图 3-53 所示。

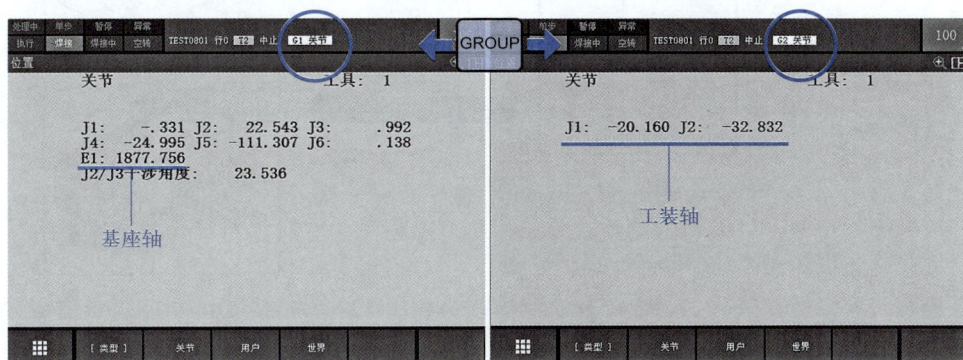

图 3-53　机器人系统运动轴组号码的选择

无论是增量点动还是连续点动，操控机器人附加轴都需要遵循一定的基本流程和方法，如图 3-54 和图 3-55 所示。由于不同品牌的工业机器人在系统运动轴组号码选择、点动坐标系切换、附加轴速度调整等方面存在差异，因此在点动操控机器人附加轴时需要根据具体机器人的品牌和型号进行相应的调整和适配。

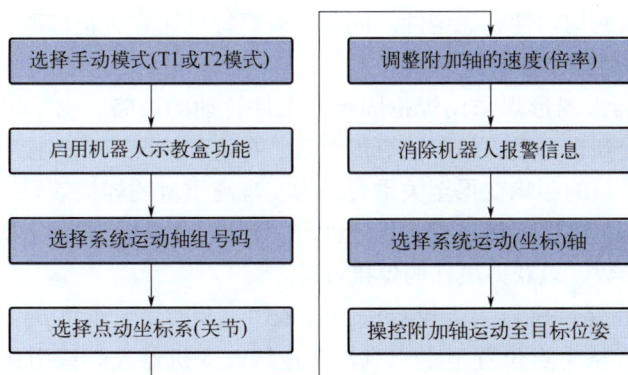

图 3-54　点动机器人附加轴的基本流程

点拨

工业机器人系统工装轴的点动操控只能在关节坐标系中实现。

工业机器人系统基座轴的点动操控可以在关节、机座（世界）和工具等常见点动坐标系中完成。当在机座（世界）和工具等直角坐标系中点动操控基座轴时，机器人的整体位置会发生变化，但工具中心点（TCP）保持不变。在这种情况下，基座轴和机器人本体轴是联动的，这使机器人手臂和手腕可以以更为舒展的姿态进行作业，如焊接。

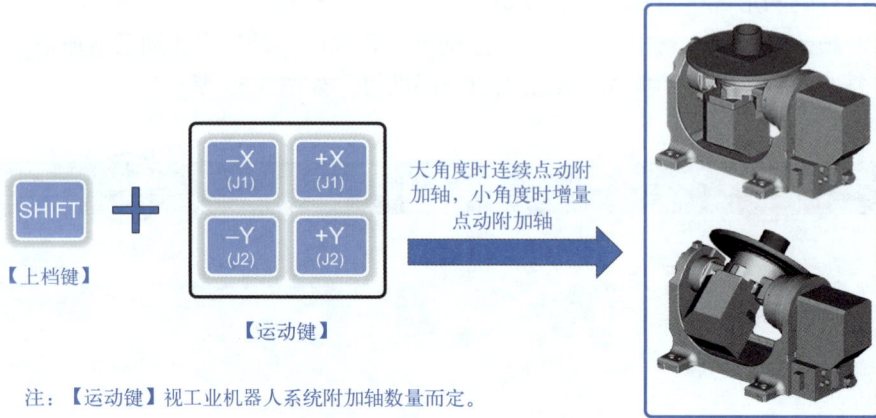

注：【运动键】视工业机器人系统附加轴数量而定。

图 3-55 点动机器人附加轴方法

3.7.3 机器人船形焊姿态

骑坐式管 - 板 T 形接头机器人船形焊与机器人平角焊在焊接方式和焊接参数上存在较大的差异。这种差异导致两者在焊接过程中所面临的挑战和质量控制方面的重点有所不同。

在机器人平角焊中，焊枪移动而工件固定，焊缝始终处于某一水平面。这种方式的优点是操作相对简单，适用于批量生产。然而，由于液态熔池受自身重力的影响，难以保证焊脚（尺寸）一致性，可能导致焊接质量不稳定。为解决这一问题，需要精确控制焊接速度和焊接电流，确保热输入的均匀性和稳定性。同时，需要特别注意防止打弧和飞溅，以保持焊接过程的稳定性和美观性。

相比之下，机器人船形焊采用焊枪固定、工件转动的策略。由于焊缝连续转动，液态熔池的形状和位置受到自身重力的影响更加显著。在这种情况下，焊接引弧点的位置及机器人焊枪姿态对焊接质量的影响变得至关重要。为实现高质量的焊接效果，需要精确控制引弧点的位置和焊枪姿态，确保焊接过程的稳定性和一致性。同时，需要密切关注液态熔池的变化，及时调整焊接参数，以获得最佳的焊接效果。

经实践证明，在保持机器人焊枪行进角 $\alpha=65°\sim 80°$、工作角 $\beta=45°$，以及其他焊接参数不变的情况下，从十点位置至十三点位置连续改变机器人焊接引弧点位置，焊接效果变化明显，如图 3-56 所示。以焊接变位机顺时针转动为例，当从十点位置（立角焊位置）引弧焊接时，液态熔池下淌明显，容易产生未熔合和咬边等缺陷，焊接质量难以保证；从十一点位置引弧时，处于上坡焊位置，液态熔池伴随工件转动和自身重力耦合作用易于铺展，焊缝成形美观、凹形圆滑过渡，焊脚（尺寸）对称，焊接质量良好；当从十二点位置引弧时，处于下坡焊位置，液态熔池受自身重力作用，焊缝中间隆起（凸度）较大，而且伴随工件转动焊缝凸度愈发加剧。因此，为获得良好的焊接质量，应将骑坐式管 - 板 T 形接头机器人船形焊的引弧点位置控制在十一点位置左右，并确保环缝施焊时的焊接变位机转动范围在 365°～370° 之间。这样可以确保液态熔池在适当的条件下铺展,提高焊接质量并获得美观的焊缝。

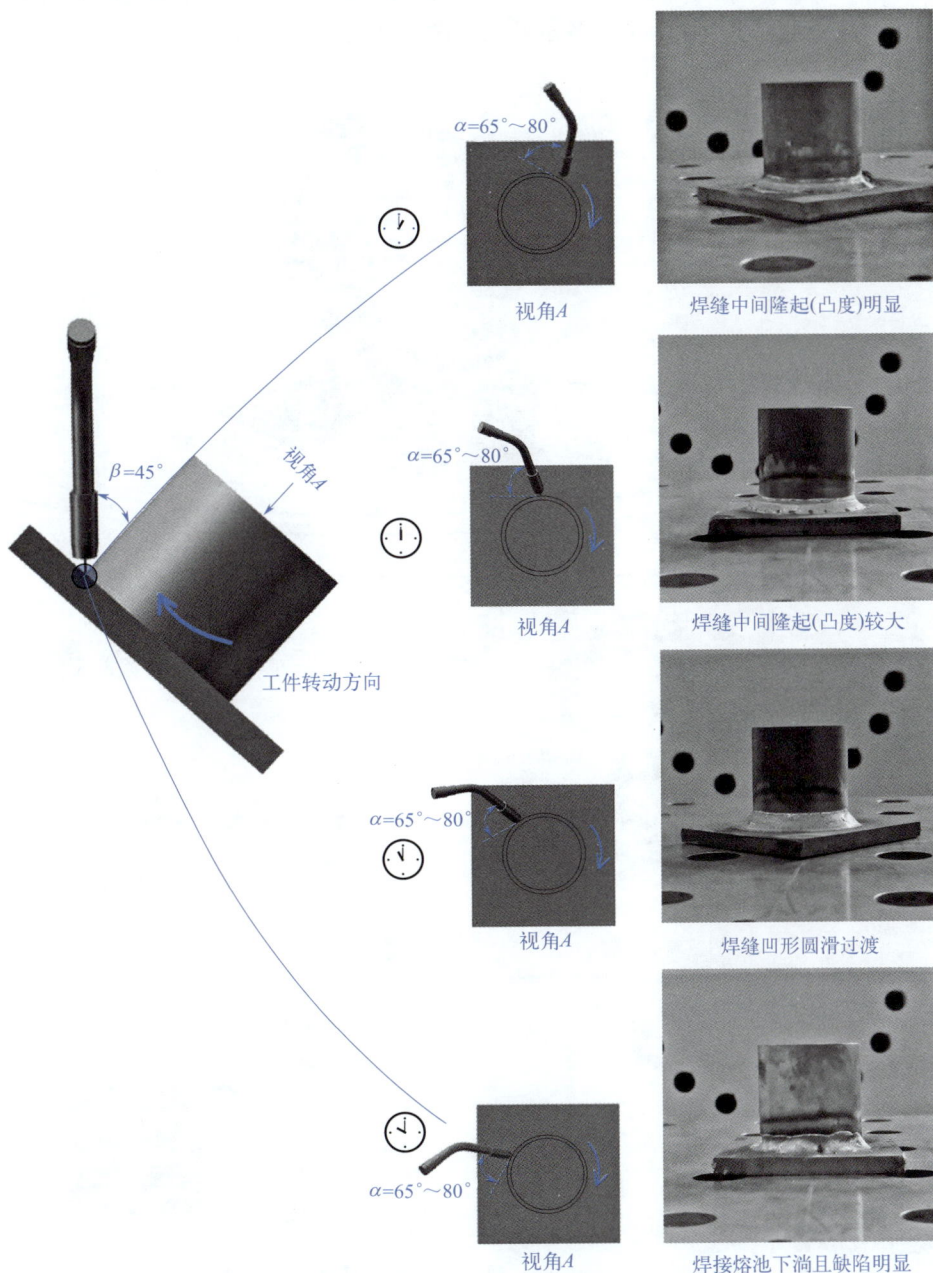

图 3-56 骑坐式管 - 板 T 形接头船形焊姿态示意

任务分析

同本项目任务 3 骑坐式管 - 板 T 形接头平角焊的机器人任务示教比较,骑坐式管 - 板 T 形接头船形焊的机器人运动轨迹较为简单。当焊接变位机承载焊件并将其接缝转至水平焊接位置时，机器人船形焊作业与平焊作业极为相似。以工业机器人系统附加轴联动为例，完成骑坐式管 - 板（无缝钢管 $\delta6mm \times \phi60mm \times L60mm$，底板 $L100mm \times W100mm \times \delta10mm$）T 形接头机器人船形焊作业通常需要示教 6 个目标位置点，其运动路径、焊枪姿态和焊丝端头（电弧对中）位置规划示于图 3-57。各示教点用途参见表 3-26。

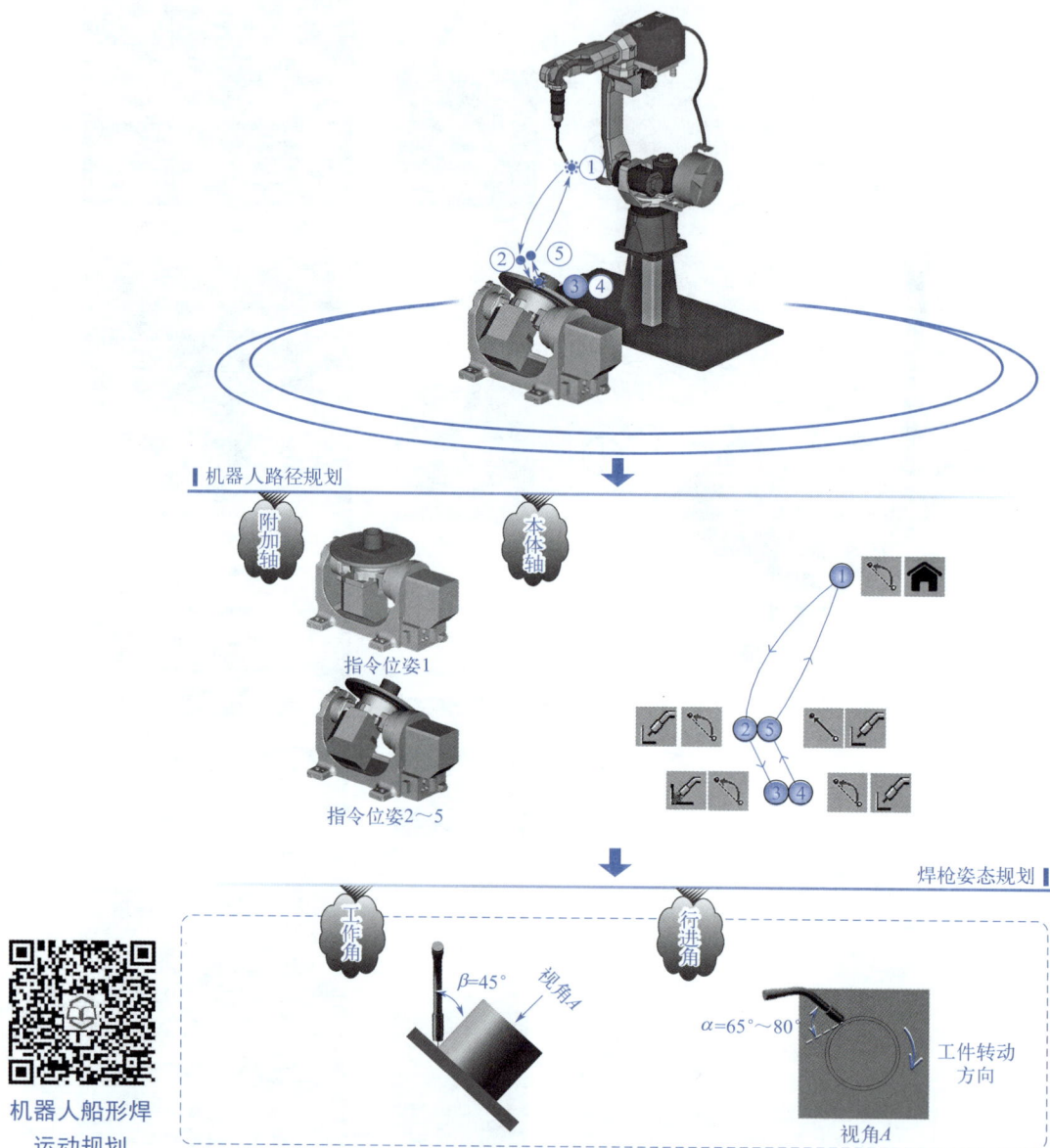

图 3-57 机器人船形焊作业的运动规划

表 3-26 机器人船形焊作业的指令位姿

指令位姿	备注	指令位姿	备注	指令位姿	备注
①	原点（HOME）	③	圆周焊接起始点	⑤	焊接结束参考点
②	焊接起始参考点	④	圆周焊接结束点	—	—

　　在完成机器人船形焊作业的运动轨迹编程后，为确保焊接过程的顺利进行和获得高质量的焊接结果，还需要进行一系列的工艺条件和动作次序的编程。这些编程步骤可以通过弧焊软件的"焊接导航"功能来实现，从而生成参考规范。待单步程序验证和连续测试运转无误后，方能进行实际的机器人船形焊作业。在这一过程中，应该密切关注焊缝的外观成形质量，并进行必要的工艺调试。通过不断调试和优化，最终获得满足质量要求的焊缝外观成形。

◀ 任务实施

　　（1）示教前的准备

　　开始任务示教前，请做好如下准备：

　　① 工件表面清理　核对钢管和试板的几何尺寸后，将待焊区域表面铁锈和油污等杂质清理干净。

　　② 接头组对点固　使用手工电弧焊（如氩弧焊）沿钢管内壁（或外壁）将组对好的管-板接头定位焊点固。

　　③ 工件装夹与固定　选择合适的夹具将待焊试件固定在焊接工作台上。

　　④ 机器人系统原点确认　执行机器人控制器内存储的原点程序，使机器人系统各运动轴返回原点位置（如机器人本体轴 J5=-90°、J1= J2 =J3=J4=J6=0°，以及工装轴 J1= J2=0°）。

　　⑤ 机器人坐标系设置　设置焊接机器人工具坐标系编号。

　　⑥ 新建任务程序　创建一个文件名为"RSR0006"的焊接程序文件，而且在程序属性界面中，将完成本任务所需要的工装轴（组号码）启用。

　　（2）运动轨迹示教

　　针对图 3-57 所示的机器人运动路径和焊枪姿态规划，点动机器人依次通过系统原点 P[1]、焊接起始参考点 P[2]、圆周焊接起始点 P[3]、圆周焊接结束点 P[4]、焊接结束参考点 P[5] 五个目标位置点，并记忆示教点的位姿信息。其中，机器人系统原点 P[1] 应设置在远离作业对象（待焊工件）的可动区域的安全位置；焊接起始参考点 P[2] 和焊接结束参考点 P[5] 应设置在邻近焊接作业区间且便于调整机器人焊枪姿态的安全位置。具体示教步骤见表 3-27。编制完成的任务程序见表 3-28。

表 3-27　骑坐式管-板 T 形接头机器人船形焊的运动轨迹示教步骤

示教点	示教步骤
机器人系统原点 P[1]	1）切换手动模式。切换机器人控制器操作面板【模式旋钮】至"T1"或"T2"位置（手动模式）
	2）示教盒置于有效状态。切换示教盒【使能键】至"ON"位置（有效）
	3）记忆示教点 P[1]。点按功能菜单（图标）栏的"点"（[F1]【功能菜单】），弹出标准动作界面，使用【方向键】选择关节运动指令（J...FINE），点按 [ENTER]【回车键】确认，记忆当前示教点 P[1] 为机器人系统原点
焊接起始参考点 P[2]	1）显示工装轴位置状态。同时按下 [SHIFT]【上档键】+[DISP]【分屏键】组合键，选择弹出菜单"双画面"选项，通过 [DISP]【分屏键】选择界面右侧为当前活动窗口，然后依次点按 [POSN]【位置键】→[GROUP]【组切换键】，切换系统运动轴为"G2 关节"，以"关节"形式显示机器人系统工装轴的当前位置
	2）转动工件至船形焊位置。在满足点动机器人系统附加轴条件下，使用【安全开关】+[SHIFT]【上档键】+【运动键】组合键，点动工装轴 J1 向靠近机器人侧转动 45°

示教点	示教步骤
焊接起始参考点 P[2]	3）选择机器人本体轴。点按【GROUP】【组切换键】，切换系统运动轴为"G1 关节" 4）切换机器人点动坐标系。点按【COORD】【坐标系键】，切换机器人点动坐标系为系统默认的 工件（用户）坐标系，即与 机座（世界）坐标系重合 5）移至调姿参考点。在满足点动机器人条件下，使用【安全开关】+【SHIFT】【上档键】+【运动键】组合键，点动机器人沿 工件（用户）坐标系的 X 轴、Y 轴、Z 轴方向，线性贴近焊接起始点附近的参考点，如钢管端头外沿（十一点位置） 6）调整机器人焊枪工作角。选择功能菜单（图标）栏的"用户"或"世界"，以"直角"形式显示机器人 TCP 的当前位姿。使用【安全开关】+【SHIFT】【上档键】+【运动键】组合键，点动机器人分别绕 工件（用户）坐标系的 X 轴、Y 轴、Z 轴定点转动，实时查看示教盒右侧画面显示的机器人 TCP 姿态，精确调整焊枪工作角 $\beta=45°$ 7）移至焊接起始点。在满足点动机器人条件下，使用【安全开关】+【SHIFT】【上档键】+【运动键】组合键，点动机器人沿 工件（用户）坐标系的 X 轴、Y 轴、Z 轴方向线性缓慢移至焊接起始点 8）调整机器人焊枪行进角。在满足点动机器人条件下，使用【安全开关】+【SHIFT】【上档键】+【运动键】组合键，点动机器人绕 工件（用户）坐标系的 X 轴、Y 轴、Z 轴方向定点转动，实时查看示教盒右侧界面显示的机器人 TCP 姿态，精确调整焊枪行进角 $\alpha=65°\sim80°$ 9）切换机器人点动坐标系。点按【COORD】【坐标系键】，切换机器人点动坐标系为 工具坐标系 10）移至焊接起始参考点。在满足点动机器人条件下，保持机器人焊枪姿态不变，使用【安全开关】+【SHIFT】【上档键】+【运动键】组合键，点动机器人沿 工具坐标系的 +Z 轴方向，线性移向远离焊接起始点的安全位置，距离起始点 30～50mm，如图 3-58（a）所示 11）记忆示教点 P[2]。点按功能菜单（图标）栏的"点"（【F1】【功能菜单】），弹出标准动作界面，使用【方向键】选择关节运动指令（J...FINE），点按【ENTER】【回车键】确认，记忆当前示教点 P[2] 为焊接起始参考点
圆周焊接起始点 P[3]	1）移至焊接起始点。在满足点动机器人条件下，使用【安全开关】+【SHIFT】【上档键】+【运动键】组合键，点动机器人沿 工件（用户）坐标系的 -Z 轴方向线性缓慢移至焊接起始点，如图 3-58（b）所示 2）记忆示教点 P[3]。点按功能菜单（图标）栏的"WELD_ST"（【F2】【功能菜单】），弹出起弧定义菜单，使用【方向键】选择关节动作焊接开始指令（J...FINE Weld Start...），点按【ENTER】【回车键】确认，记忆当前示教点 P[3] 为圆周焊接起始点，焊接开始指令被同步记忆
圆周焊接结束点 P[4]	1）选择机器人系统工装轴。点按【GROUP】【组切换键】，切换系统运动轴为"G2 关节" 2）转动工件至焊接结束位置。在满足点动机器人系统附加轴条件下，使用【安全开关】+【SHIFT】【上档键】+【运动键】组合键，点动工装轴 J2 沿顺时针方向（从机器人侧看）转动 365°～370°，如图 3-58（c）所示 3）记忆示教点 P[4]。点按功能菜单（图标）栏的"WELDEND"（【F4】【功能菜单】），弹出收弧定义菜单，使用【方向键】选择关节动作焊接结束指令（J...sec FINE Weld End...），点按【ENTER】【回车键】确认，记忆当前示教点 P[4] 为圆周焊接结束点，焊接结束指令被同步记忆
焊接结束参考点 P[5]	1）选择机器人本体轴。点按【GROUP】【组切换键】，切换系统运动轴为"G1 关节" 2）切换机器人点动坐标系。点按【COORD】【坐标系键】，切换机器人点动坐标系为 工具坐标系 3）移至焊接结束参考点。在满足点动机器人条件下，保持机器人焊枪姿态不变，使用【安全开关】+【SHIFT】【上档键】+【运动键】组合键，点动机器人沿 工具坐标系的 +Z 轴方向，线性移向远离圆周焊接结束点的安全位置，距离结束点 30～50mm，如图 3-58（d）所示 4）记忆示教点 P[5]。点按功能菜单（图标）栏的"点"（【F1】【功能菜单】），弹出标准动作界面，使用【方向键】选择直线运动指令（L...FINE），点按【ENTER】【回车键】确认，记忆当前示教点 P[5] 为焊接结束参考点

示教点	示教步骤
机器人原点 P[1]	1）记忆示教点 P[6]。保持机器人位姿不变，点按功能菜单（图标）栏的"点"（[F1]【功能菜单】），弹出标准动作界面，使用【方向键】选择关节运动指令（J...FINE），点按[ENTER]【回车键】确认，记忆当前示教点 P[6] 2）修改示教点位置变量。使用【方向键】移动光标至位置变量 P[6] 处，通过【数字键】变更位置变量 P[6] 为 P[1]，点按[ENTER]【回车键】确认，记忆机器人原点

注：表中示教点的示教是以钢管中心线与焊接变位机工作台回转中心线重合为基本前提。

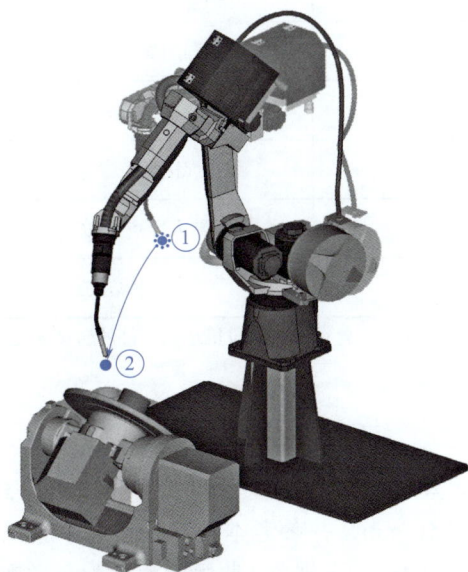

(a) 原点→焊接起始参考点

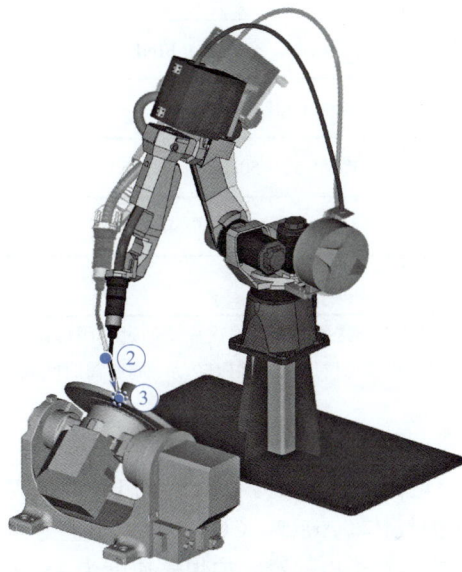

(b) 焊接起始参考点→圆周焊接起始点

机器人船形焊
任务编程

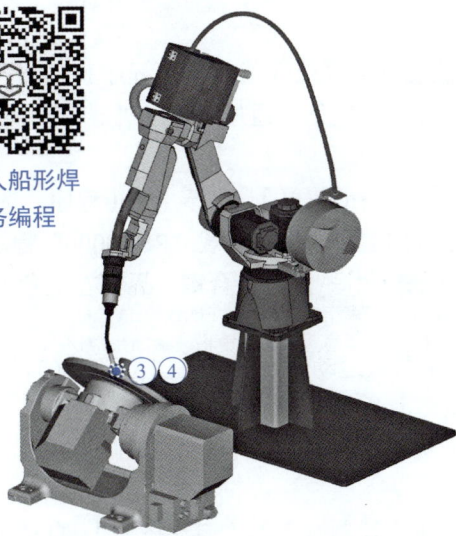

(c) 圆周焊接起始点→圆周焊接结束点

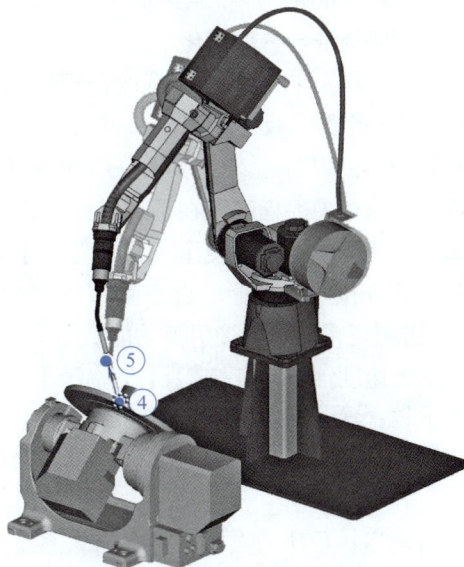

(d) 圆周焊接结束点→焊接结束参考点

图 3-58　机器人船形焊指令位姿示意

表 3-28　骑坐式管 - 板 T 形接头机器人船形焊的任务程序

行号码	指令语句	备注
1:	UTOOL_NUM=1	工具坐标系（焊枪）选择
2:	J　P[1]　80%　FINE	机器人原点（HOME）
3:	J　P[2]　30%　FINE	焊接起始参考点
4:	J　P[3]　30%　FINE	圆周焊接起始点
:	Weld Start[1, 1]	焊接开始规范和动作次序
5:	J　P[4]　32.3sec　FINE	圆周焊接结束点
:	Weld End[1, 2]	焊接结束规范和动作次序
6:	L　P[5]　50cm/min　FINE	焊接结束参考点
7:	J　P[1]　80%　FINE	机器人原点（HOME）
[End]		程序结束

注：机器人焊接条件和动作次序均通过调用焊接数据库方法予以配置；焊接变位机承载工件的转动速度是通过焊接线长度（钢管外壁周长）除以转动一周所需时间间接设置。

（3）焊接条件和动作次序示教

本任务选用直径为 1.2mm 的 ER50-6 实芯焊丝，合理的焊丝干伸长度为 12 ～ 15mm，富氩保护气体（Ar80%+CO$_2$20%）流量为 20 ～ 25L/min，并参考本项目任务 3 中所完成任务的工艺参数予以配置，如焊接速度为 35cm/min。焊接结束规范（收弧电流）为参考规范的80% 左右，焊接开始和焊接结束动作次序保持默认。

（4）程序验证与参数优化

为确认机器人 TCP 运动轨迹的合理性和精确度，需要依次通过单步程序验证和连续测试运转。待任务程序验证无误后，方可再现施焊和参数优化。通过 RSR（机器人启动请求）远程方式自动运转机器人任务程序的步骤如下所述。

① 中止执行中的程序　在手动模式下，点按 FCTN【辅助菜单】，选择"中止程序"选项。

② 加载任务主程序　使用 SELECT【一览键】和【方向键】选择并加载"RSR0006"程序。

③ 启用焊接引弧功能　点按 SHIFT【上档键】+ WELD ENBL【引弧键】组合键，界面左上角的状态栏指示灯 焊接 亮，表明焊接引弧功能启用。

④ 调整速度倍率　点按 +%【倍率键】，切换机器人运动速度的倍率挡位至 100%。

⑤ 示教盒置于无效状态　切换示教盒【使能键】至"OFF"位置（无效）。

⑥ 选择自动模式　切换机器人控制器操作面板的【模式旋钮】至"AUTO"位置（自动模式）。

⑦ 自动运转程序　点按焊接机器人系统外部集中控制盒上的【启动按钮】，自动运转执行任务程序，机器人开始焊接，如图 3-59（a）所示。

为获得成形美观、凹形圆滑过渡的角焊缝，焊接过程中可以适度渐进降低焊接速度或增加焊接电流；为获得大小一致的焊脚尺寸，可以适度减小焊丝端头与接头根部的距离和机器人焊枪的行进角。具体的焊接接头质量优化实施过程可参考本项目任务 3。待焊接结束、焊件冷却至室温后，目测焊缝微凹且成形美观，无咬边、气孔等焊接缺陷，钢管侧焊脚尺寸为 6.6 ～ 7.1mm，底板侧焊脚尺寸为 6.5 ～ 6.9mm，满足焊脚尺寸要求，如图 3-59（b）所示。

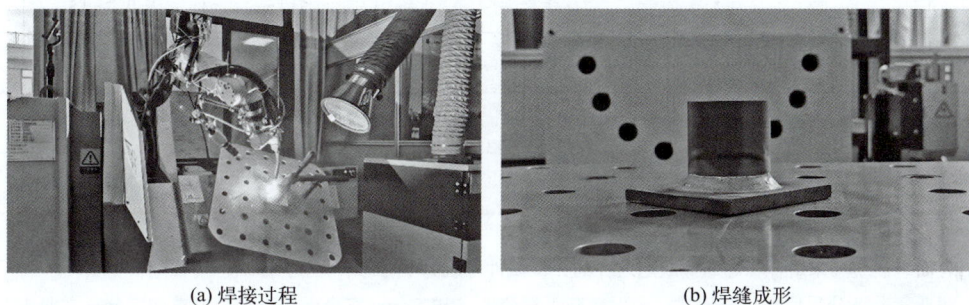

(a) 焊接过程　　　　　　　　　　　　　　(b) 焊缝成形

图 3-59　骑坐式管 - 板 T 形接头机器人船形焊

机器人船形焊
工艺调试

任务评价

本任务要求使用机器人和焊接变位机实现骑坐式管 - 板 T 形接头船形焊，焊脚对称且尺寸为 6mm，焊缝呈凹形圆滑过渡，无咬边和气孔等焊接缺陷。待焊接结束、试板冷却至室温后，通过目视进行焊缝外观检查，然后使用钢板尺、游标卡尺和焊缝检验尺等测量工具，记录及评价机器人平角焊质量，见表 3-29。同时，为培养良好的职业素养，对任务实施过程中学生的操作规范性和安全文明生产等进行考核。

表 3-29　骑坐式管 - 板 T 形接头机器人船形焊试件外观评分标准

检查项目	标准分数	焊缝等级				得分
		I	II	III	IV	
焊脚 K_1	标准 /mm	≥ 6，≤ 6.5	> 6.5，≤ 7	> 7，≤ 7.5	< 6，> 7.5	
	分数	20	14	8	0	
焊脚 K_2	标准 /mm	≥ 6，≤ 6.5	> 6.5，≤ 7	> 7，≤ 7.5	< 6，> 7.5	
	分数	20	14	8	0	
焊脚差 ΔK	标准 /mm	≤ 0.5	> 0.5，≤ 1	> 1，≤ 1.5	> 1.5	
	分数	10	7	4	0	
焊缝凹凸度	标准 /mm	> 0，≤ 0.5	> 0.5，≤ 1	> 1，≤ 1.5	> 1.5	
	分数	10	7	4	0	

续表

检查项目	标准分数	焊缝等级				得分
		I	II	III	IV	
咬边	标准 /mm	0	深度≤ 0.5 且长度≤ 10	深度≤ 0.5 长度> 10，≤ 15	深度> 0.5 或深度≤ 0.5，长度> 15	
	分数	20	14	8	0	
表面气孔	标准 /（≥ 0.5mm）	无	1个	2个	> 2个	
	分数	20	7	4	0	

注：1. 表面气孔等缺陷检查采用 5 倍放大镜。

2. 表面有裂纹、未熔合和焊瘤等缺陷之一的，该试件外观为 0 分。

3. 职业素养评分采取倒扣分形式：劳保穿戴不符合要求扣 5 分；安全操作不符合要求扣 5 分；文明生产不符合要求扣 5 分。

〈 任务拓展

当板材厚度增加要求焊脚尺寸为 8mm 时，如何调整焊接参数或道数满足骑坐式管 - 板 T 形接头机器人船形焊质量要求？

实践报告——机器人船形焊

院系		课程名称		日期	
姓名		学号		班级	
任务名称			成绩		

一、任务描述

二、任务要求

三、任务实施

四、任务评价

五、任务心得

3.8　任务 5：机器人船形焊仿真

任务提出

　　机器人船形焊的离线编程是一项非常先进的技术，它基于计算机图形学建立机器人焊接系统的三维模型，并在虚拟数字空间中复现实体装备的物理空间布局和再现焊接。通过这种方法，现场工程师可以在计算机上模拟和优化机器人的运动轨迹，而无须进行实际的机器人操作。在此基础上，结合机器人平焊和平角焊任务编程的经验，现场工程师可以使用软件提供的"CAD-TO-PATH"路径自动生成功能，合理规划机器人及焊接变位机的运动。同时，现场工程师还可以通过离线编程预测和解决潜在的问题，如机器人与工件之间的碰撞、运动轨迹的平滑性等。

　　本任务要求采用离线编程方法，在虚拟数字空间中复现实体装备的物理空间布局，如图 3-60 所示，模拟使用富氩气体（如 Ar80%+$CO_2$20%）、直径为 1.2mm 的 ER50-6 实芯焊丝、六自由度焊接机器人和两轴焊接变位机，完成骑坐式管 - 板 T 形接头机器人船形焊作业，焊脚对称且尺寸为 6mm，焊缝呈凹形圆滑过渡，无咬边和气孔等焊接缺陷，如图 3-61 所示。

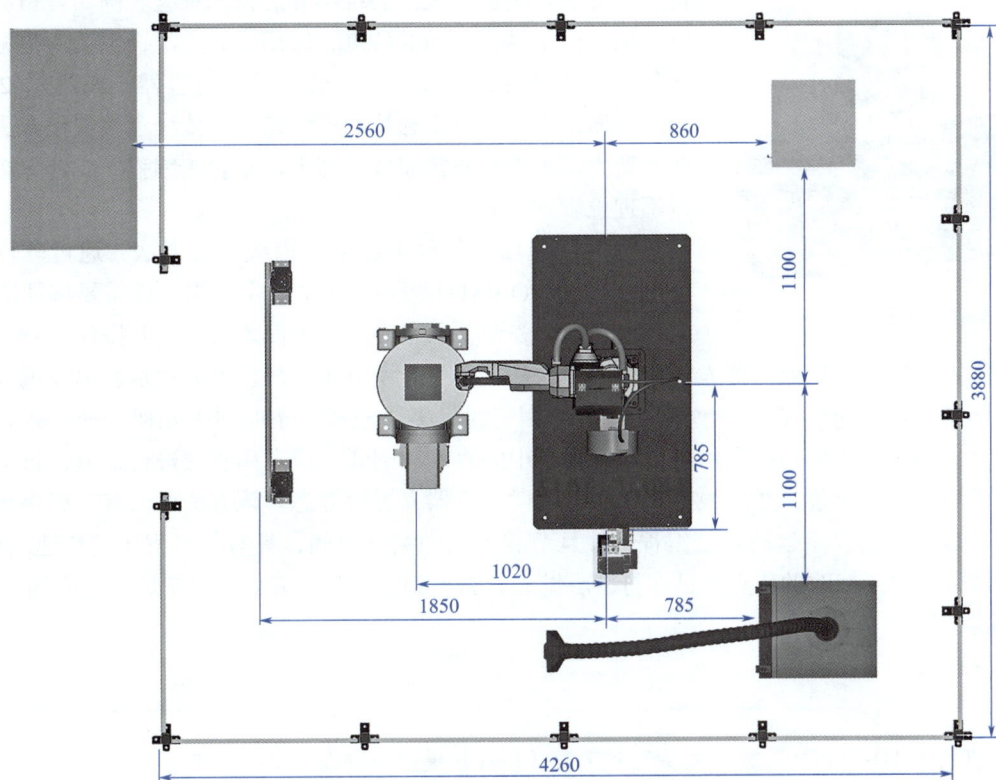

图 3-60　机器人焊接系统空间布局示意

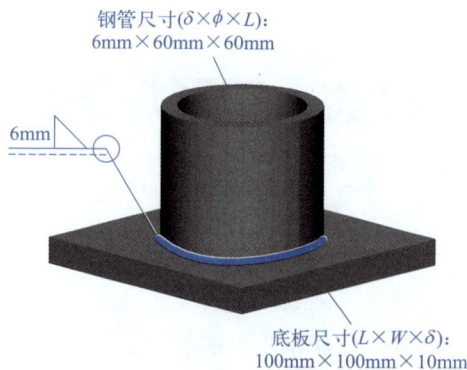

钢管尺寸($\delta \times \phi \times L$)：
6mm×60mm×60mm

6mm

底板尺寸($L \times W \times \delta$)：
100mm×100mm×10mm

图 3-61　骑坐式管 - 板 T 形接头示意

知识准备

3.8.1　空间曲线焊缝轨迹

目前，示教编程能够针对直线焊缝（如对接、角接、搭接）及简单的平面曲线焊缝（如圆弧、环缝），通过对有限的指令位姿进行拟合、插值求解，生成机器人运动路径，典型应用场景包括钢结构、车厢板和箱形梁等。但是，复杂空间曲线焊缝的机器人运动路径计算，仍然是智能焊接机器人发展绕不开的技术难题。例如，相贯线管件因结构牢靠、密闭的特点，应用十分广泛，生活中常见于建筑结构支承件，以及锅炉、管道等压力容器，如图 3-62 所示。然而，由于相贯线独特的空间结构，传统示教编程方法费时、费力，难以高质量完成机器人运动轨迹编程，或者焊接质量不理想。

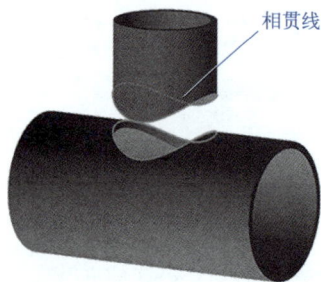

相贯线

图 3-62　相贯线管件示意

此时，现场工程师可以采用离线编程方法，通过软件提供的"CAD-TO-PATH"路径自动生成功能，只需要特征绘制（或识别）、枪姿调整和程序生成等简单人机交互操作，软件将自动添加程序指令生成机器人任务程序，这是一种基于模型驱动的机器人免示教离线编程方法，如图 3-63 所示。在工件模型的表面绘制直线、多线段和样条曲线等几何特征，或者软件自动识别工件模型的数字信息，检测线条中的直线和圆弧，或者用直线进行细分，自动生成关键点和运动轨迹，然后根据工件的位置微调机器人焊枪姿态。该方法可以有效解决示教编程难以实现的复杂运动轨迹编程，并且节省大量的编程时间，具有任务程序的快速编程、精确调节和易于修改的特点，已在打磨、抛光、去毛刺、涂装等表面加工领域广泛应用。

点拨

"CAD-TO-PATH"功能主要针对工件（Part）模型自动生成运动轨迹。

合理选择机器人工具坐标系和工件坐标系，以减小离线生成的任务程序导入实体后的调试难度。

尽量保证起点机器人焊枪姿态一致，避免多条同类型曲线轨迹运动中关节动作超程。

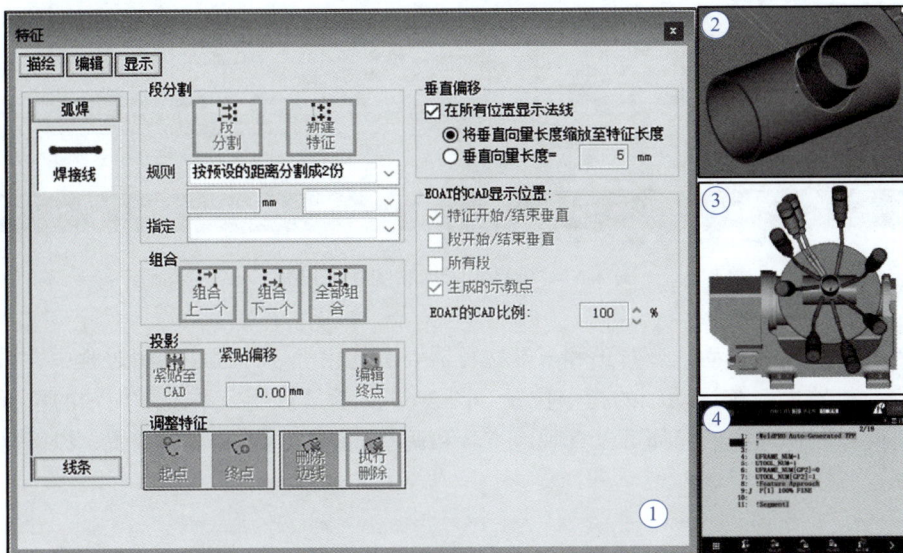

图 3-63 基于模型驱动的机器人运动路径自动生成

1—CAD-TO-PATH 功能界面；2—特征绘制；3—枪姿调整；4—程序生成

3.8.2 附加轴的状态监控

工业机器人系统的运动轴控制通常采用分组控制策略，这样可以提高系统的可操作性和灵活性。当一套工业机器人系统包含附加轴时，每根附加轴的启用和点动等状态取决于系统的集成配置。根据实际需要和应用场景，可以对这些轴进行灵活的分组和配置。

一般情况下，机器人基座轴与本体轴被分为同一组，这是因为它们通常一起移动，以实现整体位置调整。将它们分为同一组可以简化操作过程，并提高控制的精度和稳定性。而工装轴则被分为另一组，因为它的功能、用途与基座轴和本体轴不同。工装轴主要用于安装和固定工件或工具，它的运动与具体的作业任务相关。将工装轴分为一组可以更好地满足作业需求，并提高操作的灵活性和效率。例如，本项目任务 4 中图 3-51 所示的焊接机器人系统拥有十一根运动轴，包括六根机器人本体轴、一根机器人基座轴和四根工装轴（两套焊接变位机）。这些轴的组号码分配为机器人本体轴 G1、机器人基座轴 G1S、工装轴 G2 和 G3。

随着工业机器人系统运动轴数量的增加，任务编程时指令位姿的规划和调整用时也将随之增加。为适应不同的作业需求和提高操作效率，机器人系统附加轴的状态可以根据实际需求启用或禁用。例如，在某些只需要使用机器人本体轴的任务中，可以禁用附加轴以提高编程和操作的效率；而在需要使用附加轴的任务中，则可以启用相应的轴并根据需要进行配置。需要注意的是，具体启用或禁用附加轴的方法因机器人品牌不同而有所差异。以 FANUC 机器人为例，机器人系统附加轴的启用与否，可以通过程序文件属性的"组掩码"予以设置，如图 3-64 所示。

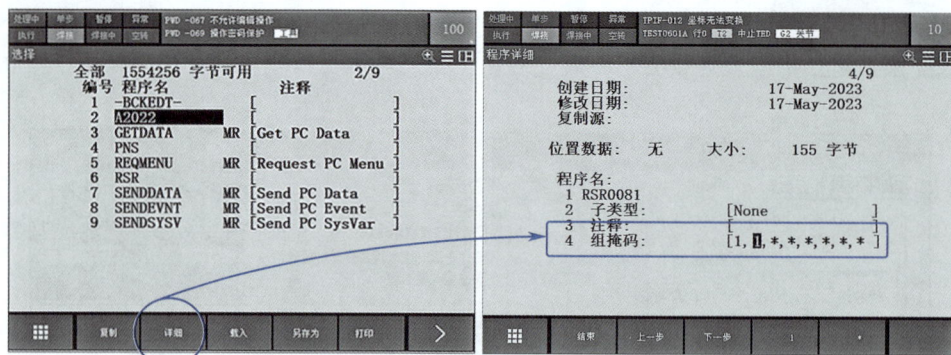

图 3-64　机器人附加轴的状态设置

此外，在机器人运动轨迹修正和末端执行器姿态优化等任务程序编辑过程中，需要经常查看和修改机器人系统运动轴的指令位置。图 3-65 所示是机器人系统附加轴的位置变更界面。通过此界面，现场工程师可以直观地查看和调整基座轴、工装轴的位置，以满足特定的作业要求。

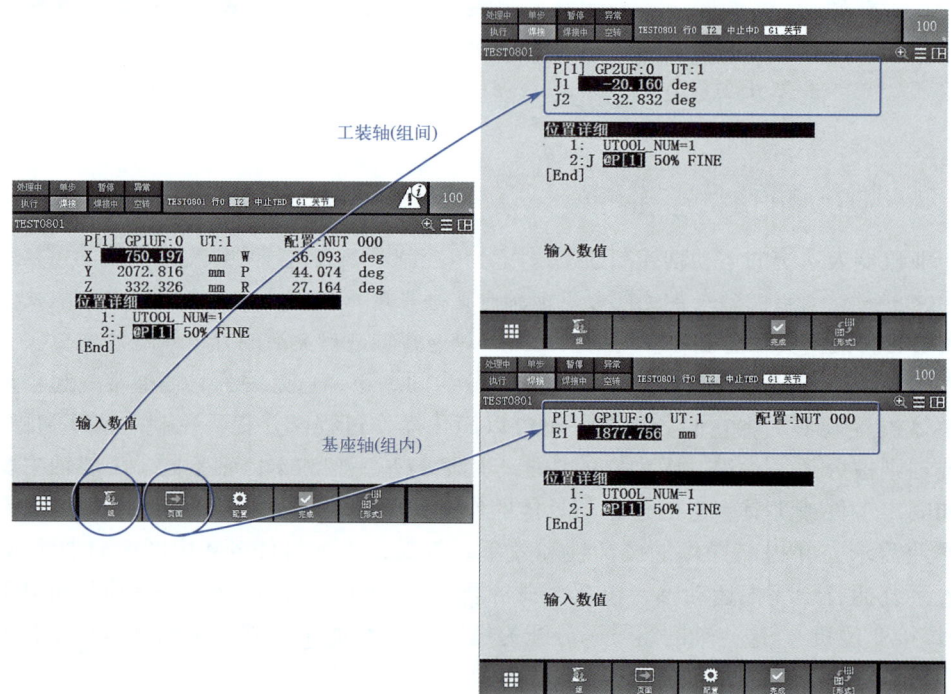

图 3-65　机器人附加轴的位置变更

点拨

机器人系统运动轴（包含附加轴）的启用须在创建任务程序时完成。在编写任务程序时，需要根据实际作业需求选择需要启用的轴，并进行相应的配置和调整。

任务分析

机器人船形焊离线编程是基于计算机图形学建立机器人船形焊焊接系统的三维模型，并在数字空间复现实体装备的物理空间布局。在此基础上，现场工程师可以结合机器人平角焊任务编程积累的经验，合理规划机器人焊接起始、结束路径（点）和焊枪的姿态。因为船形焊的编程只需要考虑五个目标指令位姿，与管 - 板 T 形环缝机器人平角焊相比，管 - 板 T 形环缝机器人船形焊的运动轨迹编程更为简单，这大大简化了编程的过程和复杂性。机器人船形焊作业的运动规划及各指令位姿姿态可参考本项目任务 4。

在完成机器人船形焊作业的运动轨迹编程后，为确保焊接过程的顺利进行和获得高质量的焊接结果，还需要进行一系列的工艺条件和动作次序的编程。这些编程步骤可以通过弧焊软件的"焊接导航"功能来实现，从而生成参考规范。待完成任务程序编制后，可以对任务程序进行三维模型动画仿真，离线计算、规划和调试机器人任务程序，生成机器人控制器可执行的代码。

任务实施

（1）新建工作单元

启动 ROBOGUIDE 软件，创建一个新的工作单元"CHUANGXINGHAN"。

① 单击主菜单【文件】→【新建工作单元】，弹出工作单元创建向导界面，在"步骤 1-选择进程"界面下选择进程"WeldPRO"，如图 3-66 所示。单击界面上的【下一步】按钮，进入"步骤 2- 工作单元名称"界面。

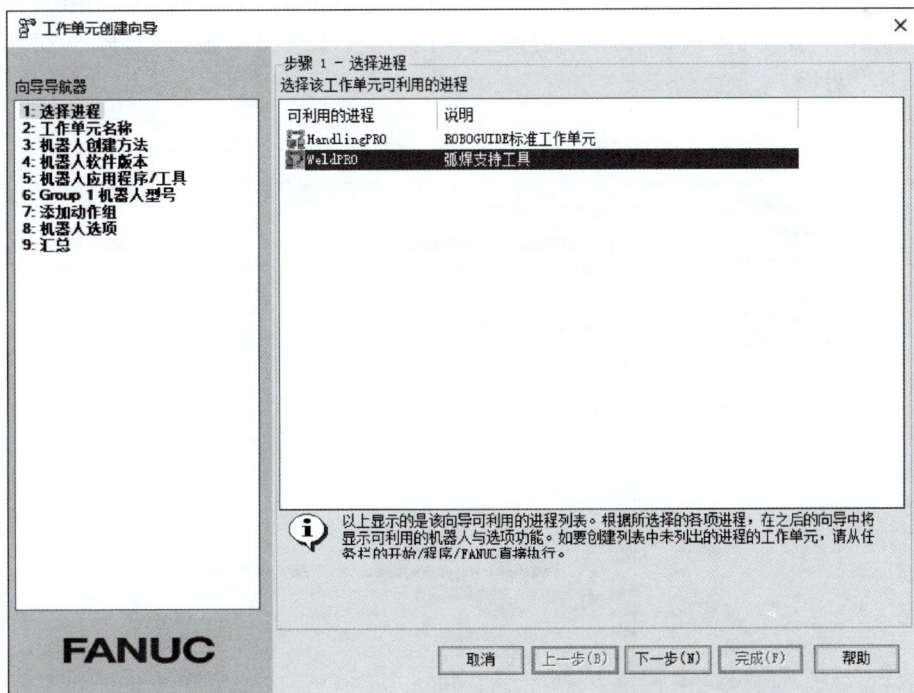

图 3-66   "步骤 1- 选择进程"界面

② 在"步骤 2- 工作单元名称"界面下的"名称"栏输入工作单元名称"CHUANGXINGHAN",如图 3-67 所示,单击界面上的【下一步】按钮,进入"步骤 3- 机器人创建方法"界面。在"步骤 3- 机器人创建方法"界面默认选择"新建",单击界面上的【下一步】按钮,进入"步骤 4- 机器人软件版本"界面。

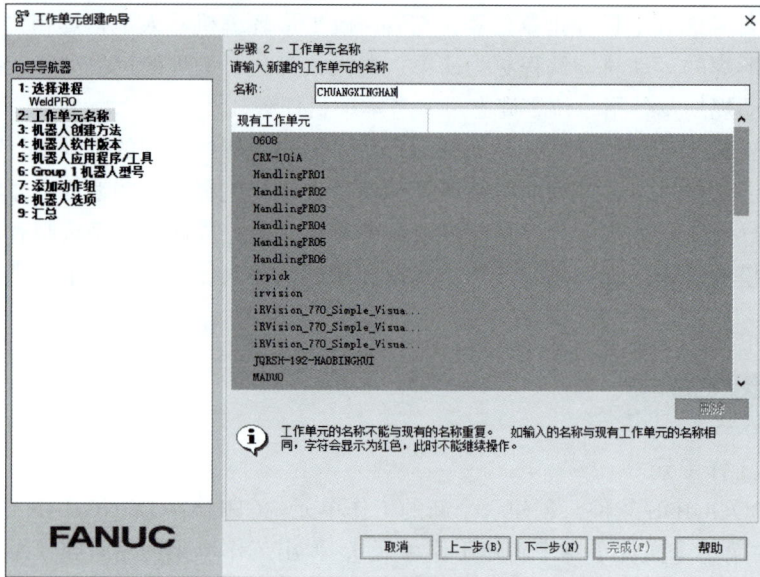

图 3-67　"步骤 2- 工作单元名称"界面

③ 在"步骤 4- 机器人软件版本"界面中,选择软件版本为"V9.10-R-30iB Plus,9.10233.33.24",如图 3-68 所示,单击界面上的【下一步】按钮,进入"步骤 5- 机器人应用程序 / 工具"界面。

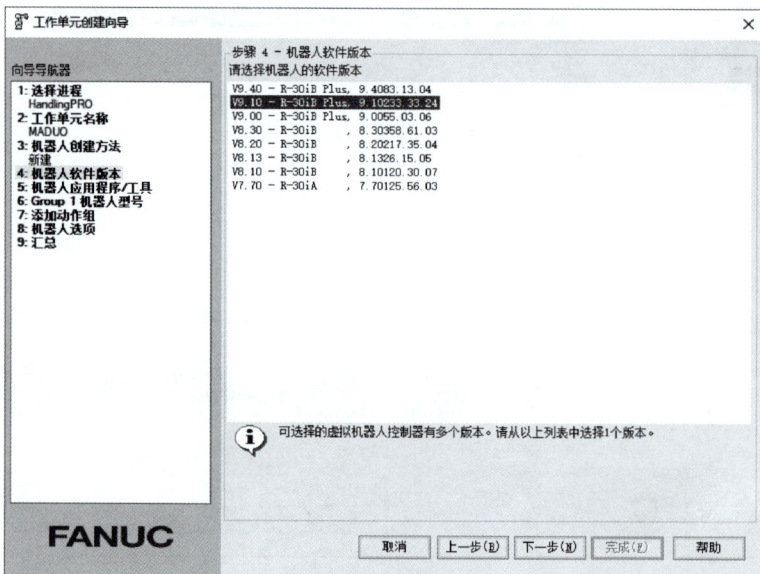

图 3-68　"步骤 4- 机器人软件版本"界面

④ 在"步骤 5- 机器人应用程序 / 工具"界面中，选择应用程序为"ArcTool（H541）"，选择工具为"Default"，如图 3-69 所示。单击界面上的【下一步】按钮，进入"步骤 6-Group 1 机器人型号"界面，单击界面上的【下一步】按钮。

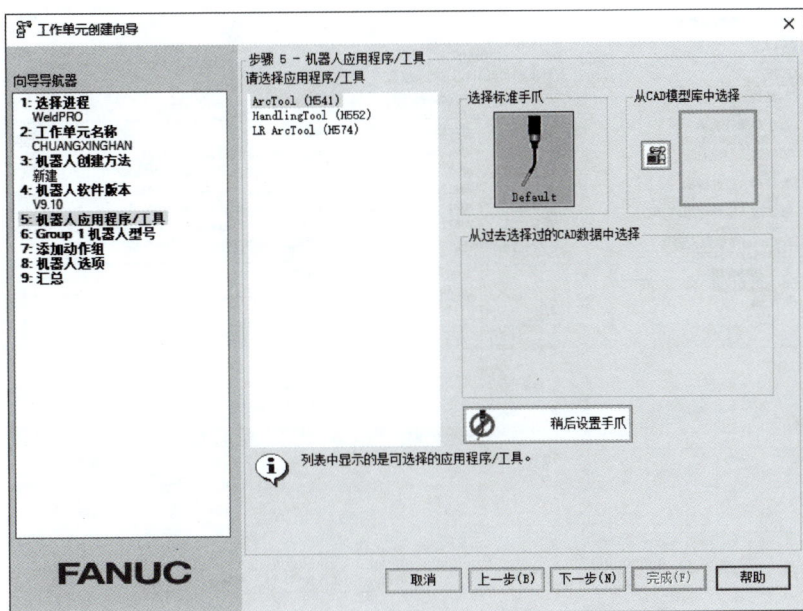

图 3-69　"步骤 5- 机器人应用程序 / 工具"界面

⑤ 在"步骤 6-Group 1 机器人型号"界面中，选择机器人型号为"M-10iA/12"，如图 3-70 所示，单击界面上的【下一步】按钮。

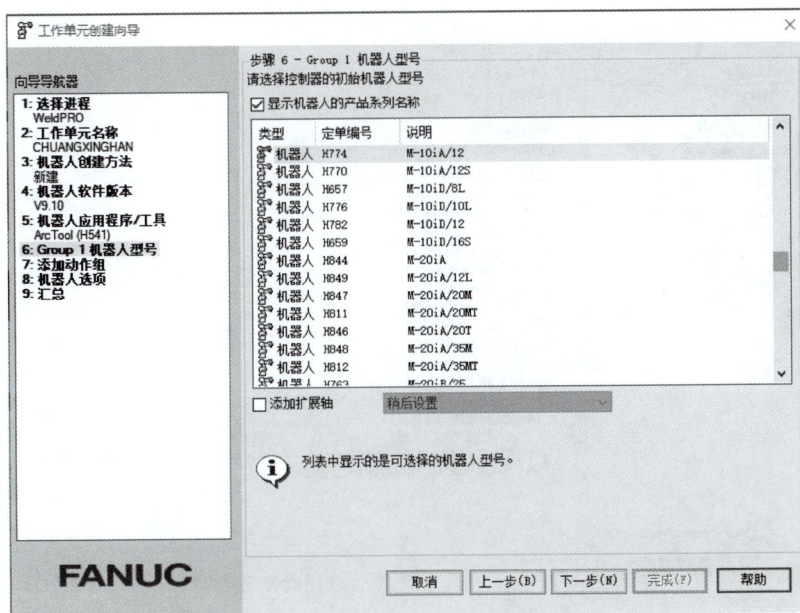

图 3-70　"步骤 6-Group 1 机器人型号"界面

⑥ 在"步骤7-添加动作组"界面中，选择"定单编号"和"组"分别为"H871"和"2"的变位机，如图 3-71 所示，单击界面上的【下一步】按钮，进入"步骤 8-机器人选项"界面。

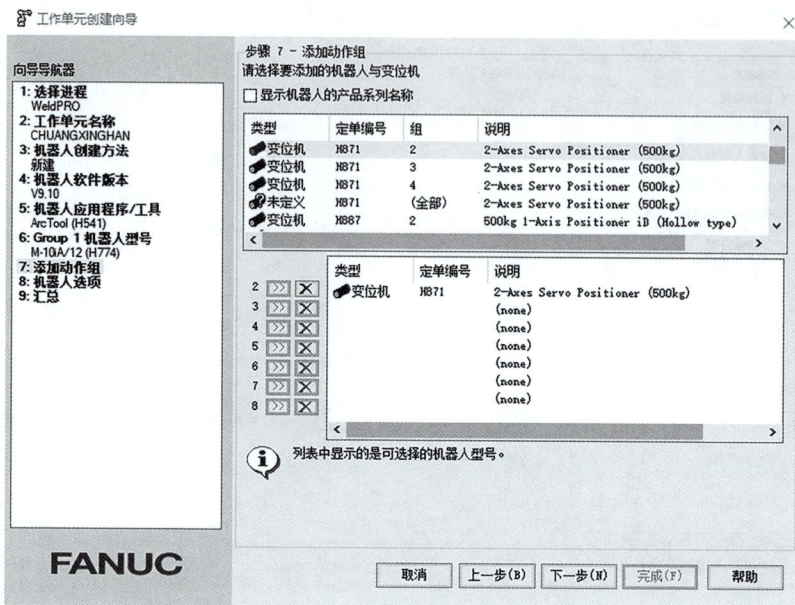

图 3-71 "步骤 7-添加动作组"界面

⑦ 在"步骤8-机器人选项"界面的【软件选项】选项卡中，勾选"Arc Weld Utility Pkg（R876）"选项，如图 3-72 所示，单击界面上的【下一步】按钮，进入"步骤 9-汇总"界面。

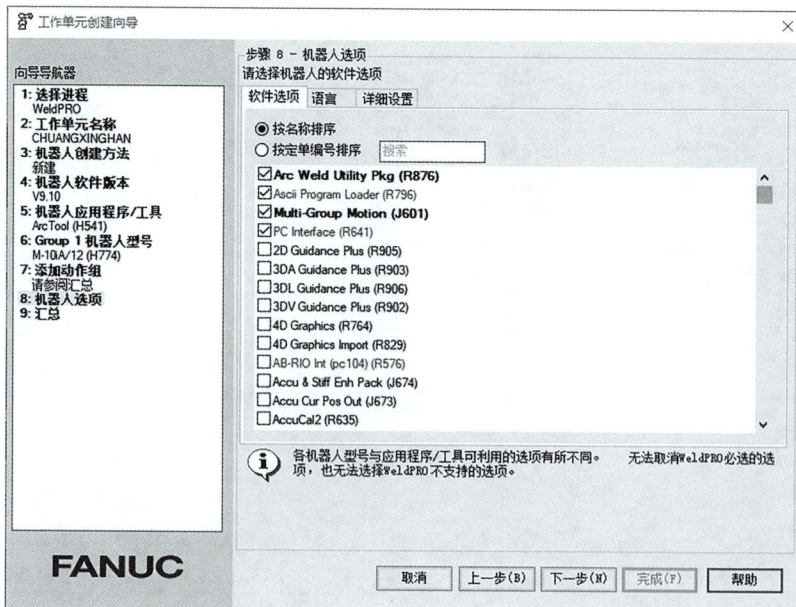

图 3-72 "步骤 8-机器人选项"界面

⑧ "步骤 9- 汇总"界面默认设置，单击界面上的【完成】按钮，弹出"初始化启动 -法兰类型选择"界面，通过【数字键】选择"1：Normal Flange"，如图 3-73 所示，点按【回车键】确认，弹出"初始化启动 - 机器人类型设置"界面。

⑨ 在"初始化启动 - 机器人类型设置"界面中，通过【数字键】选择"1.ARC Mate 100iC/12（3kg mode）"，如图 3-74 所示，点按【回车键】确认，弹出"初始化启动 - 线缆铺设类型设置"界面。

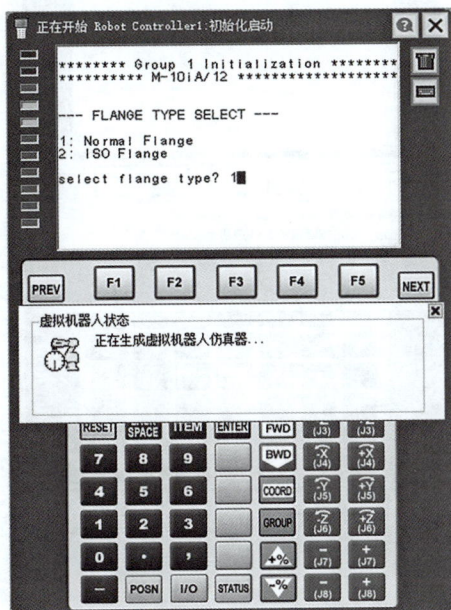

图 3-73　"初始化启动 - 法兰类型选择"界面

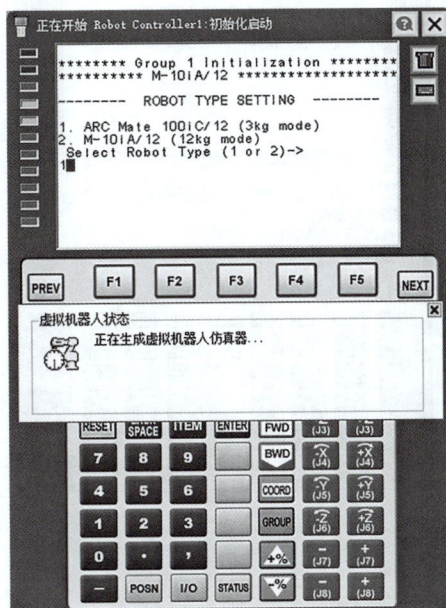

图 3-74　"初始化启动 - 机器人类型设置"界面

⑩ 在"初始化启动 - 线缆铺设类型设置"界面中，通过【数字键】选择"1.Cable integrated J3 arm"，如图 3-75 所示，点按【回车键】确认，弹出"初始化启动 -J1 轴动作范围设置"界面。

⑪ 在"初始化启动 -J1 轴动作范围设置"界面中，通过【数字键】选择"1.-170 ..170［deg］"，如图 3-76 所示，点按【回车键】确认，弹出"初始化启动 - 变位机负载设置"界面。

⑫ 在"初始化启动 - 变位机负载设置"界面中，通过【数字键】输入"500"，如图 3-77 所示，点按【回车键】确认，弹出"初始化启动 - 抱闸编号设置"界面。

⑬ 在"初始化启动 - 抱闸编号设置"界面中，通过【数字键】在输入抱闸编号［1］行输入"2"，点按【回车键】确认，在输入抱闸编号［2］行输入"3"，如图 3-78 所示，点按【回车键】确认，弹出

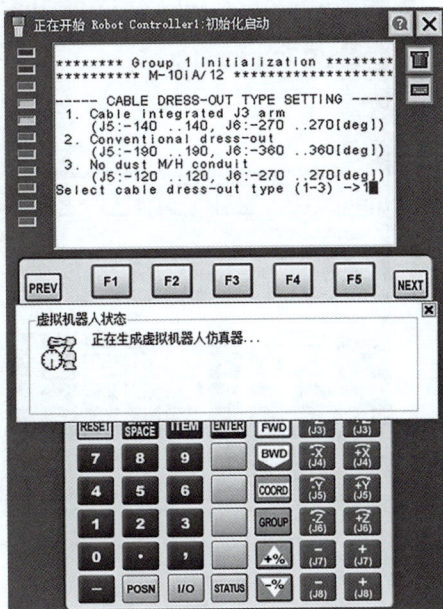

图 3-75　"初始化启动 - 线缆铺设类型设置"界面

"初始化启动 -FSSB 配置设置"界面。

⑭ 在"初始化启动 -FSSB 配置设置"界面中，通过【数字键】输入"1"，点按【回车键】确认，在"Enter hardware start axis"栏输入"7"，如图 3-79 所示，点按【回车键】确认，弹出"初始化启动 - 放大器编号设置"界面。

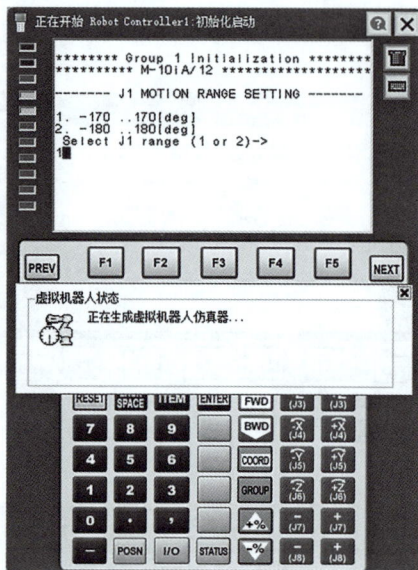

图 3-76 "初始化启动 -J1 轴动作范围设置"界面

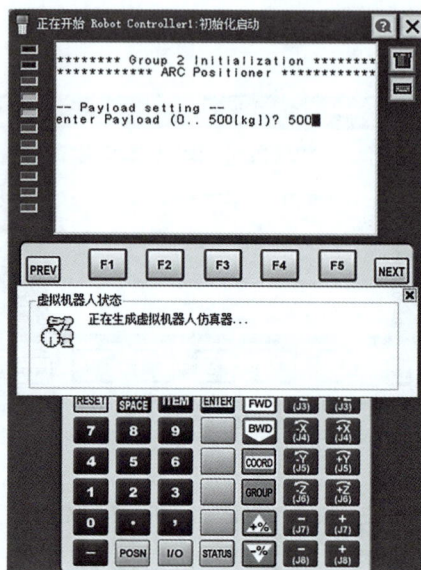

图 3-77 "初始化启动 - 变位机负载设置"界面

图 3-78 "初始化启动 - 抱闸编号设置"界面

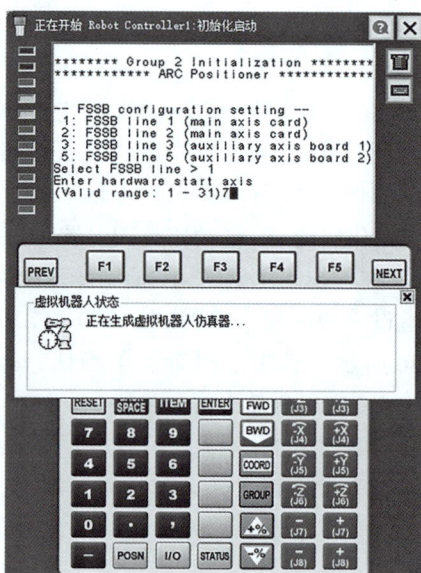

图 3-79 "初始化启动 -FSSB 配置设置"界面

⑮ 在"初始化启动 - 放大器编号设置"界面中，通过【数字键】输入"2"，如图 3-80 所示，点按【回车键】确认，弹出"初始化启动 - 放大器类型设置"界面。

⑯ 在"初始化启动 - 放大器类型设置"界面中，通过【数字键】输入"2"，如图 3-81 所示，点按【回车键】确认，开始生成虚拟机器人仿真器，成功创建工作单元。

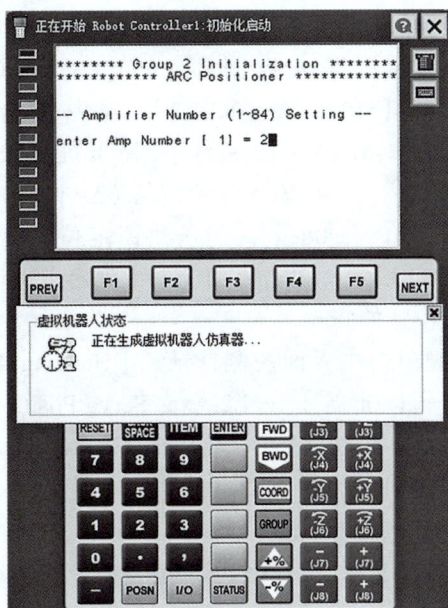

图 3-80　"初始化启动 - 放大器编号设置"界面　　图 3-81　"初始化启动 - 放大器类型设置"界面

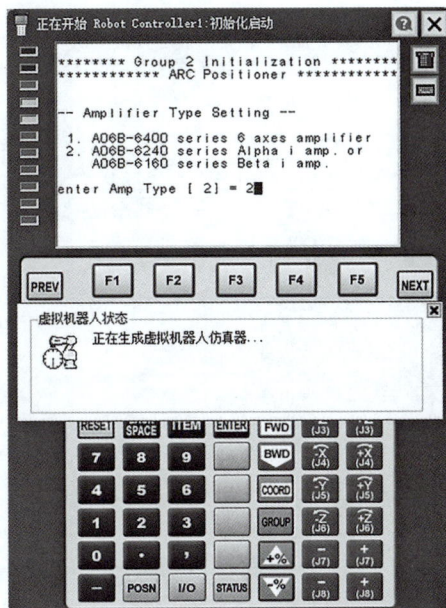

（2）设置空间布局

① 添加机器人底座。右键单击主界面左侧目录树【HandingPRO Workcell】→【机器人控制器】→【C：1-Robot Controller】→【GP：1-M-10iA/12】→【管线】→【线缆】，选中快捷菜单上的【添加管线】→【基座】→【CAD 文件】，弹出"搜索链接的 3D 模型"界面，选择"机器人底座"模型，如图 3-82 所示。单击界面上的【打开】按钮，弹出"机器（机器人底座）"属性界面。

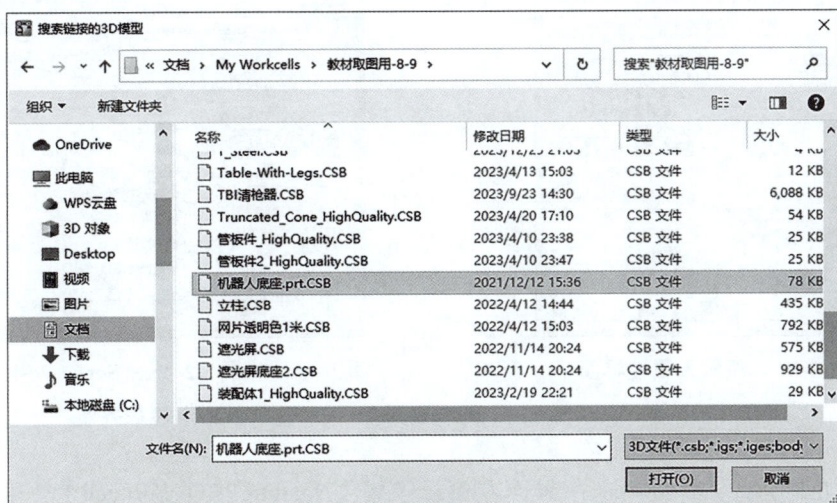

图 3-82　搜索链接的 3D 模型界面

② 在机器"机器人底座"属性界面的"位置"栏输入位置信息（X=727mm，Y=-1336mm，Z=-1552mm，W=P=R=0deg），勾选"锁定位置"选项，如图 3-83 所示，单击界面上的【确定】按钮，完成机器人底座的添加。

③ 右键单击主界面左侧目录树【HandingPRO Workcell】→【机器人控制器】→【C：1-Robot Controller】→【GP：1-M-10iA/12】，选中快捷菜单上的【GP：1-M-10iA/12 属性】，弹出机器人属性界面，在"位置"栏输入位置信息（X=Y=0mm，Z=454mm，W=P=R=0deg），勾选"锁定位置"选项，如图 3-84 所示，单击界面上的【确定】按钮，完成机器人位置的修改。

④ 右键单击主界面左侧目录树【HandingPRO Workcell】→【机器】→【2-Axes Servo Positioner（500kg）】，选中快捷菜单上的【2-Axes Servo Positioner（500kg）属性】，弹出机器"2-Axes Servo Positioner（500kg）"属性界面，在"位置"栏输入位置信息（X=1020mm，Y==Z=0mm，W=P=R=0deg），勾选"锁定位置"选项，如图 3-85 所示，单击界面上的【确定】按钮，完成变位机位置的修改。

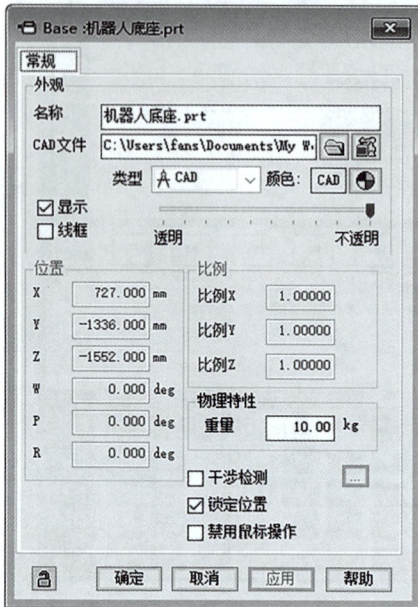

图 3-83 机器"机器人底座"属性界面

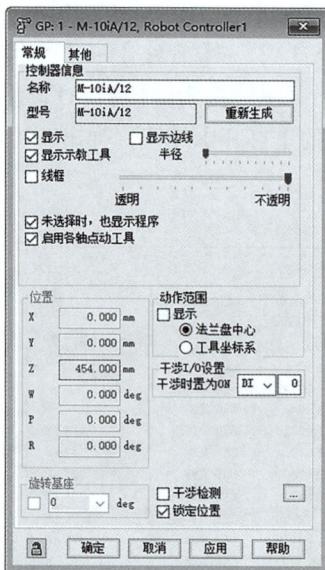

图 3-84 机器人属性界面

图 3-85 机器"2-Axes Servo Positioner（500kg）"属性界面

⑤ 添加焊丝盘。右键单击主界面左侧目录树【HandingPRO Workcell】→【机器人控制器】→【C：1-Robot Controller】→【GP：1-M-10iA/12】→【管线】，选中快捷菜单上

的【添加管线】→【1 轴】→【CAD 模型库】，弹出 "CAD 模型库" 界面，选择 "ARC_Mate120iC_WireReelStand"，如图 3-86 所示，单击界面上的【确定】按钮，弹出机器 "ARC_Mate120iC_WireReelStand" 属性界面。

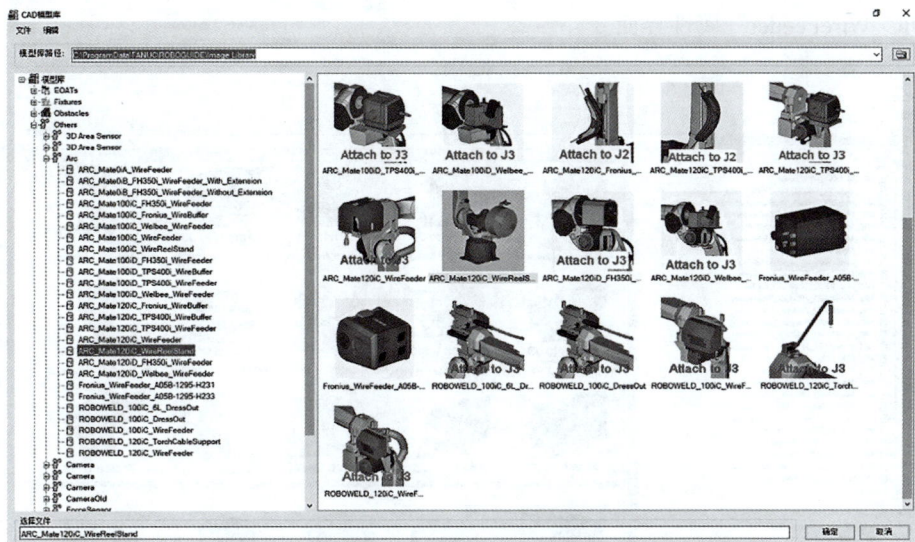

图 3-86 "CAD 模型库" 界面

⑥ 在机器 "ARC_Mate120iC_WireReelStand" 属性界面的 "位置" 栏输入位置信息（X=0mm，Y=12mm，Z=7mm，W=P=R=0deg），"比例" 栏输入比例信息（X=Y=Z=0.8），勾选 "锁定位置" 选项，如图 3-87 所示，单击界面上的【确定】按钮，完成焊丝盘的添加。

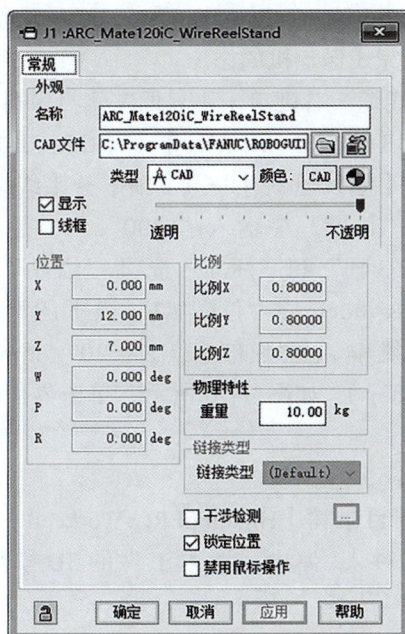

图 3-87 机器 "ARC_Mate120iC_WireReelStand" 属性界面

⑦ 添加送丝机。右键单击主界面左侧目录树【HandingPRO Workcell】→【机器人控制器】→【C：1-Robot Controller】→【GP：1-M-10iA/12】→【管线】，选中快捷菜单上的【添加管线】→【3 轴】→【CAD 模型库】，弹出"CAD 模型库"界面，选择"ARC_Mate120iC_WireFeeder"，如图 3-88 所示，单击界面上的【确定】按钮，弹出机器"ARC_Mate120iC_WireFeeder"属性界面。

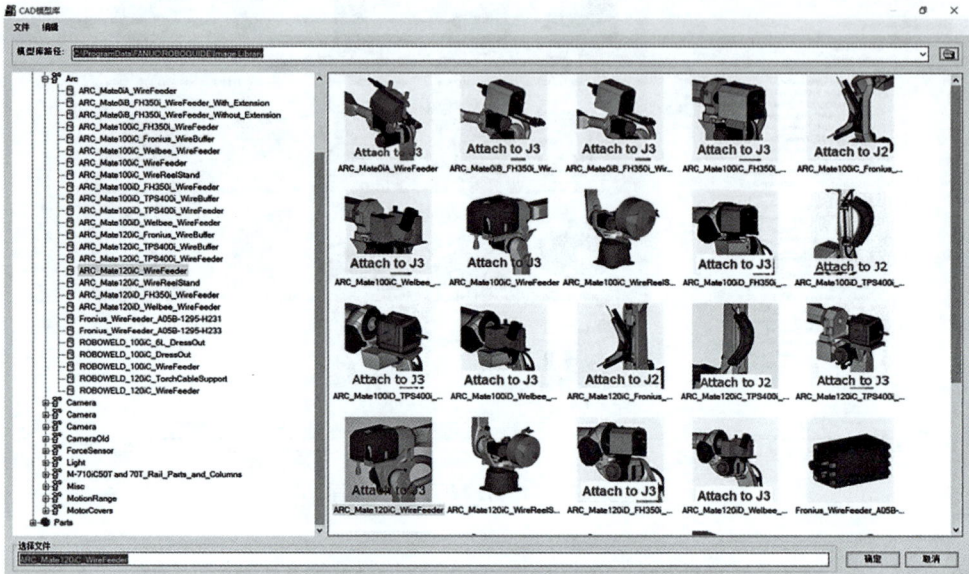

图 3-88　"CAD 模型库"界面

⑧ 在机器"ARC_Mate120iC_WireFeeder"属性界面的"位置"栏输入位置信息（X=−50mm，Y=20mm，Z=0mm，W=P=R=0deg），勾选"锁定位置"选项，如图 3-89 所示，单击界面上的【确定】按钮，完成送丝机的添加。

⑨ 添加焊丝盘—送丝机线缆。右键单击主界面左侧目录树【HandingPRO Workcell】→【机器人控制器】→【C：1-Robot Controller】→【GP：1-M-10iA/12】→【管线】→【线缆】，选中快捷菜单上的【添加管线】→【1 轴】→【线缆】，弹出线缆属性界面。

⑩ 在线缆属性界面中，"长度"栏输入"1200"，"半径"栏输入"10"，"位置 #1"栏下的"依赖目标"栏选择"3 轴"和"标准"选项，"位置"栏输入位置信息（X=0mm，Y=0mm，Z=168mm，W=P=R=0deg）；"位置 #2"栏下的"依赖目标"栏选择"1 轴"和"标准"选项，"位置"栏输入位置信息（X=−207.5mm，Y=216mm，Z=−324mm，W=90deg，P=0deg，R=−6.5deg），如图 3-90 所示，单击界面上的【确定】按钮，完成送丝机的添加。

（3）为工作单元添加工件

① 右键单击主界面左侧目录树【HandingPRO Workcell】→【工件】，选中快捷菜单上【添加工件】→【CAD 文件】，弹出"搜索工件的 3D 模型"界面，选择"管板件_HighQuality"模型，如图 3-91 所示。

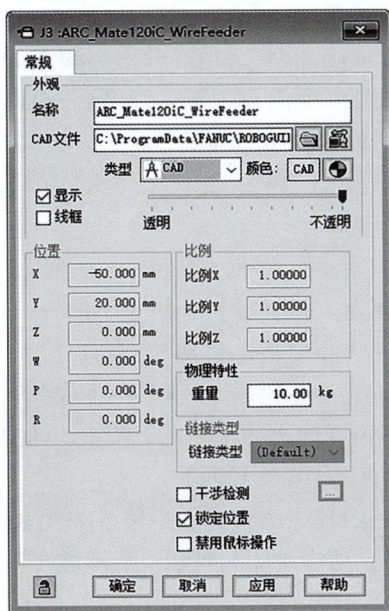

图 3-89　机器"ARC_Mate120iC_WireFeeder"
　　　　 属性界面

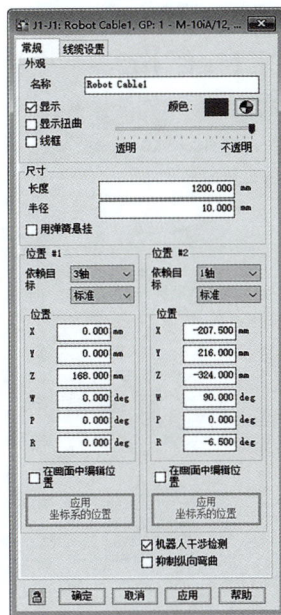

图 3-90　线缆属性界面

图 3-91　"搜索工件的 3D 模型"界面

② 单击界面上的【打开】按钮，弹出工件"管板件 _HighQuality"属性界面，单击界面上的【确定】按钮，完成工件的添加。

（4）为变位机关联工件

① 右键单击主界面左侧目录树【HandingPRO Workcell】→【机器】→【2-Axes Servo Positioner（500kg）】→【G：2，J：1 - 2-Axes Servo Positioner J1】→【G2，J：2 -2-Axes Servo Positioner J2】，选中快捷菜单上【2-Axes Servo Positioner J2 属性】，弹出机器"2-Axes

Servo Positioner J2"属性界面。

② 在【工件】选项卡中勾选"管板件_HighQuality"选项，单击界面上的【应用】按钮，勾选"编辑工件偏移"选项，输入工件偏移信息（X=Y=Z=0mm，W=90deg，P=R=0deg），如图3-92所示，单击界面上的【确定】按钮，完成工件和变位机的关联。

（5）添加仿真程序

① 右键单击主界面左侧目录树【HandingPRO Workcell】→【机器人控制器】→【C：1-Robot Controller】→【程序】，选中快捷菜单上【创建TP程序】，弹出"创建程序"界面，在程序名称栏输入"CHUANGXINGHAN"，如图3-93所示。单击界面上的【确定】按钮，弹出编辑仿真程序界面（示教器的程序编辑界面）。

② 在示教器的程序编辑界面中输入如图3-94所示程序指令，焊接条件、动作次序和各示教点示教步骤可参考本项目任务4。

（6）开始仿真

单击工具栏的【运行面板】按钮，弹出"运行面板"界面，如图3-95所示。单击主界面左侧目录树

图3-92 机器"2-Axes Servo Positioner J2"属性界面

【HandingPRO Workcell】→【机器人控制器】→【C：1-Robot Controller】→【程序】→【CHUANGXINGHAN】，激活执行程序为"CHUANGXINGHAN"。单击"运行面板"界面的【执行】按钮，仿真程序"CHUANGXINGHAN"被执行，此时可确认船形焊动作。

图3-93 "创建程序"界面

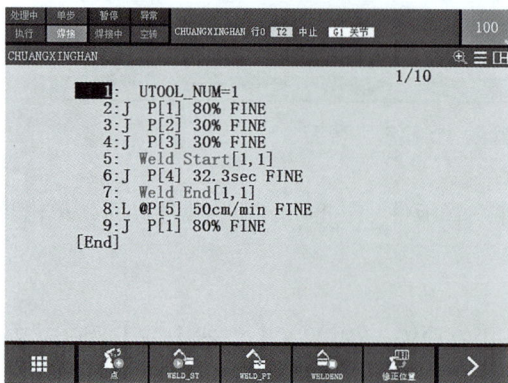

图3-94 示教器的程序编辑界面

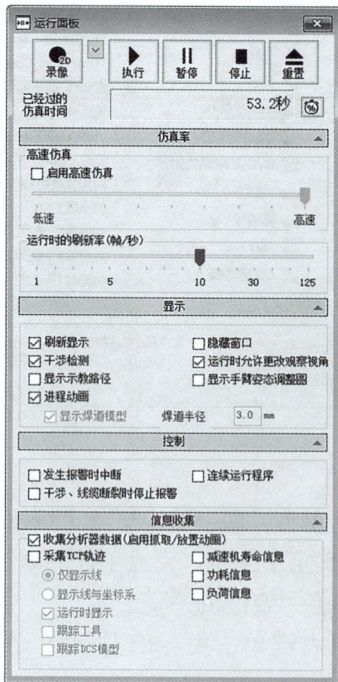

图3-95 "运行面板"界面

（7）程序分析

依次选择主界面菜单中的【试运行】→【分析器】，弹出分析器界面。勾选"运行面板"画面中的【信息收集】的"收集分析器数据"选项。单击"运行面板"界面的【执行】按钮，分析器画面中会显示程序执行信息，如图 3-96 所示。备注：可通过勾选"运行面板"画面中【信息收集】下的各个选项使分析器收集显示相应信息。

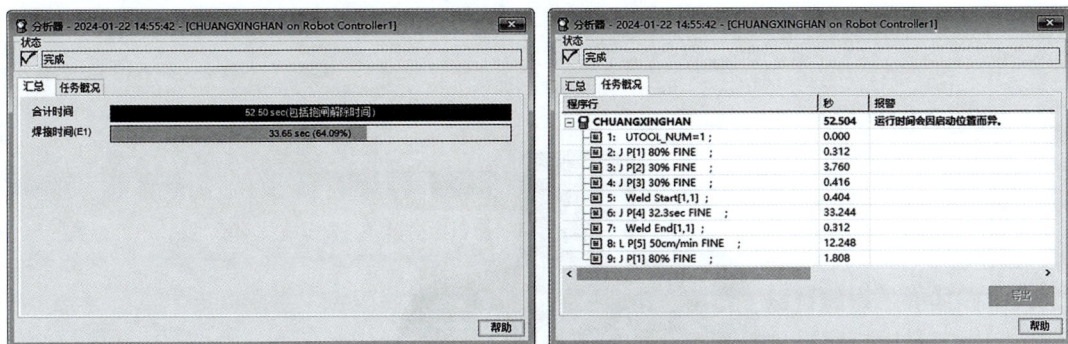

图 3-96 "分析器"界面

任务评价

任务评价见表 3-30。

表 3-30 任务评价表

评价内容	配分	评分标准	得分
焊接前初始化	15	1）作业开始前，机器人工具坐标系设置正确 2）作业开始前，末端执行器安装正确 3）作业开始前，机器人、变位器和外围设备的布局情况合理	
焊接过程	60	1）机器人和变位器能同时协同工作 2）焊接工艺配置正确 3）能通过仿真程序仿真起闭弧 4）焊接过程中机器人运行平稳，靠近焊件时慢，远离焊件时快 5）焊接时不要碰撞其他物料 6）焊接位置精准	
焊接完成	15	1）焊接完成后机器人能自动回到安全位置 2）焊接完成后变位机处于原始位置 3）焊接完成后焊枪处于枪头朝下状态	
安全意识	10	遵守安全操作规范要求	

任务拓展

复杂空间曲线焊缝包括多种形状和位置的焊缝，如球形、圆柱形、圆台壳体与圆形、异形法兰形成的相贯线等。其中，相贯线焊缝是一种常见的类型。相贯线是一种特殊的空间曲线，它描述两个或多个圆柱体或球体相交时所产生的曲线轮廓。由于相贯线独特的空间结构，离线编程被广泛应用于相贯线机器人焊接的轨迹编程。以图 3-97 所示管 - 管相贯线接头为例，机器人携带焊枪及使用富氩气体（如 Ar80%+$CO_2$20%）、直径为 1.2mm 的 ER50-6 实芯焊丝，完成相贯线机器人焊接，要求焊脚对称且尺寸为 6mm，焊缝呈凹形圆滑过渡，无咬边和气孔等焊接缺陷。如何调整机器人船形焊任务程序中的焊枪姿态和焊接参数？

钢管尺寸($\delta \times \phi \times L$)：
6mm×90mm×100mm

6mm

钢管尺寸($\delta \times \phi \times L$)：
8mm×140mm×260mm

图 3-97　管 - 管相贯线接头示意

实践报告——机器人船形焊仿真

院系		课程名称		日期	
姓名		学号		班级	
任务名称			成绩		

一、任务描述

二、任务要求

三、任务实施

四、任务评价

五、任务心得

项目 4
机器人智能化作业

当前，基于信息、材料、传感等多种技术的迭代与产业应用的融合创新，机器人愈加智能和灵活，其能力边界持续拓展，已能够胜任定位、导航、避障、跟踪、场景感知识别、行为预测等复杂工作，在深海探测、空间探索、紧急救援、防恐防暴等诸多领域释放更大价值。其中，机器视觉对机器人的环境适应性有着重要的影响。通过机器视觉技术，机器人能够感知和理解周围的环境，并根据环境的变化做出相应的调整和反应。

本项目通过视觉定位上料这一典型场景的任务编程，帮助学生了解手眼标定原理，熟悉机器人视觉集成方式，明晰基于视觉导引的机器人自适应上下料流程，深化对机器人视觉导引编程的理解。

◁ 学习目标

【价值塑造】

① 认同智能机器人装备在制造业中的地位和作用，尝试查找更多的智能机器人应用领域，增强发散思维，激发学习机器人的兴趣。树立"工欲善其事，必先利其器"的前瞻性意识，领悟到科技发展的巨大成果，认可国家在制造业转型升级的重大战略，增强责任意识。

② 对标中国制造业的发展现状，增强家国情怀和国家自信。树立"凡事预则立，不预则废"的安危意识，守好技术安全、能源安全、产业安全防线。鼓励学生勇于创新，善于思考，提升理实结合能力。

【知识运用】

① 能够归纳机器人工件坐标系设置的流程，采用三点/六点（接触）法和直接输入法设置机器人的工件坐标系。

② 能够识别工业视觉系统的组成，说明各组成部件的功能。

③ 能够归纳图像处理与识别导引的基本流程，基于手眼标定原理实现固定式和外置式机器人手眼标定。

【能力训练】

① 能够熟练使用示教盒查看和切换机器人坐标系。

② 能够调用坐标系指令完成机器人坐标系初始化。

③ 能够调用视觉传感器指令完成机器人自适应上料作业的任务编程。

◁ 学习导图

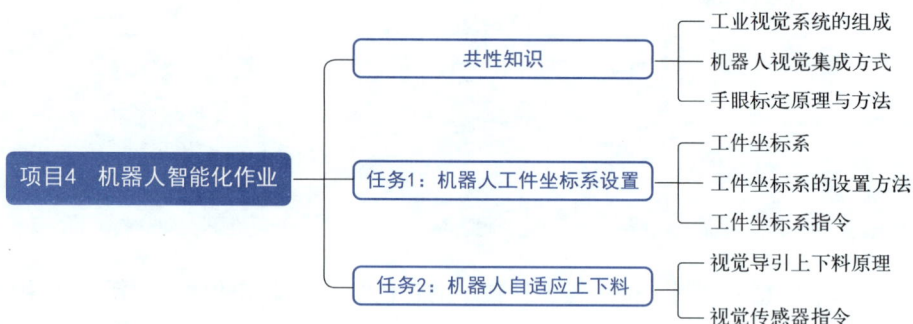

4.1 工业视觉系统的组成

机器视觉（Machine Vision）是人工智能领域的一个重要分支，其核心是通过光学装置和非接触式传感器，自动地接收和处理真实场景的图像，以实现自动化识别、检测、测量、定位和导引等功能。工业视觉（Industrial Vision）作为机器视觉的一个应用领域，主要应用于智能制造领域。它利用机器视觉技术来提高生产过程的自动化程度和智能化水平，从而实现工件的快速定位、测量、检测等重复性劳动的自动化。

工业视觉系统是用于采集目标环境的图像，并对之分析处理以获取目标物相关信息（如几何参数、位置姿态、表面形态及对象质量等）的软硬件系统。一套典型的工业视觉系统通常包括光源、镜头、工业相机、视觉控制器、机器视觉软件及相应的连接电缆组件等，如图 4-1 所示。

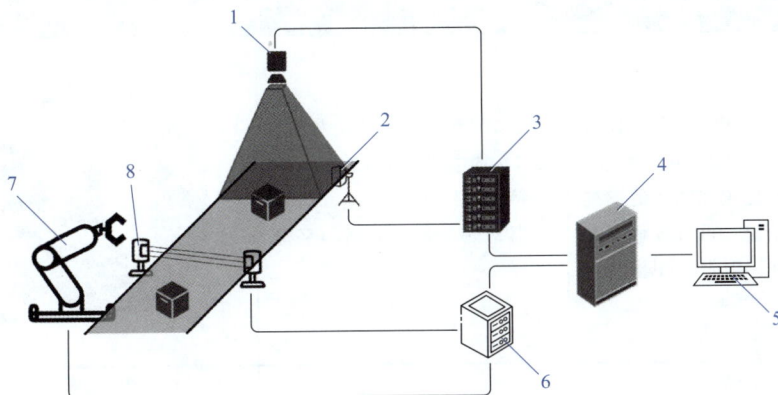

图 4-1　工业视觉系统

1—工业相机＋镜头；2—光源；3—视觉控制器；4—上位机（如 PLC）；5—人机交互设备；
6—运动控制器（如机器人控制器）；7—执行机构（如机器人本体）；8—辅助传感器

4.1.1　光源

光源是工业视觉系统的重要组成部分，它作为辅助成像设备，为目标环境的图像获取提供足够的光线。通过恰当的光源照明设计，能够强化特征、弱化背景，提高图像信息，简化软件算法，降低视觉系统设计的复杂度，而且能够提高系统的检测精度和速度。可见，光源的设计和选取往往直接决定工业视觉系统设计的成败，可以从波长、颜色、亮度、均匀性、稳定性和寿命等入手选型。

目前工业视觉光源主要包括可见光、部分红外光和部分紫外光。在可见光中，红色调的构成暖色光，蓝色调的构成冷色光。当被测物体的特征与光源色温不同时，会吸收光线，特征在图像中呈现黑色；当被测物体的特征与光源色温相同时，则会反射光线，特征在图像中呈现白色，如图 4-2 所示。红外光对塑料的穿透性好，可以将封装好的金属电路等内部元件显示出来。紫外光的波长短，穿透力强，能够应用于证件检测和金属表面划痕检测等。

(a) 目标物颜色　　　　　(b) 蓝光照射成像　　　　　(c) 红光照射成像

图 4-2　不同光照下的目标物成像

另外，常见的工业视觉光源包括LED（发光二极管）光源、卤素光源、高频荧光灯、光纤卤素灯等。这些光源各有特点，适用于不同的应用场景。LED光源是现代工业视觉照明中常用的光源之一，具有低能耗、长寿命、冷光源、响应速度快等优点。LED光源可以发出红、绿、蓝、黄等各种颜色的光线，广泛应用于各种静态和动态图像的采集、检测和识别等应用。从光源形状来看，LED光源可分为环形光源、背光源、条形光源、点光源等，这些不同的LED光源类型可以应用于各种不同的场合和需求，见表4-1。

表4-1 不同形状的LED光源及其使用场景

光源类别	光源特点	适用场景	光源示例
环形光源	提供不同照射角度、不同颜色组合，更能突出物体的三维信息，可有效解决对角照射阴影问题	PCB（印制电路板）检测、IC（集成电路）元件检测、显微镜照明、液晶校正、塑胶容器检测、集成电路印字检查等	
背光源	高密度LED阵列面提供高强度背光照明，能突出物体的外形轮廓特征，免受表面反光影响	机械零件尺寸测量、电子元件外形检测、胶片污点检测、透明物体划痕检测等	
条形光源	可以消除表面反光影响，性价比高，是大面积打光、较大方形结构被测物的首选光源	金属表面检查、图像扫描、表面裂缝检测、LCD（液晶显示屏）面板检测等	
同轴光源	可以消除物体表面不平整引起的阴影，减少干扰	最适用于反射度极高的物体，如金属、玻璃、胶片、晶片等表面的划伤检测，芯片和硅晶片的破损检测等	

续表

光源类别	光源特点	适用场景	光源示例
AOI（自动光学检验）光源	不同角度的三色光照明，照射凸显焊锡三维信息，外加漫射板导光，减少反光	专用于电路板焊锡检测、多层次物体检测等	
点光源	大功率 LED，体积小，发光强度高，尤其适合作为镜头的同轴光源，高效散热，寿命长	适合远心镜头使用，用于芯片检测、Mark 点定位、晶片及液晶玻璃基底校正等	

注：AOI 光源是采用 RGB 三色高亮度 LED 阵列而成，以不同角度及不同颜色照射物体的光源。

4.1.2　镜头

作为工业视觉系统的眼睛，镜头在光束调制和聚焦图像方面起着至关重要的作用，将目标场景的图像准确地投射到工业相机光学传感器上。镜头的质量对于视觉系统的整体性能具有直接影响，可以从焦距❶、光阑系数和接口类型等入手选型。

镜头的分类多种多样，根据不同的维度可以进行不同的分类。在实际应用中，需要根据具体的需求选择合适类型的镜头，以确保获得高质量的图像和稳定的视觉系统性能。根据焦距，镜头可以分为定焦镜头、变焦镜头和增倍镜，如图 4-3 所示。这几种镜头各有特点，适用于不同的应用场景。定焦镜头焦距固定，结构简单，成像质量优异；变焦镜头可以通过调节焦距来改变视角，便于观察不同距离的物体；增倍镜则可以增加镜头的倍数，用于放大微小物体或远距离目标。按接口类型，镜头可以分为 C 接口镜头、CS 接口镜头、U 接口镜头和特殊接口镜头等。这些不同类型的接口适用于不同的工业相机和相机支架，需要根据具体的应用场景选择合适的接口类型。

4.1.3　工业相机

工业相机是视觉系统的核心组件，负责捕捉目标（物）环境图像，能够将光线转换为电子信号，再转换为数字图像。相机的选择直接影响到目标物图像采集的质量，如分辨率、色彩和动态范围等。因此，在选择相机时，需要综合考虑传感器芯片、像元尺寸、帧率、数据传输和通信接口等多个因素。

工业相机有多种分类方式，不同的分类方式可以满足不同的应用需求。按照传感

❶　焦距（f）是相机镜头中透镜到图像传感器的距离，决定了拍摄范围和图像的放大倍数。

器芯片类型，工业相机可分为CCD（Charge Coupled Device，电荷耦合）相机和CMOS（Complementary Metal Oxide Semiconductor，互补金属氧化物半导体）相机。CCD相机在色彩还原和动态范围等方面表现较好，但价格较高，比较适合高端图像应用领域，如科学和医学研究等；而CMOS相机具有较高的集成度和较低的价格，但性能可能稍逊于CCD相机，适用于批量大、有空间和重量限制而图像质量要求不高的领域，如数字或文字识别、易区分的缺陷检测、简单物体几何分类、简单场景自动导航等。

(a) 定焦镜头　　　　　(b) 变焦镜头　　　　　(c) 增倍镜

图4-3　定焦镜头、变焦镜头和增倍镜

同时，按照传感器结构特性，工业相机又可分为线阵相机和面阵相机，如图4-4所示。线阵相机工作时类似于扫描仪，一行或多行像素进行循环曝光（具体扫描顺序不同相机略有区别），在计算机上逐行生成一帧完整图像，一般需要配备运动装置（如云台或滑轨等），扫描速度比较快，适合应用在特殊场合，如大面积检测、高速检测、强反光检测，以及印刷、纺织等行业；面阵相机则是像素点按矩阵排列，传感器曝光（行曝光或帧曝光）完成后直接输出一帧图像，适用于二维图像的获取，如产品外观、尺寸和缺陷等检测。此外，按照输出色彩，工业相机还可分为单色（黑白）相机和彩色相机。单色相机只能获取黑白图像，而彩色相机可以获取彩色图像。

(a) 线阵相机　　　　　　　　　　　(b) 面阵相机

图4-4　线阵相机和面阵相机

4.1.4　视觉控制器

视觉控制器是整套工业视觉系统的中心枢纽，负责处理从相机捕获的图像，执行预处理、特征提取、图像分析等任务，并输出目标物的各种信息。具体来说，视觉控制器中的图像采集模块负责收集工业相机拍摄的图像数据，并将其传输到图像处理器中进行处理。图像处理器可以对图像进行预处理、特征提取、模式识别等操作，并输出相应的控制信号。这些控制信号可以用于控制执行机构，如机器人的运动轨迹、抓取位置等，从而实现自动化操作。由于需要与各种不同的设备进行通信和控制连接，视觉控制器相较于一般计算机，拥有更丰富的外设接口，如图像采集接口、运动控制接口、网络接口、I/O 接口等，如图 4-5 所示。

图 4-5　视觉控制器

4.1.5　机器视觉软件

机器视觉软件是用于实现自动化检测、识别和定位等功能的工具集合，它能够模拟人类的视觉功能，实现对图像的采集、处理、分析和理解。机器视觉软件可以分为通用型和专用型两类。通用型软件适用于各种不同的应用场景，具有较为通用的图像处理和分析功能，如 Halcon、OpenCV 等。专用型软件则是针对特定的应用领域进行开发的，具有更强的针对性和适用性，如专门用于表面缺陷检测、条码识别、人脸识别等领域的软件，见表 4-2。视觉控制器通过运行机器视觉软件来执行图像处理、分析和特征提取等任务。

表 4-2　机器视觉专用型软件（以 FANUC 机器人为例）

功能类别	功能输出	功能软件	功能示例
导引	目标物 2D、3D 位姿或偏移量（补正数据）	*i*RVision Visual Tracking *i*RPickTool	

续表

功能类别	功能输出	功能软件	功能示例
定位	目标物 2D、3D 位姿或偏移量（补正数据）	*i*RVision 2D Vision Application *i*RVision 3D Laser Vision Sensor Application *i*RVision Bin Picking Application	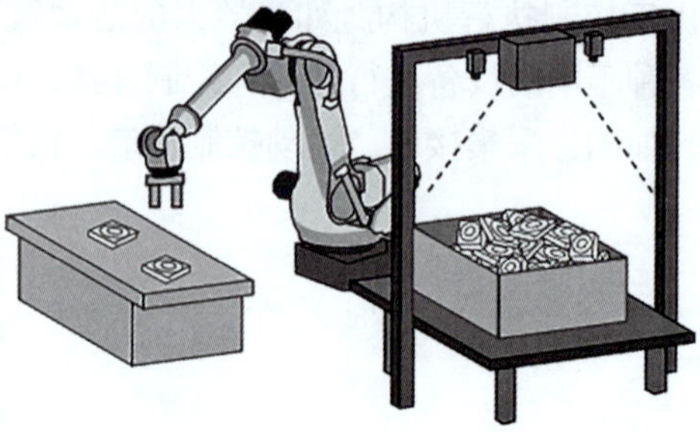
测量	目标物长度、圆心坐标、半径等	*i*RVision Inspection Application	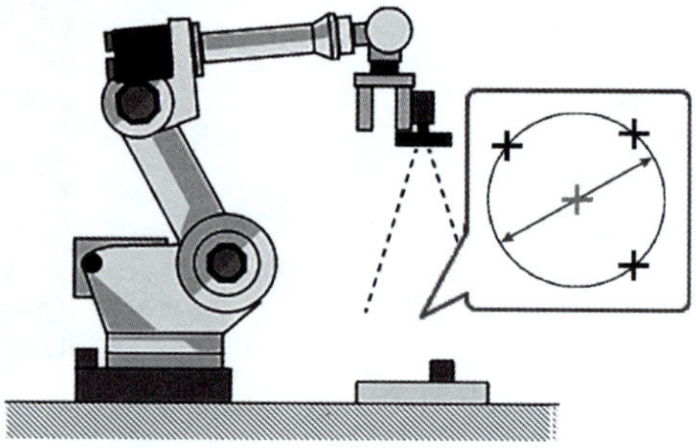
检测	目标物表面质量判定，如通过、不通过等	*i*RVision Inspection Application	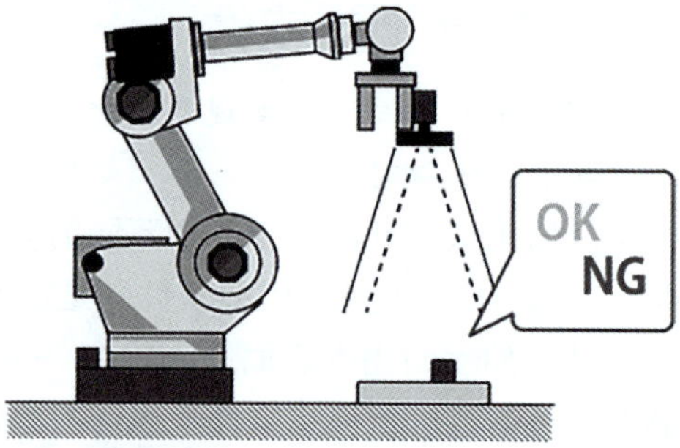
识别	ID 识别信息，如识别字符串、识别字符串的中心位置和 ID 的外接矩形等	*i*RVision 2D Camera Application	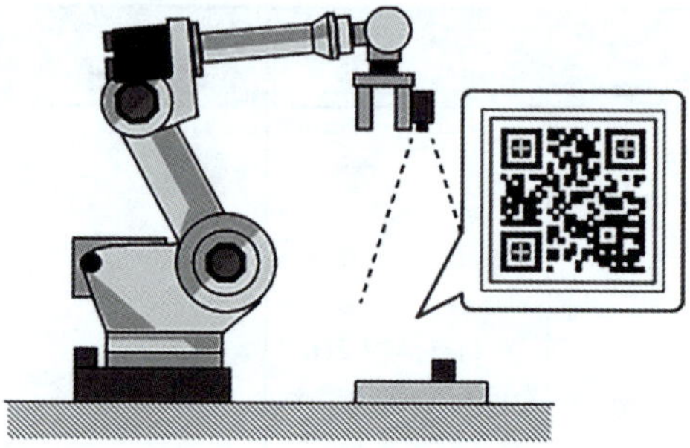

综上，工业视觉系统软硬件的联动过程主要涉及图像捕获、图像处理和图像理解三大环节，如图 4-6 所示。在整个工作过程中，首先系统待光照条件、相机参数及工作环境等因素

稳定后，通过 CCD 相机或 CMOS 相机等组件对目标对象进行光学成像和图像采集；其次对采集到的目标原始图像进行增强、滤波和分割等预处理，以提高图像质量并降低后续处理的难度；最后采用特征提取和识别定位算法对预处理后的图像进行分析与解释，进而转换为符号，使机器能够辨识目标并确定其位置。这一步通常涉及深度学习、强化学习等高级算法的应用，用于实现高精度和高可靠性的目标检测、识别和定位等功能。

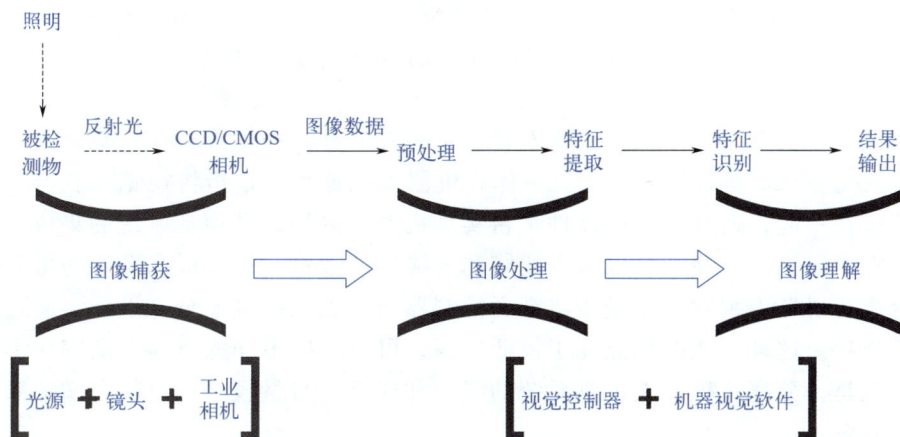

图 4-6　工业视觉系统工作过程

4.2　机器人视觉集成方式

　　研究显示，人类从外部世界获取的信息中有 70% 是通过视觉获得的，这表明视觉信息在人类感知和认知中扮演着至关重要的角色。机器人视觉是当前智能机器人领域研究的热点之一，它通过模拟人类的视觉感知功能，使机器人能够识别、定位和跟踪目标，从而更高效、准确和可靠地执行任务。

　　机器人视觉系统的集成方式多种多样，根据不同的应用场景和需求，可以选择不同的集成方式。根据相机安装方式不同，机器人视觉系统可以分为外置式系统、固定式系统和运动式系统，如图 4-7 所示。外置式系统是工业相机安装在机器人手腕上，即"眼"在"手"上（eye-in-hand）。由于相机可随机器人运动，因此可以使用一台工业相机对不同目标区域进行拍照，或改变相机与工件之间的距离。该方式的不足在于拍照时机器人通常停止运动，光源容易被机器人或外围设备干涉，以及相机连接电缆容易磨损而降低寿命。固定式系统是工业相机安装在固定支架上，始终从相同距离观察目标对象，即"眼"在"手"外（eye-to-hand）。由于相机可在机器人作业时并行拍照，能节省作业时间，不足之处在于拍照区域固定，而且一旦相机与机器人的相对位姿改变，须重新进行手眼标定。运动式系统是工业相机安装在可移动部件上，如云台或滑轨等。同为"眼"在"手"外，运动式系统集成方式适用于大型工件检测或多机器人协调（同）作业场合。

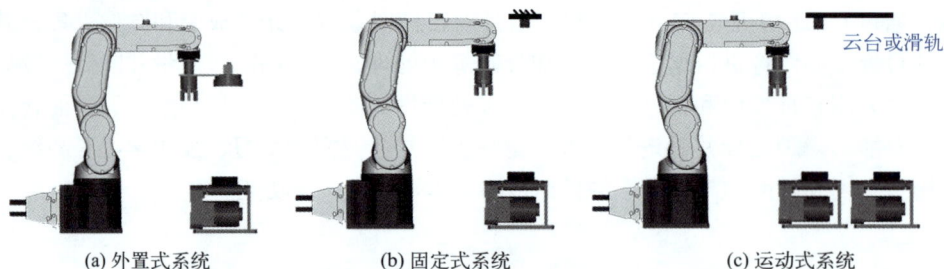

(a) 外置式系统　　　　　　　　　(b) 固定式系统　　　　　　　　　(c) 运动式系统

图 4-7　外置式、固定式和运动式机器人视觉系统

　　按照视觉控制器集成方式，机器人视觉系统可以分为一体式机器人视觉系统和分离式机器人视觉系统，如图 4-8 所示。一体式机器人视觉系统是指将视觉控制器与机器人控制器集成在一起，通过统一的软件平台实现机器人的控制和视觉系统的集成。这种方式的优点在于简洁、方便，可以减少线缆和连接器的数量，能够提高系统的可靠性和实时性。分离式机器人视觉系统是指将视觉控制器与机器人控制器分开设置，通过线缆或无线网络连接。这种方式的优点在于灵活性高，可以适应不同的机器人品牌和不同的应用场景。但是，分离式机器人视觉系统的线缆和连接器数量较多，可能会增加系统的复杂性和故障率。

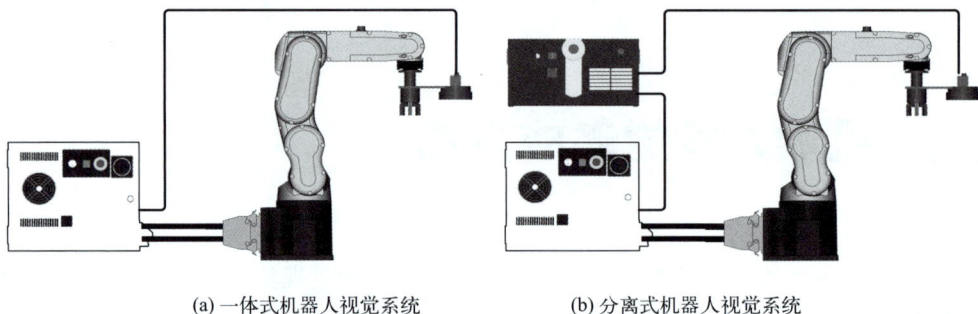

(a) 一体式机器人视觉系统　　　　　　　　　(b) 分离式机器人视觉系统

图 4-8　一体式和分离式机器人视觉系统

4.3　手眼标定原理与方法

　　手眼标定是工业机器人智能系统集成应用技术中的重要环节，主要解决工业视觉系统与工业机器人之间坐标系不一致的问题，其重要性不言而喻。

4.3.1　标定缘由

　　通过引入机器视觉技术，以工业机器人为代表的数字化装备将增"观"提"智"，如机器人检测、机器人定位等。但是，在实际应用中，工业视觉系统输入的是一个三维的实际物理环境，而输出的是一幅二维图像。那么，一个场景是如何从三维变成二维的？又该如何将二维图像空间中的目标物位姿及其变化与工业机器人在三维空间中的运动相匹配？这就需要建立视觉系统（眼）与工业机器人（手）之间的坐标转换关系，统一"度量衡"，此过程即为"手眼标定"。

工业机器人手眼标定是指将工业机器人坐标系与视觉系统坐标系关联起来，可以机座坐标系（$O_b X_b Y_b Z_b$）为基准，将工业机器人坐标系中的工件坐标系（$O_j X_j Y_j Z_j$，固定式系统）或工具坐标系（$O_t X_t Y_t Z_t$，外置式系统）和视觉系统坐标系中的像素坐标系（OUV），通过相机坐标系（$O_c X_c Y_c Z_c$）建立转换关系，如图4-9所示。概况来讲，工业机器人坐标系和视觉系统坐标系的统一过程包括机座坐标系（$O_b X_b Y_b Z_b$）与工件坐标系（$O_j X_j Y_j Z_j$，固定式系统）或工具坐标系（$O_t X_t Y_t Z_t$，外置式系统）之间的精确转换，以及工件坐标系（$O_j X_j Y_j Z_j$，固定式系统）或工具坐标系（$O_t X_t Y_t Z_t$，外置式系统）与像素坐标系（OUV）之间的精确转换两大步骤。前者可通过机器人工具、工件坐标系设置实现；后者可通过相机标定予以实现。

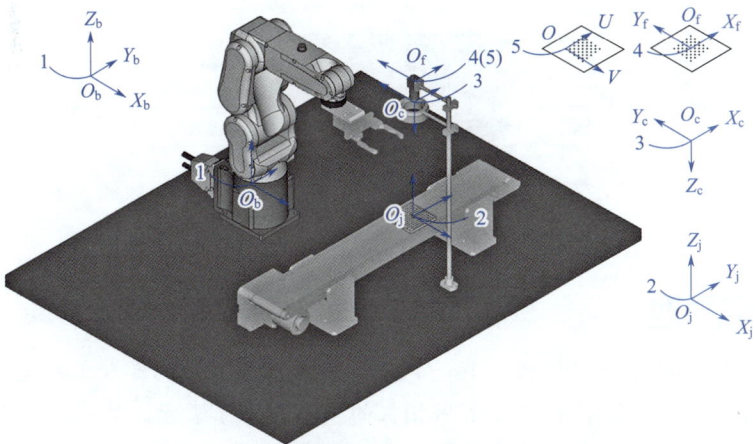

(a) 固定式(eye-to-hand)

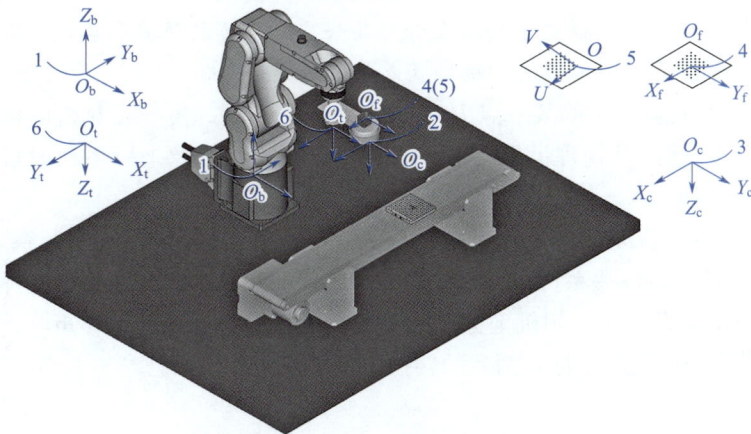

(b) 外置式(eye-in-hand)

图4-9 工业机器人视觉系统坐标系示意

1—机座坐标系（$O_b X_b Y_b Z_b$）；2—工件坐标系（$O_j X_j Y_j Z_j$）；3—相机坐标系（$O_c X_c Y_c Z_c$）；
4—图像坐标系（$O_f X_f Y_f$）；5—像素坐标系（OUV）；6—工具坐标系（$O_t X_t Y_t Z_t$）

为便于相机标定理解，不妨把工业相机看成一个函数，其输入为三维场景，输出为二维图像。从三维世界到二维世界的映射关系是不可逆的，也就是说无法仅通过一张二维图像重建真实的三维世界，如图 4-10 所示。相机标定通过捕获带有特定图案的标定物来计算工业相机的参数，用简单的数学模型来表达复杂的成像过程。求解这个数学模型，也就是求解相机的参数（内参和外参）。一旦建立相机的数学模型，就可以将目标在二维图像空间的位姿（变化）信息反馈给上位机或机器人控制器，导引机器人在三维物理空间运动，进而更好地适应不同的作业环境和任务需求。

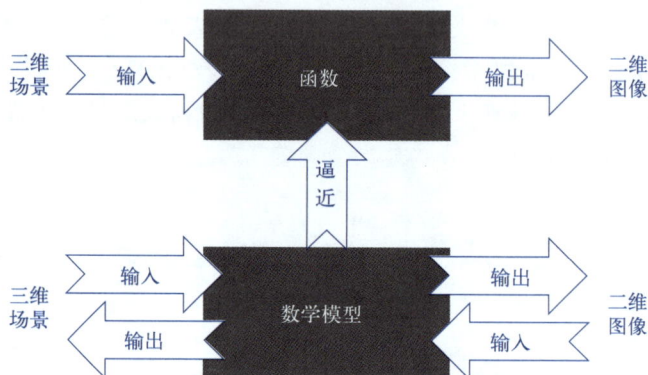

图 4-10 相机标定模型

4.3.2 标定原理

相机标定是指确定像素坐标系与某一物理世界坐标系（如机器人工具坐标系或工件坐标系）之间的转换关系，这种转换关系用相机的内参与外参表示。内参描述了相机本身的几何特性和光学特性，指相机的内部参数，包括焦距（f）、主点坐标（u_0，v_0）、像素尺寸（dx，dy）等，它定义了图像平面与相机坐标系之间的关系，内参往往在相机出厂时被确定，使用过程中保持不变。外参描述了相机在外部某一坐标系下的位置和姿态，其参数包括旋转矩阵和平移向量等，通常因不同的相机位置或拍摄时刻而变化。

从三维物理世界坐标中的某一点 $P(x_{\text{w}}, y_{\text{w}}, z_{\text{w}})$ 出发，推导在相机的像素坐标系中的成像点 $P(u, v)$，这涉及物理世界坐标系、相机坐标系、图像坐标系和像素坐标系四个坐标系之间的三步转换。

首先，考虑某一物理世界坐标系中的点 $P(x_{\text{w}}, y_{\text{w}}, z_{\text{w}})$ 到相机坐标系 $P(x_{\text{c}}, y_{\text{c}}, z_{\text{c}})$ 的对应关系，两者的转换关系可以通过矩阵 $\boldsymbol{R}$、$\boldsymbol{T}$ 表征。其中，$\boldsymbol{R}$ 是相机坐标系相对于物理世界坐标系的旋转矩阵，$\boldsymbol{T}$ 是相机坐标系相对于物理世界坐标系的平移矩阵，即相机的中心（O_{c}）在物理世界坐标系的坐标。两者的转换关系可用矩阵表示为

$$\begin{bmatrix} x_{\text{c}} \\ y_{\text{c}} \\ z_{\text{c}} \\ 1 \end{bmatrix} = \begin{bmatrix} \boldsymbol{R}_{3\times3} & \boldsymbol{T}_{3\times1} \\ O & 1 \end{bmatrix} \begin{bmatrix} x_{\text{w}} \\ y_{\text{w}} \\ z_{\text{w}} \\ 1 \end{bmatrix} \tag{4-1}$$

其次，考虑相机坐标系到图像坐标系的转换，如图 4-11 所示。假设点 $P(x_{\text{c}}, y_{\text{c}}, z_{\text{c}})$

经过相机的光心 O_c（相机镜头的中心）后投影到成像平面上，成像平面是与 $X_cO_cY_c$ 平面平行且距离光心为焦距 f 的平面。在图像坐标系中，点 $P(x_c, y_c, z_c)$ 对应的成像点是 $P(x_f, y_f)$。根据小孔成像原理，利用相似三角形法可求得

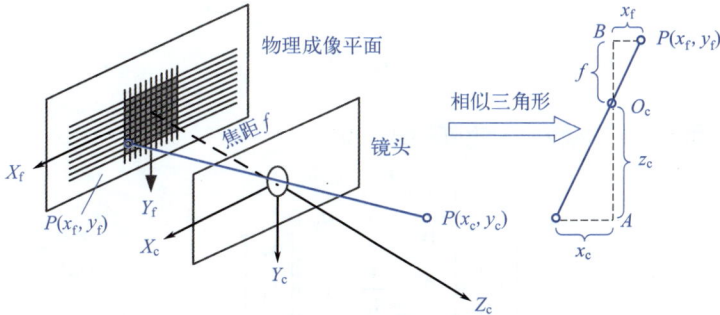

图 4-11　小孔成像原理

$$\frac{z_c}{f} = \frac{x_c}{x_f} = \frac{y_c}{y_f} \tag{4-2}$$

式（4-2）经简单变换可得

$$x_f = f\frac{x_c}{z_c} \tag{4-3}$$

$$y_f = f\frac{y_c}{z_c} \tag{4-4}$$

将式（4-3）和式（4-4）转换为矩阵形式，则

$$z_c\begin{bmatrix} x_f \\ y_f \\ 1 \end{bmatrix} = \begin{bmatrix} f & 0 & 0 & 0 \\ 0 & f & 0 & 0 \\ 0 & 0 & 1 & 0 \end{bmatrix}\begin{bmatrix} x_c \\ y_c \\ z_c \\ 1 \end{bmatrix} \tag{4-5}$$

式（4-5）描述了相机坐标系到图像坐标系的转换关系。

最后，考虑图像坐标系中点 $P(x_f, y_f)$ 到像素坐标系对应点 $P(u, v)$ 的转换关系，如图 4-12 所示。图像坐标系的原点 O_f 在相机感光芯片的中央，像素坐标系的原点 O 在相机感光芯片的左上角。图像坐标系的单位是 mm，像素坐标系的单位是 pixel。

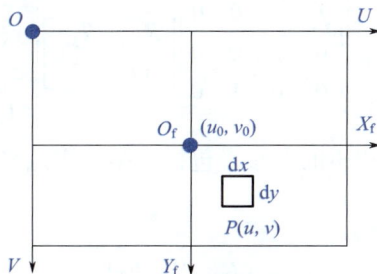

图 4-12　小孔成像原理

两者的转换关系可表示为

$$u = \frac{x_f}{dx} + u_0 \tag{4-6}$$

$$v = \frac{y_f}{dy} + v_0 \tag{4-7}$$

将式（4-6）和式（4-7）转换为矩阵形式，则

$$\begin{bmatrix} u \\ v \\ 1 \end{bmatrix} = \begin{bmatrix} \frac{1}{dx} & 0 & u_0 \\ 0 & \frac{1}{dy} & v_0 \\ 0 & 0 & 1 \end{bmatrix} \begin{bmatrix} x_f \\ y_f \\ 1 \end{bmatrix} \tag{4-8}$$

式（4-8）中，(u, v) 为点在像素坐标系中的坐标，即像素的列数、行数；dx、dy 为每个像素点在图像坐标系 X_f 轴、Y_f 轴上的尺寸，单位是毫米/像素，是每个相机感光芯片的固有参数。实际情况下，芯片的中心并不在光轴上，安装时总会存在误差，所以引入两个新的参数 (u_0, v_0) 代表主点在像素坐标系中的偏移。

在不考虑物理世界坐标系旋转的条件下，点从相机坐标系到像素坐标系的转换公式可表达为

$$u = f_x \times \frac{x_c}{z_c} + u_0 \tag{4-9}$$

$$v = f_y \times \frac{y_c}{z_c} + v_0 \tag{4-10}$$

式（4-9）和式（4-10）中，$f_x = \frac{f}{dx}$、$f_y = \frac{f}{dy}$ 代表焦距除以单个像素大小，单位是像素。在相机标定过程中，dx、dy 和 f 均不能直接测量得到，组合值 f_x、f_y 可以标定获得。Z_c 是物理世界坐标系下点在相机坐标系中的深度值。

综合式（4-1）、式（4-5）和式（4-8），从物理世界坐标系到像素坐标系的转换矩阵为

$$z_c \begin{bmatrix} u \\ v \\ 1 \end{bmatrix} = \begin{bmatrix} \frac{1}{dx} & 1 & u_0 \\ 0 & \frac{1}{dy} & v_0 \\ 0 & 0 & 1 \end{bmatrix} \begin{bmatrix} f & 0 & 0 & 0 \\ 0 & f & 0 & 0 \\ 0 & 0 & 1 & 0 \end{bmatrix} \begin{bmatrix} \boldsymbol{R}_{3\times3} & \boldsymbol{T}_{3\times1} \\ \boldsymbol{O} & 1 \end{bmatrix} \begin{bmatrix} x_w \\ y_w \\ z_w \\ 1 \end{bmatrix} = \boldsymbol{M}_1 \boldsymbol{M}_2 \begin{bmatrix} x_w \\ y_w \\ z_w \\ 1 \end{bmatrix} \tag{4-11}$$

式（4-11）中，$\boldsymbol{M}_1$ 为工业相机的内参，包括焦距、主点坐标等参数，和外部因素无关，因此称为内参，表示为

$$\boldsymbol{M}_1 = \begin{Bmatrix} f_x & 0 & u_0 \\ 0 & f_y & v_0 \\ 0 & 0 & 1 \end{Bmatrix} \tag{4-12}$$

M_2为工业相机的外参，表示物理世界坐标系到相机坐标系的转换关系，是工业相机在物理世界坐标系中的位姿矩阵。当把物理世界坐标系设置为相机坐标系时，即二者重合，外参就是一个单位矩阵。

$$M_2 = \begin{bmatrix} \boldsymbol{R}_{3\times3} & \boldsymbol{T}_{3\times1} \end{bmatrix} = \begin{bmatrix} r_{11} & r_{12} & r_{13} & t_1 \\ r_{21} & r_{22} & r_{23} & t_2 \\ r_{31} & r_{32} & r_{33} & t_3 \end{bmatrix} \tag{4-13}$$

综上，完整的工业机器人手眼标定流程可概况为机座坐标系→标定物坐标系→相机坐标系→图像坐标系→像素坐标系，如图 4-13 所示。

值得注意的是，镜头并非理想的透视成像，相机透镜的制造精度及组装工艺的偏差均会导致畸变，即横向放大率随像高或视场大小变化而引起的一种失去物像相似的像差。根据畸变的类型和产生原因，镜头的畸变分为径向畸变和切向畸变两类。其中，径向畸变是由于镜头自身凸透镜的固有特性造成的，例如光线在远离透镜中心的地方比靠近透镜中心的地方更加弯曲；切向畸变是由于透镜本身与相机传感器平面（成像平面）或图像平面不平行而产生的，这种情况多是由于透镜被粘贴到镜头模组上的安装偏差导致。鉴于机器人视觉定位和导引所使用的工业相机质量较好，通常不会出现切向畸变，所以在其内参矩阵中仅引入径向畸变参数即可。

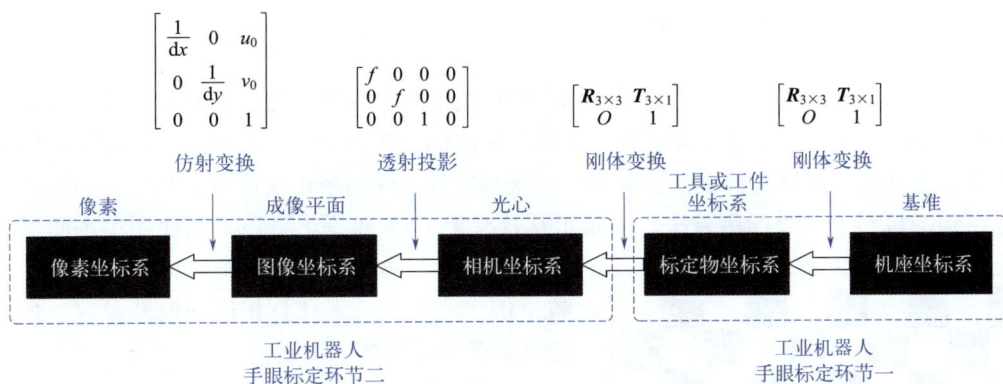

图 4-13　工业机器人手眼标定流程

一旦成功获取工业相机的内外参矩阵，在机器人视觉导引系统实际应用中，由相机识别到目标在图像中的像素位置，通过标定的坐标变换矩阵将相机的像素坐标转换至机器人的空间坐标，然后根据机器人运动学模型计算各关节轴如何运动，进而控制机器人自适应到达位置作业。

4.3.3　标定方法

根据不同的需求和使用场景，技术人员已发明多种机器人手眼标定方法。较为常用的机器人手眼标定方法有三种：标定物标定法、主动视觉标定法和自标定法，见表 4-3。

表 4-3　常用的机器人手眼标定方法

序号	标定方法	方法原理	优缺点	适用场景
1	标定物标定法	使用尺寸已知的标定物，通过建立标定物上坐标已知的点与其图像点之间的对应关系，利用特定的算法和数学模型（如针孔相机模型和畸变模型），计算相机的内外参数	精度较高，标定结果稳定，但需要大量的标定数据，并且需要精确地控制标定参照物的位姿	精度要求较高且相机参数基本不变的场景
2	主动视觉标定法	通过控制相机进行一系列预设的运动（如平移、旋转等）来获取图像数据，结合已知的机械参数（如旋转角度、平移距离等），计算出相机的内外参数	标定过程相对简单，不需要大量的标定数据，但需要精确控制相机的运动，对机械参数的精度要求较高	相机运动信息已知的场景
3	自标定法	通过分析多幅图像之间的对应点，利用数学模型和算法计算出相机的内外参数	不需要外部标定参照物或预设的运动模式，灵活性较高，但相对传统标定方法，精度可能有所降低，而且对图像之间的对应关系要求较高	需要经常调整相机或者无法设置已知参照物的场景

注：1. 上述三种手眼标定方法主要区别在于图像采集方式不同，标定物标定法的图像采集方式比较固定，而主动视觉标定法和自标定法的数据采集比较灵活多变；

2. 在实际应用中，选择哪种相机标定方法取决于具体的需求和使用场景。有时，为了获得更高的精度和稳定性，可能会结合多种标定方法进行综合标定。

由表 4-3 可知，基于标定物的手眼标定中相机参数事先被标定，而且对稳定的标定参照物（如棋盘格标定板）进行大量的数据采集，这使标定物标定法精度较高、标定结果稳定且适用于大部分场合，极具代表性。其中，张氏标定法（或称张正友标定法）是一种经典的基于标定物的机器人手眼标定方法，由张正友教授于 1998 年提出。该方法使用单平面棋盘格作为标定参照物，通过拍摄棋盘格在不同角度和位置下的多幅图像，来计算相机的内外参数。张氏标定法的基本步骤如下所述。

① 制作标定板　首先需要制作一个棋盘格标定板，通常由单平面上的正方形格子组成，每个格子都有一个已知的尺寸，如图 4-14 所示。

② 拍摄图像　将标定板放置在不同的位置和角度下，使用相机从不同的视角拍摄多幅图像，如图 4-15 所示。这些图像将用于后续的标定过程。

③ 特征提取　在每幅图像中，使用图像处理和计算机视觉技术提取出棋盘格的角点，如图 4-16 所示。这些角点对应于物理世界坐标中的三维点。

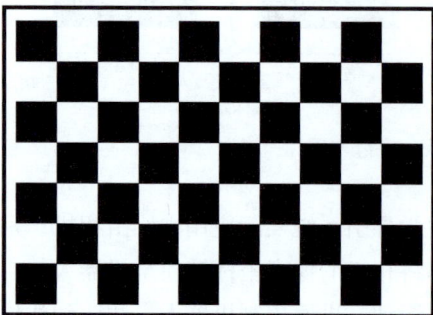

图 4-14　棋盘格标定板

④ 建立对应关系　通过比较不同图像中同一角点的位置，可以建立多个二维图像点和三维空间点之间的对应关系。

⑤ 求解参数　利用这些对应关系和已知的棋盘格尺寸，通过数学模型和算法（如最小二

乘法）计算出相机的内外参数。

　　⑥ 验证与优化　为验证标定结果的准确性，可以使用一些已知尺寸的物体进行拍摄，并检查重建结果与实际尺寸的差异。根据需要，可以对标定参数进行优化和调整。

图 4-15　棋盘格图像拍摄

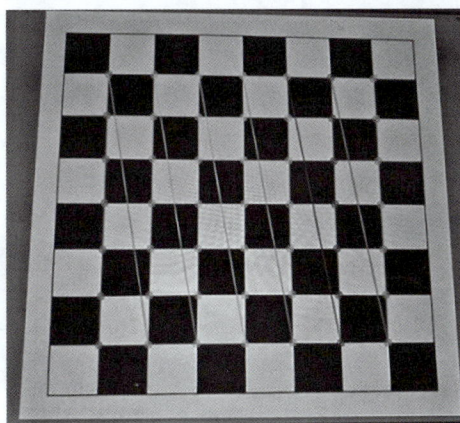

图 4-16　棋盘格角点检测

　　综上所述，张氏标定法相对于其他手眼标定方法具有一些的优势，尤其是在采用较小数量的图像进行标定时，该法能使用简单的标定板（即一个打印出来的棋盘格），相较其他手眼标定法中的高精度标定物更易于制作和使用。此外，张氏标定法在计算相机参数时采用了简化的数学模型，使计算过程相对较快且稳定。

　　然而，张氏标定法也存在一些局限性。例如，它假设棋盘格平面与相机光轴垂直，这在实际应用中可能并不总是成立的。此外，张氏标定法对于光照条件的变化和图像噪声较为敏感，可能会导致标定结果的误差。为提高标定的精度和稳定性，可以考虑结合其他技术，如使用多幅图像进行联合标定、采用鲁棒性更强的算法处理图像噪声等。

4.4 任务 1：机器人工件坐标系设置

任务提出

在许多自动化生产线上，物料输送装置的作业面并非与地面平行，如提升机等，此时机器人分拣、码垛作业调姿比较费时；在一些大型结构件加工制造中，工件的作业路径并非与机座坐标系的坐标轴方向平行，此时机器人焊接、涂装作业运动轨迹编程同样较为费时……面对上述诸多"机器人＋"应用场景，为提高机器人任务编程的效率，现场工程师可以重新设置机器人运动学的参考对象——工件坐标系。

本任务要求采用三点（接触）法设置焊接机器人工件坐标系，如图 4-17 所示。在此过程中，通过点动机器人在机座坐标系和工件坐标系中运动，认知机器人系统运动轴在上述点动坐标系中的运动特点和调姿规律，明晰两者的内在关联及区别，为后续机器人视觉导引上下料等高级任务编程奠定基础。

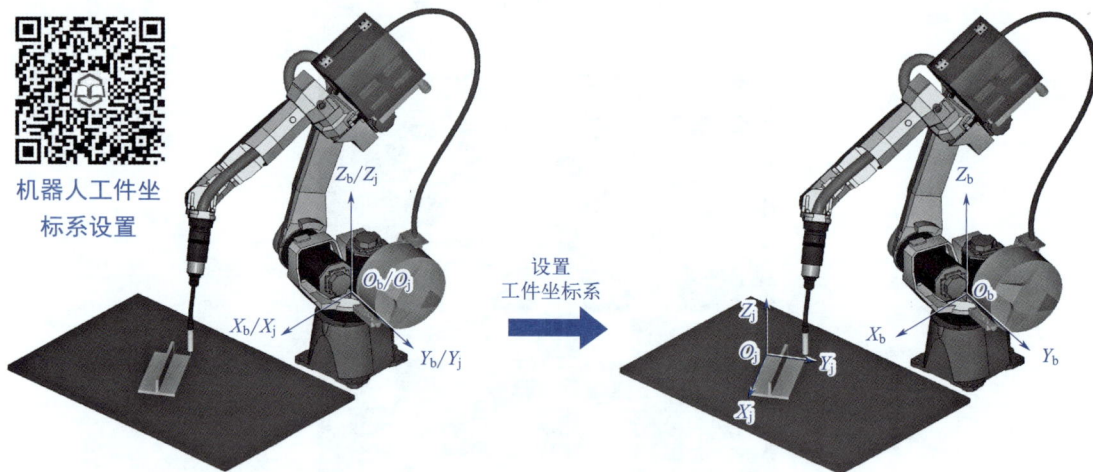

机器人工件坐标系设置

图 4-17　焊接机器人工件坐标系设置示意

4.4.1 工件坐标系

工件坐标系（Object Coordinate System，OCS）是机器人现场工程师参照作业对象并相对机座坐标系（BCS）而自定义的三维空间正交坐标系，又称用户坐标系。也就是说，工件坐标系的原点（O_j）和坐标轴方向（$+X_j$、$+Y_j$、$+Z_j$）是相对机座坐标系的原点（O_b）和坐标轴方向（$+X_b$、$+Y_b$、$+Z_b$）设置的。在未设置前，工件坐标系与机座坐标系重合。一般系统允许机器人现场工程师设置 5 ～ 10 套工件坐标系，但每次仅能激活其中的一套工件坐标系来点动机器人或记忆工具中心点（TCP）位姿。

作为机器人运动学的（延伸）参考对象，设置工件坐标系的主要目的是在任务编程中快速调整和查看机器人 TCP 位姿。虽然机器人任务程序中（目标）指令位姿存储的是工具坐标系相对工件坐标系的机器人 TCP 位姿，但在执行任务程序时，系统会根据工件坐标系相对机座坐标系的坐标变换原理，自动换算为工具坐标系相对机座坐标系的 TCP 位姿。同在机座坐标系中的运动规律相似，点动机器人本体轴在工件坐标系中的运动基本为多轴联动，而且能够实现绕工具中心点（TCP）定点转动调整工具姿态，见表 4-4。工件坐标系适用于点动工业机器人沿作业路径（平行）移动或绕路径点定点转动，以及运动轨迹平移和镜像等高级任务编程场合。

表 4-4　机器人本体轴在工件坐标系中的运动特点（以 FANUC 机器人为例）

运动类型	轴名称	动作示例	运动类型	轴名称	动作示例
移动	沿 X 轴移动　X 轴		转动	绕 X 轴转动　W 轴	
	沿 Y 轴移动　Y 轴			绕 Y 轴转动　P 轴	
	沿 Z 轴移动　Z 轴			绕 Z 轴转动　R 轴	

4.4.2　工件坐标系的设置方法

在实际任务编程或工艺调试过程中，工件坐标系作为参考坐标系，方便调整或查阅机器人工具中心点（TCP）的位姿，确定工件、托盘和带式输送机等倾斜方向，便于平行工件移动或平行台面抓取（或释放）等作业。与机器人工具坐标系设置方法近似，现场工程师可以采用三点（接触）法、四点（接触）法和直接输入法手动设置机器人工件坐标系，见表4-5。

表4-5　常用的机器人工件坐标系手动设置方法

序号	设置方法	方法要领	重定义要素	适用场景
1	三点（接触）法	参照作业对象，依次点动机器人移至坐标系原点、X轴方向点和Y轴方向点	工件坐标系的原点（O_j）和坐标轴方向（$+X_j$、$+Y_j$、$+Z_j$）	作业对象空间满足坐标轴方向定义对机器人移动距离的要求
2	四点（接触）法	参照作业对象，依次点动机器人移至坐标系原点、X轴起点、X轴方向点和Y轴方向点		作业对象空间受限，无法满足坐标轴方向定义对机器人移动距离的要求等
3	直接输入法	在工件坐标系（详细）参数配置界面，依次输入相对机座坐标系的原点偏移量和坐标轴方向偏转量		批量调试或已知机器人末端执行器的几何尺寸等

注：设置工件坐标系前，机器人现场工程师应首先精确设置机器人工具坐标系。

三点法设置机器人工件坐标系

由表4-5可见，三点（接触）法和四点（接触）法设置工件坐标系的基本原则：点动机器人以相同的工具指向依次接触坐标系的原点、X轴方向点和Y轴方向点等。但是，不同品牌的机器人，工件坐标系设置过程略有差异。以FANUC机器人为例，当采用三点（接触）法设置机器人工件坐标系时，现场工程师需要操控机器人以相同的工具指向（如竖直向下），重定义工件坐标系的原点、X轴方向点和Y轴方向点，如图4-18所示。机器人控制系统基于上述三点位姿信息，自动计算生成新的工件坐标系的原点（O_j）和坐标轴方向（$+X_j$、$+Y_j$、$+Z_j$）。

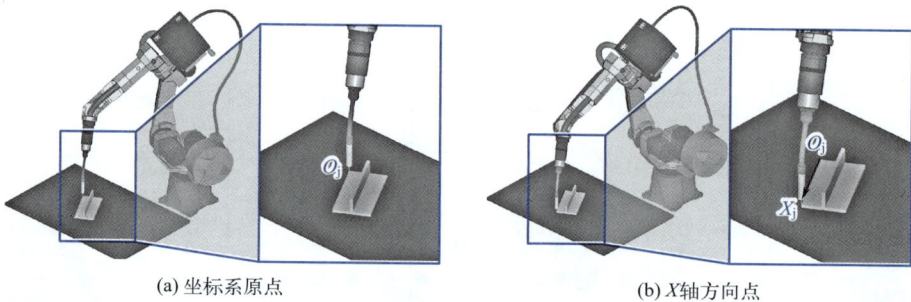

(a) 坐标系原点

(b) X轴方向点

四点法设置机器人工件坐标系

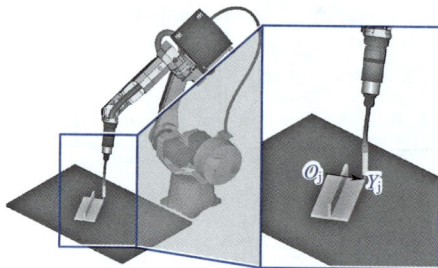

机器人工件坐标系初始化

(c) Y轴方向点

图4-18　三点（接触）法设置机器人工件坐标系

待系统自动生成机器人工件坐标系参数后，现场工程师应根据机器人应用领域的工艺要求，通过定向移动检验坐标轴方向（$+X_j$、$+Y_j$、$+Z_j$）的精度，如图 4-19 所示。

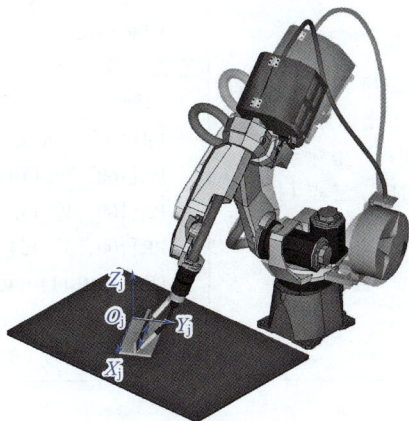

图 4-19　工件坐标系的精度检验（坐标轴方向）

点拨

与三点（接触）法依次接触工件坐标系的原点、X 轴方向点和 Y 轴方向点略有不同，四点（接触）法需要逐次接触工件坐标系的原点、X 轴起点、X 轴方向点和 Y 轴方向点，具体点位信息如图 4-20 所示。

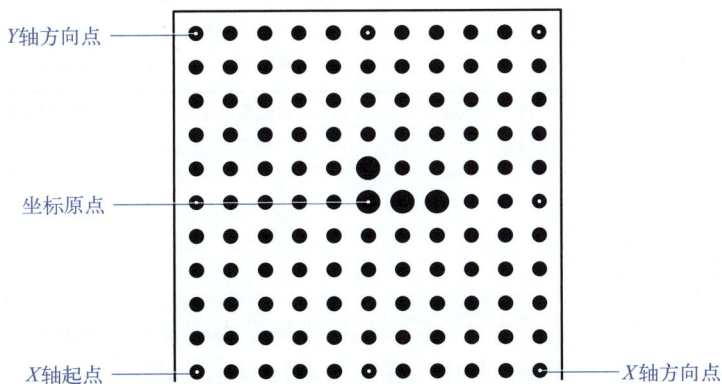

图 4-20　四点（接触）法设置机器人工件坐标系

4.4.3　工件坐标系指令

同工件坐标系指令的调用类似，为提高机器人任务程序的可靠性，通常应在程序初始化部分调用机器人工件坐标系指令（序列），包括工件坐标系设置指令和选择指令，实现机器人工件坐标系参数的生成和坐标系编号的切换，见表 4-6。

表 4-6　常见的机器人工件（用户）坐标系指令及功能

序号	坐标系指令	指令功能	指令示例（FANUC）
1	工件（用户）坐标系设置指令	改变所指定的工件（用户）坐标系号码的工件（用户）坐标系参数，该功能与三点（接触）法、四点（接触）法和直接输入法相同	格式： UFRAME［工件（用户）坐标系号码］=PR［位置寄存器号码］ 示例： PR[100]=LPOS PR[100]=PR［100］-PR［100］ PR[100, 1]=192 PR[100, 3]=164 UFRAME [1]=PR［100］ // 将位置寄存器 PR[100] 中存储的坐标系原点偏移量赋值给编号为 1 的工件（用户）坐标系
2	工件（用户）坐标系选择指令	改变当前所选的工件（用户）坐标系号码	格式： UFRAME_NUM= 工具坐标系号码（0～9） 示例： UFRAME_NUM=1 J　P[1]　80%　FINE J　P[2]　30%　CNT10　//参考点 L　P[3]　50cm/min　FINE　//抓取点 L　P[2]　50cm/min　CNT10　//参考点 UFRAME_NUM=2 J　P[4]　80%　FINE J　P[5]　30%　CNT10　//参考点 L　P[6]　50cm/min　FINE　//释放点 L　P[5]　50cm/min　CNT10　//参考点 // 切换工件（用户）编号完成机器人上下料作业

注：在任务编程过程中，若采用工件坐标系指令（序列）自动设置机器人工件坐标系参数和切换工件坐标系编号，现场工程师须事先测试运行工件坐标系指令（序列），方可进行机器人运动轨迹编程。

任务分析

　　完整的机器人工件坐标系设置过程同样包括坐标系参数计算（或输入）、坐标系编号选择和坐标指向精度检验三个步骤，具体流程如图 4-21 所示。其中，工件坐标系参数计算是通过记忆坐标系的原点、X 轴方向点和 Y 轴方向点完成的。待坐标系参数计算及其编号选择完毕，应从工件坐标系的坐标轴指向检验其设置精度。需要注意的是，在开始设置工件坐标系前，须首先精确设置机器人工具坐标系。

任务实施

　　（1）设置前的准备

　　开始设置机器人工件坐标系前，请做好如下准备：

① 准备一个工件 将待焊接工件固定在机器人工作空间的可达位置。

② 检查机器人各关节运动轴的零点是否正确 若发现零点不准，请校准 FANUC 机器人零点。

③ 机器人原点确认 执行机器人控制器内存储的原点程序，或者点动机器人，使机器人返回原点（如 J5=-90°、J1=J2=J3=J4=J6=0°）。

④ 设置机器人工具坐标系 根据任务（工艺）需求，合理设置并激活工具坐标系。

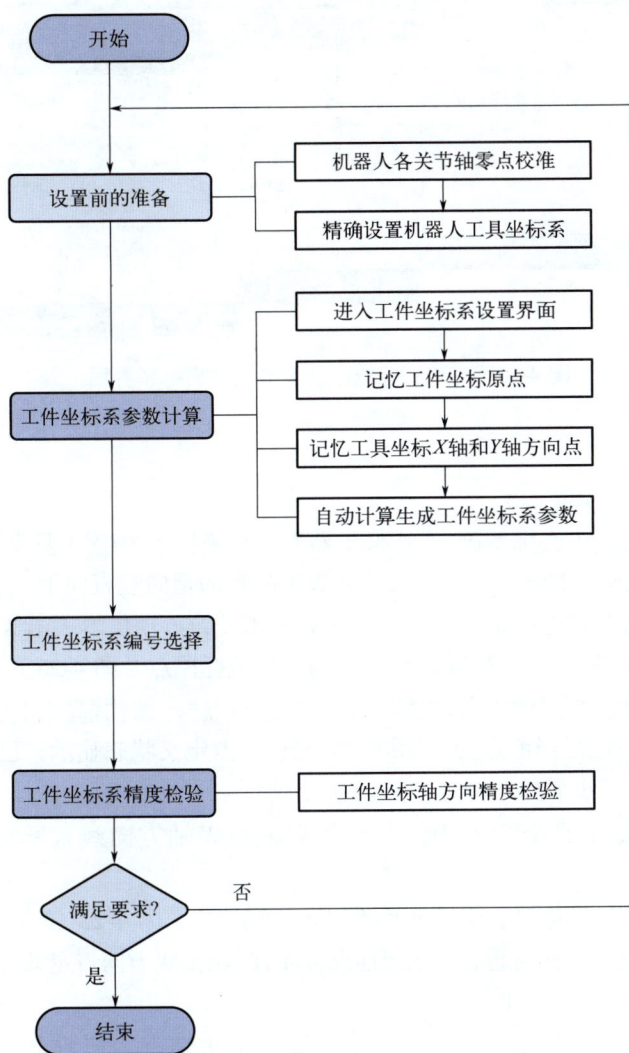

图 4-21 三点（接触）法设置机器人工件坐标系流程

（2）工件坐标系参数计算

点动机器人移动到工件坐标系原点、X 轴上一点和 Y 轴上一点，同时记忆位姿数据，系统自动计算出新的工件坐标系原点及轴指向。

① 进入工件坐标系详细画面 具体步骤如下：

a. 示教盒在 "ON" 模式下，依次选择主菜单【设置】→【坐标系】，在弹出坐标系一览画面中选择功能菜单【坐标】→【用户坐标系】，弹出工件坐标系一览画面。

b.移动光标至选择的工件（坐标系）编号，点按 ENTER【回车键】或 F2【功能键F2】（详细），在弹出工件坐标系详细画面中选择功能菜单【方法】→【三点法】，进入三点法工件坐标系详细画面，如图4-22所示。

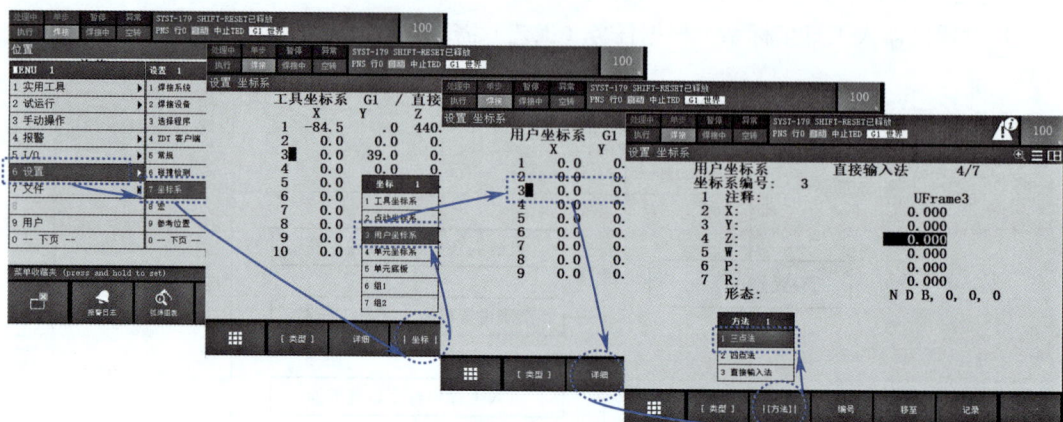

图4-22　三点（接触）法设置工件坐标系界面

② 记忆3个点位姿

a.记忆坐标原点，步骤如下。

● 调枪姿。点按 COORD【坐标系键】，切换机器人点动坐标系为 工具坐标系。消除示教盒报警信息，点动机器人绕Y轴转动调整机器人焊枪喷嘴的指向竖直向下。

● 点对点。在 工具坐标系中，保持焊枪姿态不变，点动机器人沿X轴、Y轴、Z轴方向线性贴近工件，直至焊丝端头接触到自定义的工件坐标原点［图4-23（a）］。

● 记位姿。使用【方向键】移动光标至"坐标原点"，按住 SHIFT【上档键】+ F5【功能键】（记录）组合键，记忆当前点为坐标原点，坐标原点定义状态显示"已记录"。

b.记忆X方向点，步骤如下。

● 调位置。在 工具坐标系中，点动机器人沿X轴方向线性移动一段距离（至少250mm）。

● 记位姿。使用【方向键】移动光标至"X方向点"［图4-23（b）］，按住 SHIFT【上档键】+ F5【功能键】（记录）组合键，记忆当前点为X方向点，X方向点定义状态显示"已记录"。

c.记忆Y方向点，步骤如下。

● 调位置。在 工具坐标系中，点动机器人沿Y轴方向线性移动一段距离（至少250mm）。

● 记位姿。使用【方向键】移动光标至"Y方向点"［图4-23（c）］，按住 SHIFT【上档键】+ F5【功能键】（记录）组合键，记忆当前点为Y方向点，Y方向点定义状态显示"已记录"。

③ 自动计算工件坐标系参数　待3个点完成记录后，系统自动计算工件坐标系相对机座坐标系的原点及轴指向偏移（转）量，并显示在三点（接触）法工件坐标系详细画面上，如图4-24所示。

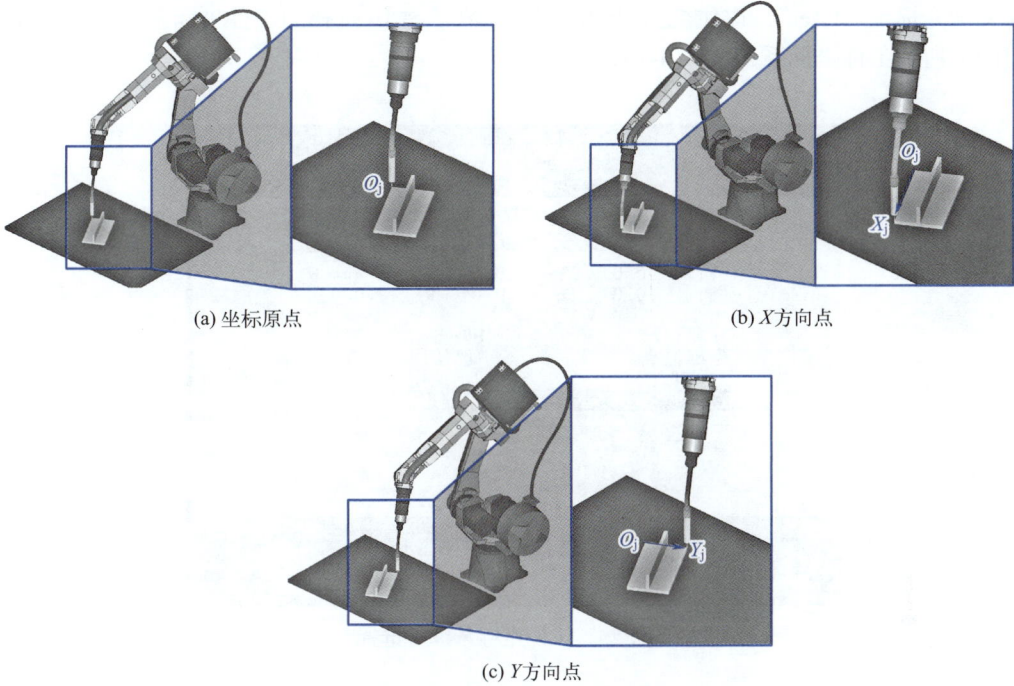

(a) 坐标原点

(b) X方向点

(c) Y方向点

图 4-23　机器人工件坐标系设置位姿示意

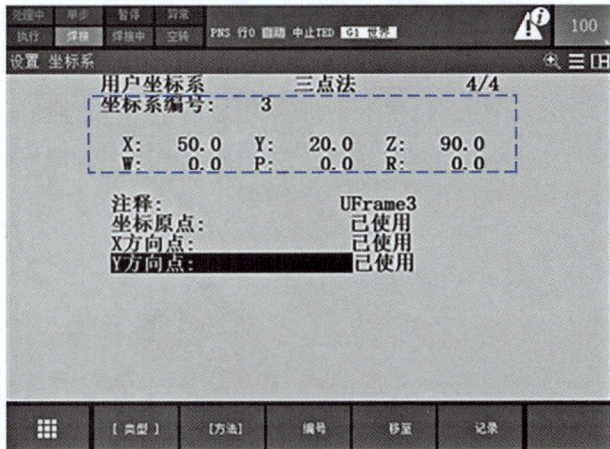

图 4-24　工件坐标参数计算及查看

（3）工件坐标系编号选择

为检验及使用新设置的工件坐标系，在手动模式（激活示教盒）下，可以通过如下两种方式选择激活指定编号的工件坐标系。

方式一：依次选择主菜单【设置】→【坐标系】，在弹出坐标系一览画面中依次选择功能菜单【坐标】→【用户坐标系】，弹出工件坐标系一览画面。在弹出工件坐标系一览画面中选择功能菜单【切换】，输入选择的工件坐标编号，点按 ⏎【回车键】确认。

方式二：按住 SHIFT【上档键】+ COORD【坐标系键】组合键，弹出坐标系菜单。使用【方向键】移动光标至"User",按住{SHIFT}【上档键】+【数字键】(选择的工件坐标系编号)组合键,即可激活所选工件坐标系,如图 4-25 所示。

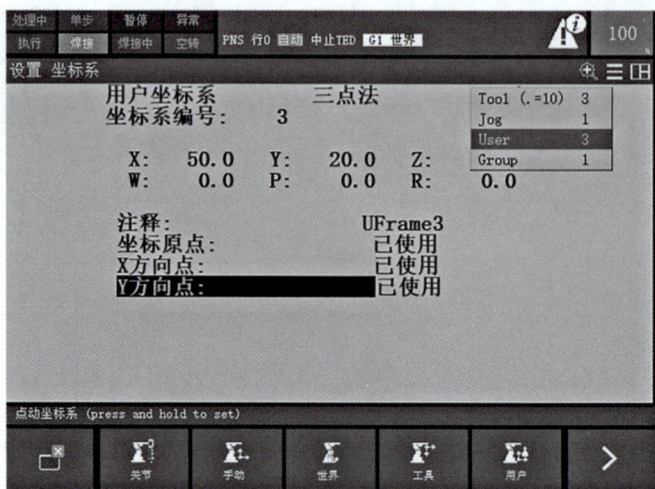

图 4-25   工件坐标系编号选择

（4）工件坐标系精度检验

从工件坐标系的原点（TCP）和坐标轴的指向两个方面分别检验坐标系的设置精度（图 4-26），步骤如下。

① 在满足点动机器人基本条件前提下,点按{COORD}【坐标系键】,切换机器人点动坐标系为工件坐标系。

② 在工件（用户）坐标系中,依次点动机器人绕 $-X$ 轴和 $-Z$ 轴定点转动,调整焊枪至作业姿态,然后沿 $+X$ 轴方向线性移动,观察焊丝端头与焊道中心偏离情况,如果偏差在焊丝直径以内,表明坐标系设置精度满足弧焊工艺需求。

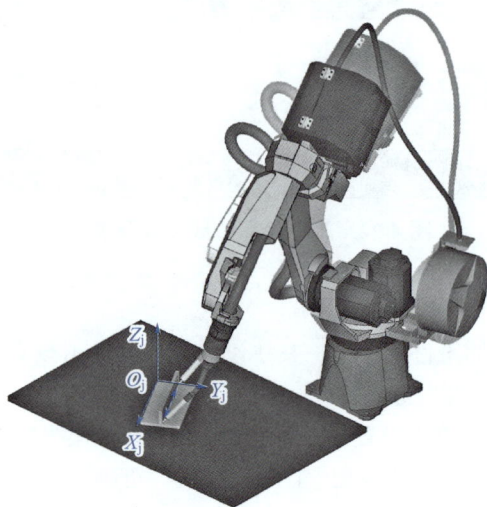

图 4-26   机器人工件坐标系的精度检验

任务评价

采用三点（接触）法设置 FANUC 焊接机器人的工件坐标系，其相对机座坐标系的原点偏移量和坐标轴指向的偏转量见表 4-7。

表 4-7　工件坐标系相对机座坐标系的原点偏移量和坐标轴指向的偏转量

原点偏移量			坐标轴指向的偏转量		
X/mm	Y/mm	Z/mm	W/（°）	P/（°）	R/（°）

任务拓展

尝试使用典型案例中设置的工件坐标系点动机器人，模仿 T 形接头角焊缝（I 形坡口，对称焊接）线状焊道运动轨迹编程时的机器人焊枪位姿调整，如图 4-27 所示。在点动机器人过程中，要求机器人作业时的焊枪姿态保持为行进角 $α=65°\sim 80°$、工作角 $β=45°$，如图 4-28 所示。

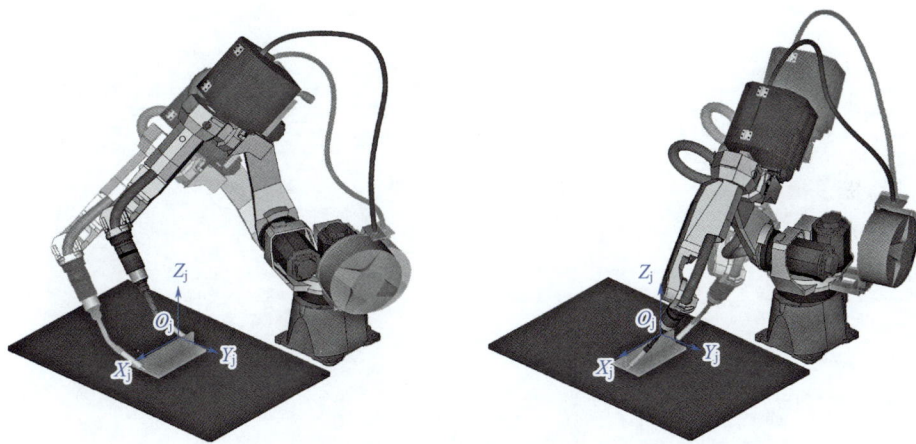

图 4-27　点动机器人沿 T 形接头角焊缝移动（工件坐标系）

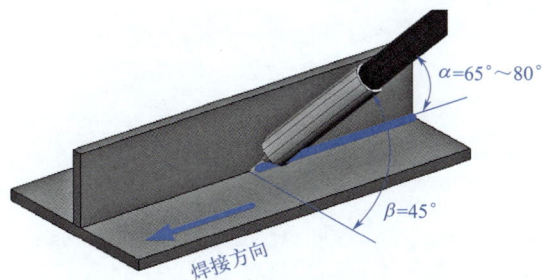

图 4-28　T 形接头角焊缝的机器人焊枪姿态

实践报告——机器人工件坐标系设置

院系		课程名称		日期	
姓名		学号		班级	
任务名称			成绩		

一、任务描述

二、任务要求

三、任务实施

四、任务评价

五、任务心得

4.5　任务 2：机器人自适应上下料

任务提出

　　带式输送机是一种常见的物料输送设备，广泛应用于各行各业的生产线中。它利用输送带作为承载介质，通过传动装置的驱动，实现物料的连续或间歇输送。这种方式具有输送速度快、输送距离长、可承载大量物料等优点，但精度略低。针对此类物料输送场景，通过视觉导引技术的引入，极大地提升了机器人对复杂环境和多变物料的适应能力。即使面对不同类型的物料、不规则的堆放状态或光照条件的变化，机器人也能够通过视觉系统的实时反馈，做出快速的调整和决策，确保上料过程的准确性和稳定性。

　　本任务要求采用示教编程或离线编程方法（视教学条件而定），模拟生产线上带式输送机与机器人配合输送、转移工件的场景，待圆料运转至指定位置后，经由传感器信号触发带式输送机停运，以及工业相机捕捉圆料的当前位置，机器人通过视觉系统的精确定位，携带（两指）夹持器完成自适应冲压上料作业，如图 4-29 所示。

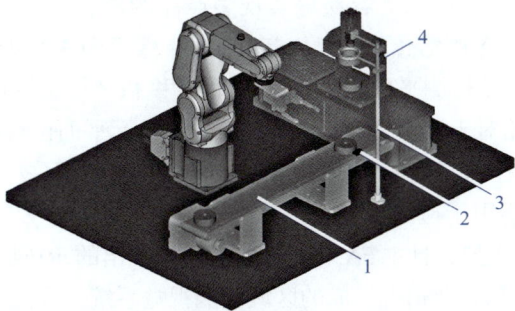

图 4-29　机器人自适应上料作业示意
1—带式输送机；2—红外光电传感器；3—成像系统；4—（模拟）冲压机

机器人自适应
上料任务示范

知识准备

4.5.1　视觉导引上下料原理

　　众所周知，机床领域自动化系统使用最普遍的是机器人上下料。若采用无附加"视觉"功能的搬运机器人，仅能完成简单的搬运作业，并不能识别搬运物件所处的位置和判断其相应的尺寸、形状、结构等参数，也就无法完成物件的智能拣取、装卸等任务。随着生产需求的不断提高、生产技术的不断发展及成本费用的不断增长，企业开始考虑采用可直接丈量并改善生产效率的视觉传感技术。基于机器视觉的搬运机器人（图 4-30）就是利用高清晰摄像头实现对无定位工件进行视觉成像，然后进行对象识别、对象去除、工件定位、路径规划、碰撞检测、错误验证以及其他原本需要搭配特殊传感器或特制夹具才能完成的操作。在收到机床上料请求信号后，机器人换装为工件定制的专用夹持器可靠地抓取工件，完成散堆工件的自动化拾取和上下料作业。

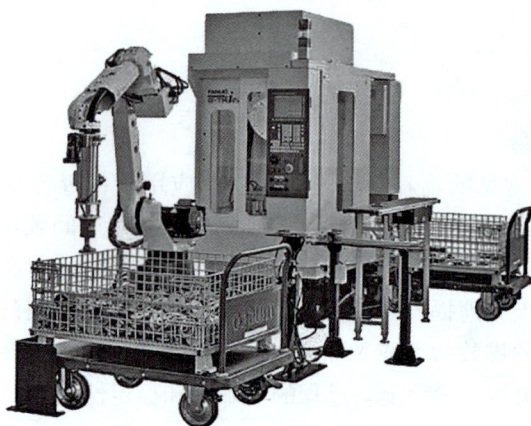

图 4-30　散堆工件的拾取和机床上下料

采用视觉系统引导机器人准确抓取待加工工件的定位方式具有较高的柔性，不仅能省去之前必须采用的机械预定位夹具（如搬运机器人与数控折弯机配合执行折弯动作时需要的重力对中定位架），还能在数控机床上容易地实现多产品的混合生产。目前，机器人视觉传感器按照测量方式可分为 2D 视觉传感器、2.5D 视觉传感器和 3D 视觉传感器。2D 视觉传感器［图 4-31（a）］主要用于检测平面移动（X、Y 轴位移和 Z 轴旋转角度）的目标；2.5D 视觉传感器［图 4-31（b）］相对于 2D 视觉传感器，除检测目标平面位移与旋转外，还可以检测 Z 轴方向上的目标高度变化（目标在 X、Y 轴方向上的旋转角度不被计算在内）；3D 视觉传感器［图 4-31（c）］则主要用于检测目标在三维内的位移（X、Y、Z 轴位移）与旋转角度变化（X、Y、Z 轴旋转角度）。例如，日本 FANUC 机器人公司推出的 *i*RVision 3D Area Sensor［图 4-31（d）］是采用 1 个投影仪和 2 个相机组成的区域检测视觉系统，通过投射条纹光获取一个大范围空间的 3D 点云数据，可以一次检测出多个散堆工件的位置和倾斜旋转角度，非常适合作业周期短的散堆工件拾取作业。表 4-8 所列为典型厂家开发的机器人视觉辅助功能软件包。

表 4-8　机器人视觉辅助功能软件包

典型厂商	视觉软件包
KUKA	KUKA.VisionTech
FANUC	*i*RVision Bin Pick，*i*RVision 3DL，*i*RVision 2D Guidance
Yaskawa-Motoman	MotoSight 3D Cortex Vision，MotoSight 2D Global Edition
Robotic Vision Technologies	eVisionFactor，Random Bin Picking
Cognex	VisionPro，PatMax
KEYENCE	CV-X
OMRON	Sysmac Studio

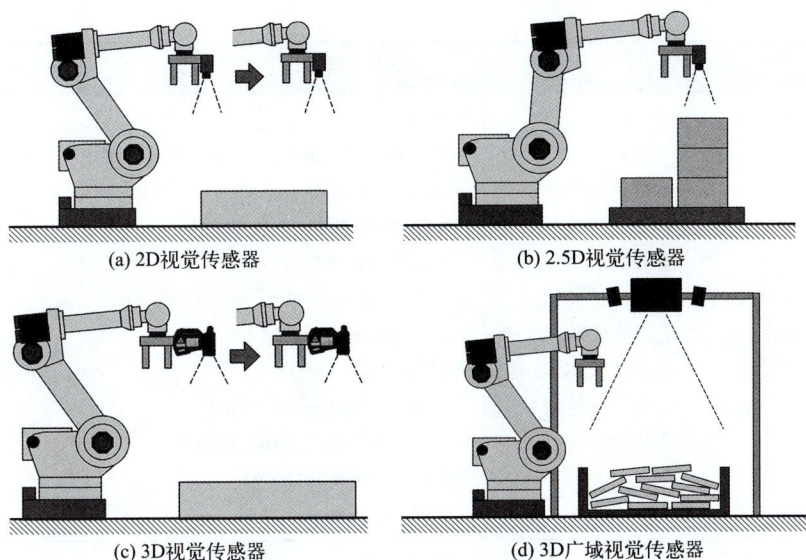

(a) 2D视觉传感器　　　　　　　　(b) 2.5D视觉传感器

(c) 3D视觉传感器　　　　　　　(d) 3D广域视觉传感器

图 4-31　机器人视觉传感测量方式

综上所述，构建一个实用的机器人柔性智能上下料单元，需要针对具体行业应用，以及结合零部件加工工序完成包括搬运机器人、搬运系统、周边设备、视觉系统及安全保护装置在内的相关设备或系统选型。

4.5.2　视觉传感器指令

传感器赋予工业机器人利用"五官"感知自身状态和作业环境并予以响应的能力。传感器编程指令是集约在机器人控制软件中，指导机器人如何解释从传感器接收到的数据，并根据这些数据做出相应的动作，视传感器类型而不同。视觉传感器指令是指定机器人何时、如何"眼观"周围并响应其环境的指令，包含图像采集指令、图像（预）处理指令、目标检测指令和位姿控制指令等。这些指令可以根据实际需求进行组合和扩展，以实现各种复杂的工业机器人视觉任务。常见的机器人视觉传感器指令的功能、格式及示例见表 4-9。

表 4-9　常见的机器人视觉传感器指令及功能

序号	视觉传感器指令	指令功能	指令示例（FANUC）

1	图像采集指令	指定机器人何时通过"眼睛"获取目标环境（物）的原始图像	格式：
			VISON RUN_FIND［视觉处理文件］
			// 视觉检出指令
			VISON RUN_FIND［视觉处理文件］CAMERA_VIEW［相机视图编号］
			// 视觉检出指令（多视图时指定视图编号）
			示例：
			L　P1　500mm/sec　FINE
			// 机器人携带相机移至拍照点
			VISON RUN_FIND V1
			// 启动视觉处理文件 V1，拍照检出

序号	视觉传感器指令	指令功能	指令示例（FANUC）

2	图像（预）处理指令	指定机器人按照系列处理流程从图像中提取特定的特征，包括滤波、去噪、缩放等预处理指令，以及边缘、纹理、颜色等特征提取指令	格式：
			VISON CAMERA_CALIB［相机校准文件］［请求编码］
			// 相机校准指令
			VISON OVERRIDE［视觉参数］［视觉参数值］
			// 设定视觉参数指令
			VISON RUN_FIND［视觉处理文件］
			// 视觉检出指令
			示例：
			L　P1　500mm/sec　FINE
			// 机器人携带相机移至拍照点
			VISON RUN_FIND V1
			// 启动视觉处理文件 V1，拍照检出

3	目标检测指令	指定机器人通过特定的算法，如特征匹配、机器学习、深度学习等，对目标物进行分类、标识或定位	格式：
			VISON SET_REFERENCE［视觉处理文件］
			// 设定基准位姿指令
			VISON GET_OFFSET［视觉处理文件］VR［视觉寄存器编号］JMP LBL［标签号］
			// 获取补正数据指令
			VISON GET_READING［视觉处理文件］SR［字符串寄存器编号］R［数值寄存器编号］JMP LBL［标签号］
			// 获取条码读取结果指令
			VISON GET_PASSFAIL［视觉处理文件］R［数值寄存器编号］
			// 获取检查结果指令
			VISON GET_NFOUND［视觉处理文件］R［数值寄存器编号］
			// 获取视觉检出数量指令
			R［数值寄存器编号］=VR［视觉寄存器编号］.MODELID
			// 模板 ID 代入指令
			R［数值寄存器编号］=VR［视觉寄存器编号］.MES［测量值编号］
			// 视觉测量值代入指令
			R［数值寄存器编号］=VR［视觉寄存器编号］.ENC
			// 二维码解码值代入指令
			PR［位置寄存器编号］=VR［视觉寄存器编号］.FOUND_POS［检出位置编号］
			// 视觉检出位姿数据代入指令
			PR［位置寄存器编号］=VR［视觉寄存器编号］.OFFSET
			// 视觉补正数据代入指令
			示例：
			VISON GET_OFFSET V1 VR［1］JMP，LBL［99］
			…
			LBL［99］
			UALM［1］
			// 从视觉处理文件 V1 中读取检出结果，将其存储到视觉寄存器 VR［1］中，若没有检出结果，则程序跳转到 LBL［99］标签处

序号	视觉传感器指令	指令功能	指令示例（FANUC）

4	位姿控制指令	指定机器人根据目标检测数据，自动或自主规划最优的运动路径，并调整自身的姿态	格式：
			［动作类型］［位置坐标］［运动速度］［定位方式］
			VOFFSET，VR［视觉寄存器编号］
			// 视觉补正指令
			示例：
			J　P1　30%　CNT15　VOFFSET，　VR[1]
			// 机器人运动至抓取参考点
			L　P1　50cm/min　FINE VOFFSET，　VR[1]
			// 机器人运动至抓取点
			CALL HAND_CLOSE
			// 机器人抓取工件

注：在调用视觉传感器编程指令时，现场工程师可以使用特定的编程语言和开发环境，如 C++、Python 等，以及相关的机器人视觉库和框架，如 OpenCV、ROS 等。

任务分析

采用离线编程方法完成固定式（"眼"在"手"外，eye-to-hand）视觉导引机器人冲压上料作业任务编程，包括系统搭建、手眼标定、特征提取与识别定位和程序编制四个关节环节，其任务流程如图 4-32 所示。这四个环节是相互关联的，并且需要反复迭代和优化，以确保最终的机器人任务程序能够在实际生产环境中稳定运行，并满足精度、效率和质量的要求。通过离线编程的方式，可以提前在开发环境中完成这些工作，从而缩短现场调试和准备时间，提高生产率。

（1）系统搭建

这一阶段主要是建立机器人视觉集成系统的硬件和软件环境。现场工程师需要基于计算机图形学建立机器人自适应上料系统设备的三维模型，如（模拟）冲压机、带式输送机等，并在虚拟数字空间中复现实体装备的物理空间布局，如图 4-33 所示。此外，还需要安装和配置机器人视觉处理软件。

（2）手眼标定

手眼标定是视觉导引机器人自适应上料的关键步骤，其目的是确定机器人末端执行器（夹持器）与相机视图之间的准确关系。通过手眼标定，现场工程师可以精确地将相机捕获的图像信息转换为机器人可执行的精确坐标位置。这一过程通常涉及使用标定板或已知尺寸和位置的参照物进行多次拍照，并利用这些数据计算出机器人末端执行器与相机之间的位置和姿态关系，如图 4-34 所示。

（3）特征提取与识别定位

在特征提取与识别定位阶段，现场工程师可以利用计算机图像处理技术，如边缘检测、区域分割、形态学处理等，从捕获的图像中提取出有关抓取物料的特征，包括物料的轮廓、纹理和颜色等，如图 4-35（a）所示。此外，现场工程师还可以使用机器学习算法来提高特征提取的准确性和鲁棒性。待完成物料特征提取后，现场工程师需要通过机器人视觉系统再次捕获相机视野范围内的物料，并基于图像特征进行识别检出和基准定位，如图 4-35（b）所示。

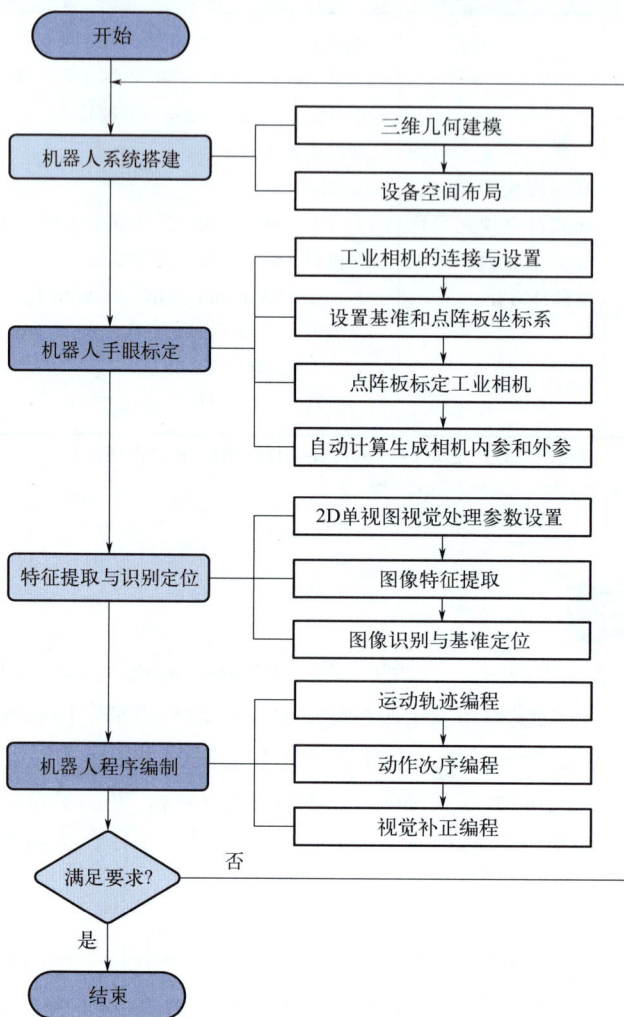

图 4-32　固定式视觉导引机器人冲压上料任务编程的流程

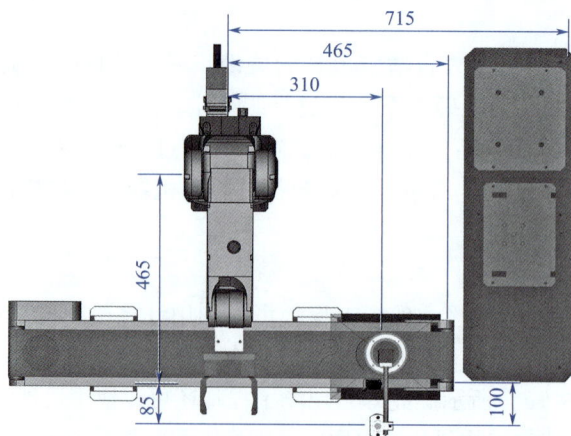

图 4-33　机器人自适应上料系统空间布局示意

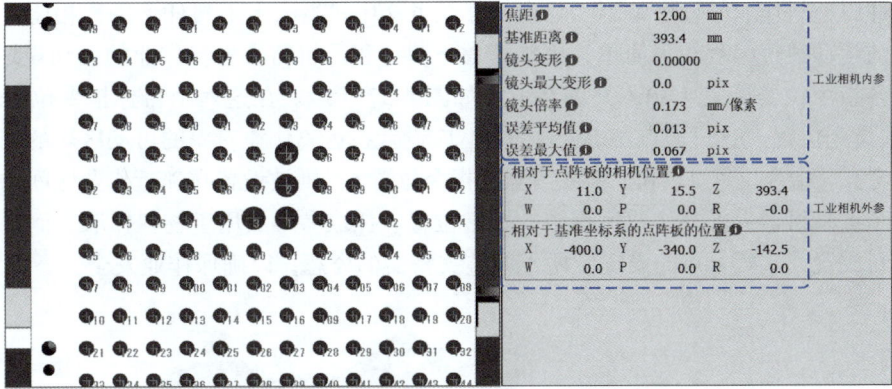

机器人自适应上料基准位置设置

图 4-34　点阵板标定工业相机内参和外参示意

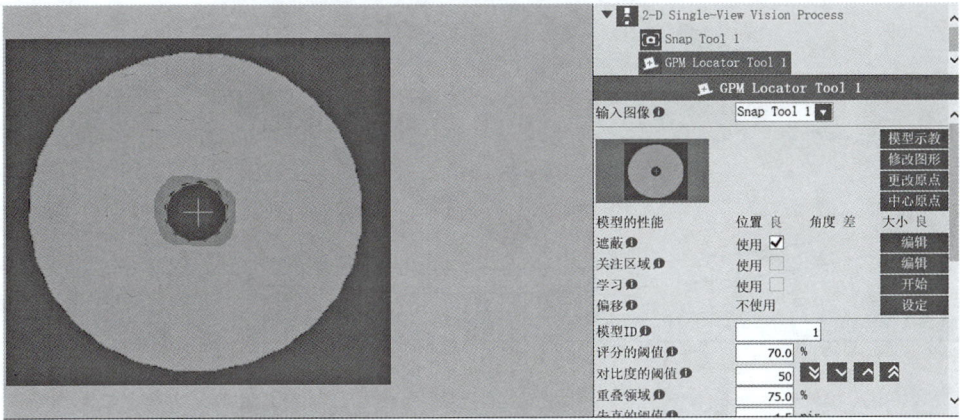

(a) 特征提取

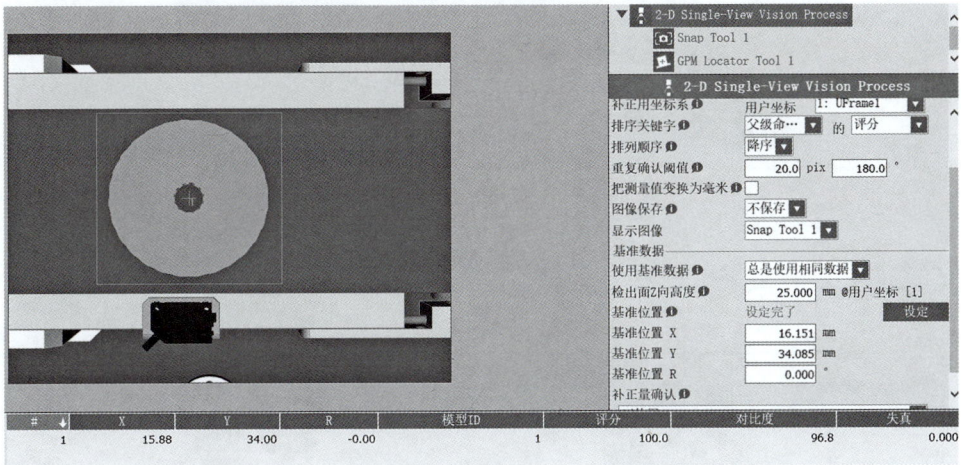

(b) 基准定位

图 4-35　圆料特征提取和基准定位示意

（4）程序编制

在获取了物料的基准位置、特征信息和手眼关系后，现场工程师可以开始进行机器人冲压上料作业的程序编制。与项目2任务2中机器人上下料任务编程相比，机器人上料作业的运动轨迹编程较为简单，无须考虑下料过程。机器人上料作业的运动规划如图4-36所示。各指令位姿见表4-10，其姿态示意如图4-37所示。在这六个目标指令位姿中，机器人原点（指令位置1）、过渡点（指令位置4）应设置在远离作业对象的可动区域的安全位置。抓取参考点（指令位置2）和上料参考点（指令位置5）则被设置在邻近作业区间的安全位置，这两个点是机器人上料作业过程中的关键位置。抓取参考点用于物料抓取，而上料参考点用于物料放置，这两个点的设定应便于调整夹持器的姿态，以确保作业安全。

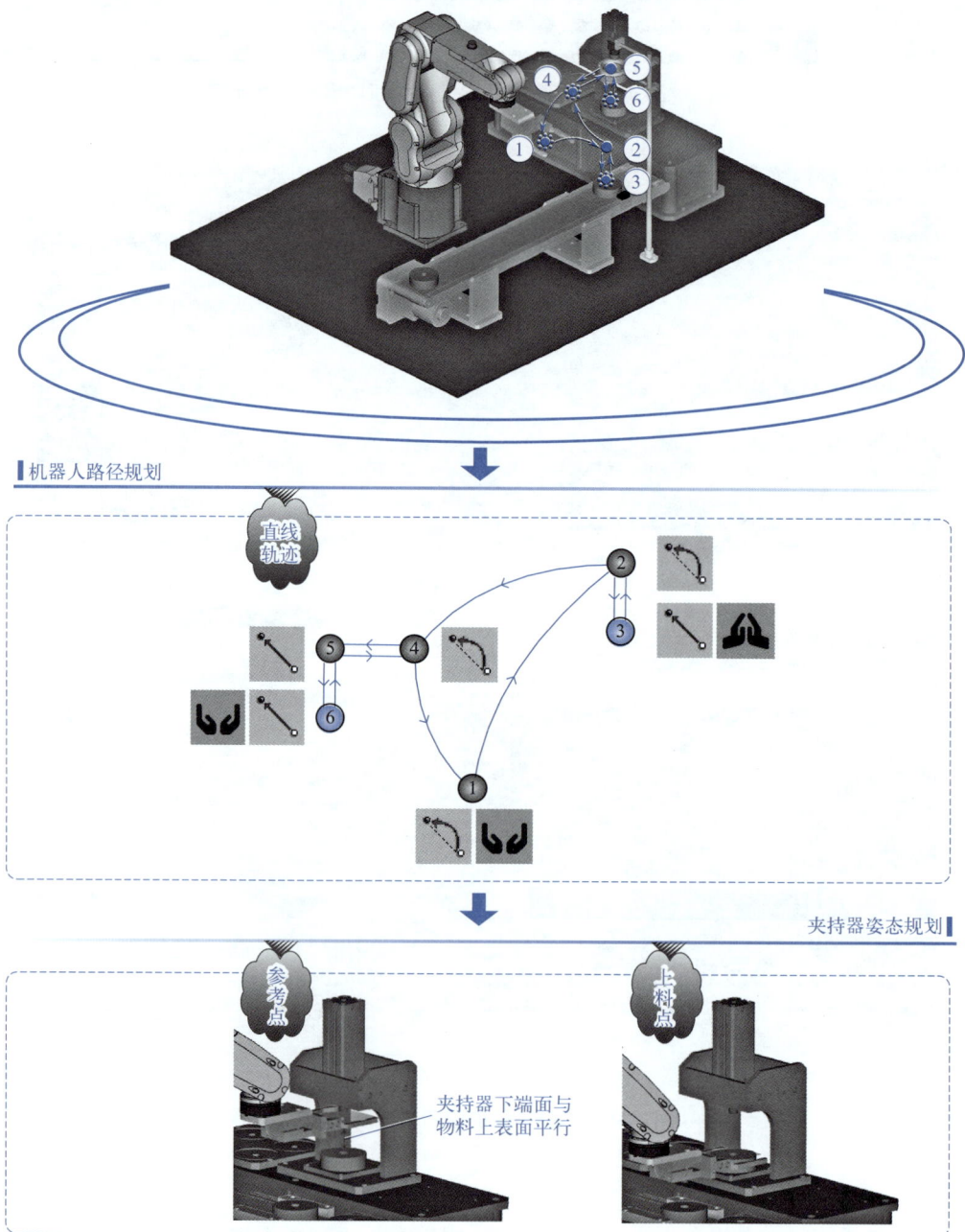

图 4-36　机器人上料作业的运动规划

表 4-10　机器人上料作业的指令位姿

指令位姿	备注	指令位姿	备注	指令位姿	备注
①	原点（HOME）	③	抓取点	⑤	上料参考点
②	抓取参考点	④	过渡点	⑥	上料点

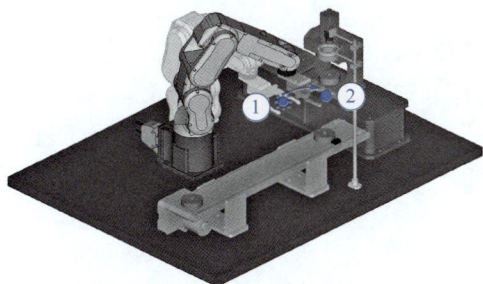

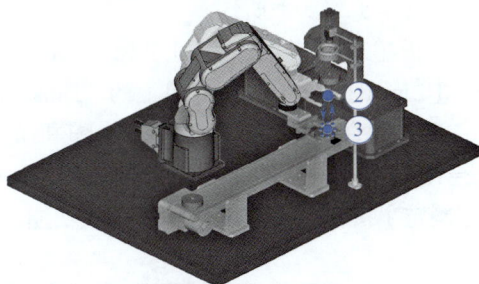

(a) 原点→抓取参考点　　　　　　　(b) 抓取参考点→抓取点

图 4-37　机器人上料指令位姿示意

　　完成机器人上料作业的运动轨迹编程后，为确保顺利地抓取物料和获得安全的上料效果，还需要进行基于信号互锁的动作次序编程。经单步程序验证和连续测试运转无误后，方能调用视觉传感器指令补正机器人上料抓取偏差，如图 4-38（a）所示。在此过程中，应该密切关注视觉寄存器的参数变化，如检出位置、偏移量（补正数据）等，并进行必要的图像特征编辑及参数调试。通过不断调试和优化，最终实现对物料的安全、快速抓取，确保机器人上料过程的准确性和稳定性，如图 4-38（b）所示。

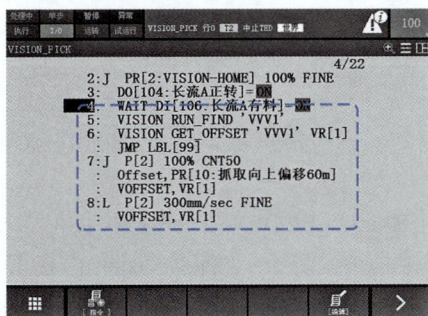

(a) 调用视觉传感器指令　　　　　　(b) 机器人自适应抓取示意

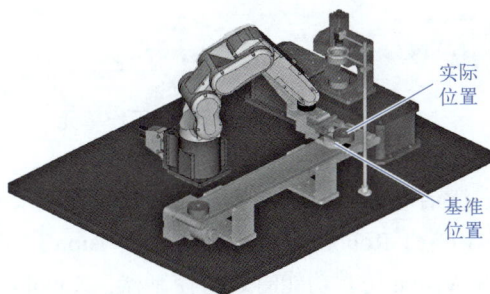

图 4-38　视觉导引机器人自适应上料作业效果

任务实施

　　（1）机器人系统搭建

　　① 新建工作单元　启动 ROBOGUIDE 软件，创建一个新的工作单元"SHIJUE"。具体步骤请参照离线编程的码垛实验。其中，在"步骤 8—机器人选项"画面中需要勾选

"iRVision 2D Pkg（R685）"和"iRVision UIF Controls（J871）"选项，如图 4-39 所示。

② 定义工作单元　通过设置机器人、为工作单元添加工件（圆工件成品）、设置工具（机器人气动手爪）、为工作单元添加工装（冲压台、码垛台）、为工作单元添加障碍物（相机支架）和为工作单元添加机器（传送带）等定义工作单元，具体步骤请参照码垛实验。

备注：

针对工件在传送带上需要随机上料，在添加机器（传送带）过程中需要打开工件随机布置功能。具体步骤如下所述。

a. 右键单击主界面左侧目录树【HandingPRO Workcell】→【机器】→【实训站传送带】→【Link1】，选中快捷菜单上的"Link1 属性"，弹出"Link1"属性界面。

b. 在【仿真】选项卡的"工件随机布置"栏选择"随机"选项，输入随机范围（X+-=15mm，Y+-=10mm，Z+-=0mm，W+-=P+-=R+-=0deg），如图 4-40 所示，单击界面上的【确定】按钮，实现工件随机布置功能。

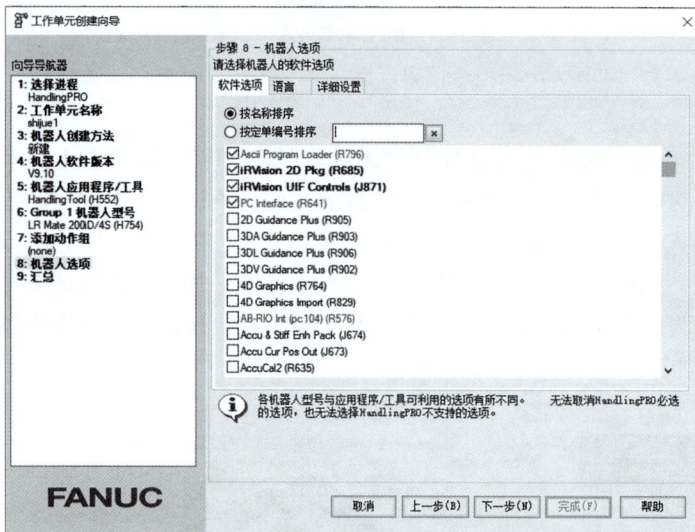

图 4-39　视觉工作单元　　　　　　　图 4-40　"Link1"属性界面

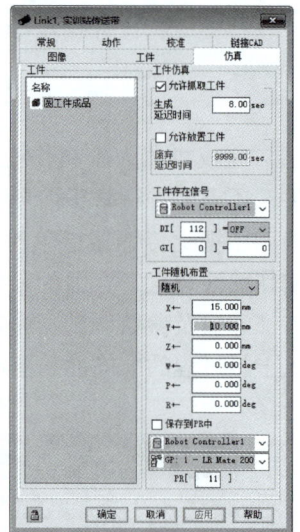

③ 激活 Vision　右键单击主界面左侧目录树【HandingPRO Workcell】→【机器人控制器】→【C：1-Robot Controller】→【Vision】，选中快捷菜单上的【启用 Vision 仿真】，弹出"要启用 Vision 仿真功能时，对控制器：Robot Controller1 进行冷启动"提示界面，如图 4-41 所示，单击界面上的【确定】按钮，完成 Vision 激活。

图 4-41　提示界面

④ 添加相机

a. 右键单击主界面左侧目录树【HandingPRO Workcell】→【传感器装置】，选中快捷菜单【添加视觉传感器】→【添加 2D 相机】→【CAD 模型库】，弹出"CAD 模型库"界面。选择"Camera_Color"模型，如图 4-42 所示，单击界面上的【确定】按钮，完成相机添加。

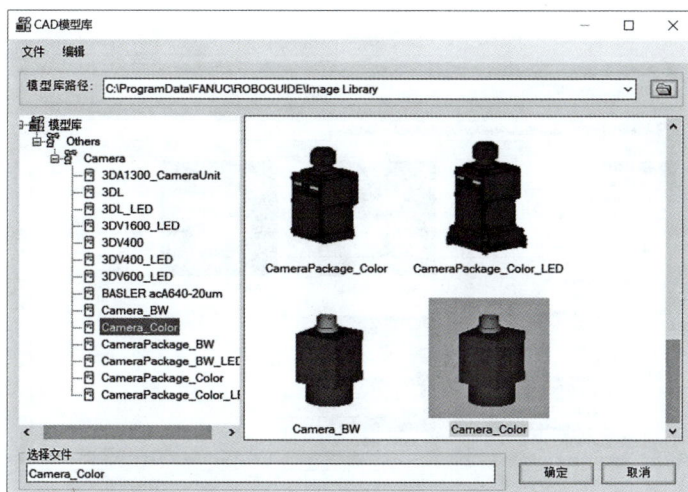

图 4-42　"CAD 模型库"界面

b. 双击主界面左侧目录树【HandingPRO Workcell】→【传感器装置】→【SensorUnit1】→【Camera1】，选中快捷菜单【Camera1 属性】，弹出"Camera1"属性界面。在【常规】选项卡中"位置"栏输入位置信息（X=-3140mm，Y=-61mm，Z=-1715mm，W=P=0，R=-90deg），勾选"锁定位置"选项，如图 4-43 所示。单击界面上的【确定】按钮，完成相机布局。

c. 右键单击主界面左侧目录树【HandingPRO Workcell】→【机器人控制器】→【C：1-Robot Controller】→【Vision】，选中快捷菜单上的"Vision 属性"，弹出"Vision"属性界面。在【常规】选项卡中单击"Port[1]：[无]"，在"装置"栏选择"SensorUnit1 Camera1"，如图 4-44 所示。单击界面上的【确定】按钮，完成相机关联。

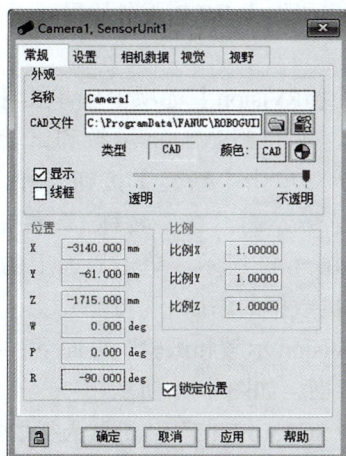

图 4-43　"Camera1"属性界面

图 4-44　"Vision"属性界面

⑤ 添加点阵板

a. 右键单击主界面左侧目录树【HandingPRO Workcell】→【障碍物】，选中快捷菜单上【添加工件】→【CAD 模型库】，弹出"CAD 模型库"界面，单击左侧目录树【模型库】→【Fixtures】→【vision_dot_pattern_calibration】→【A05B-1405-J910】，如图 4-45 所示。单击界面上的【确定】按钮，弹出"障碍物"属性界面。

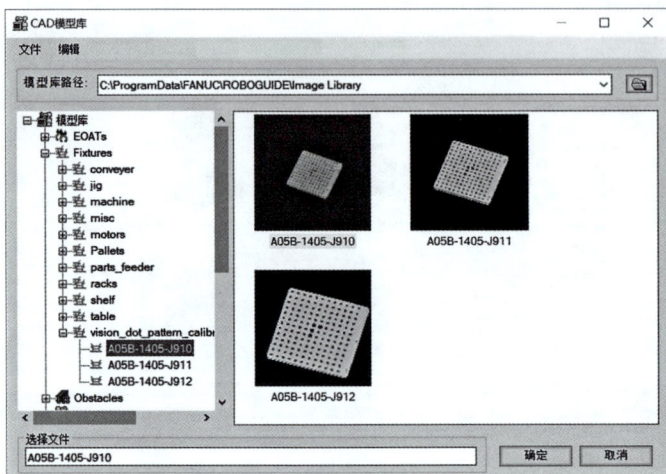

图 4-45 "CAD 模型库"界面

b. 在【常规】选项卡的"位置"栏输入位置信息（X=-2155mm，Y=950mm，Z=880mm，W=P=0deg，R=-90deg），使点阵板和工件完全处于相机视野之内，勾选"锁定位置"选项，如图 4-46 所示，单击界面上的【确定】按钮，完成点阵板的添加。

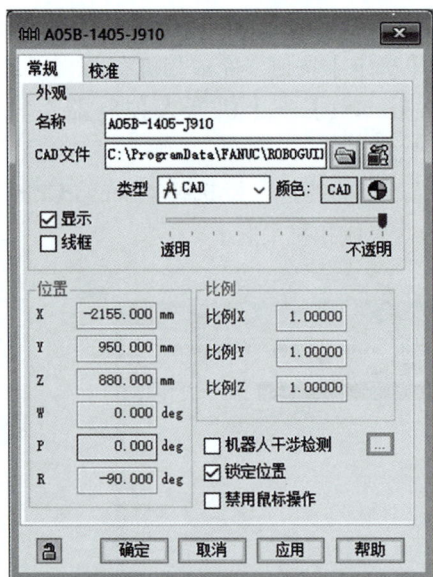

图 4-46 "障碍物"属性界面

（2）机器人手眼标定

① 工业相机的连接与设置

a. 单击主菜单栏【机器人】→【Internet Explorer】，弹出机器人 WEB 服务器界面，如图 4-47 所示。

b. 在左侧【iRVision】选项卡中单击【iRVision 示教和试验】，弹出"iRVision 示教和试验"界面，如图 4-48 所示。单击【新建】按钮，弹出"创建新的视觉数据"界面，在"名称 *"栏输入名称"camera"，如图 4-49 所示。单击界面上的【确定】按钮，完成相机数据的添加。

c. 在"iRVision 示教和试验"界面下，单击【编辑】按钮，弹出"iRVision 示教和试验—CAMERA"界面，如图 4-50 所示。

d. 在【相机设置】选项卡中，"相机"栏选择"1：SC130EF2C"，"机器人抓取相机"栏选择"否"，"相机校准"栏选择"Grid Pattern Calibration Tool"，如图 4-51 所示。

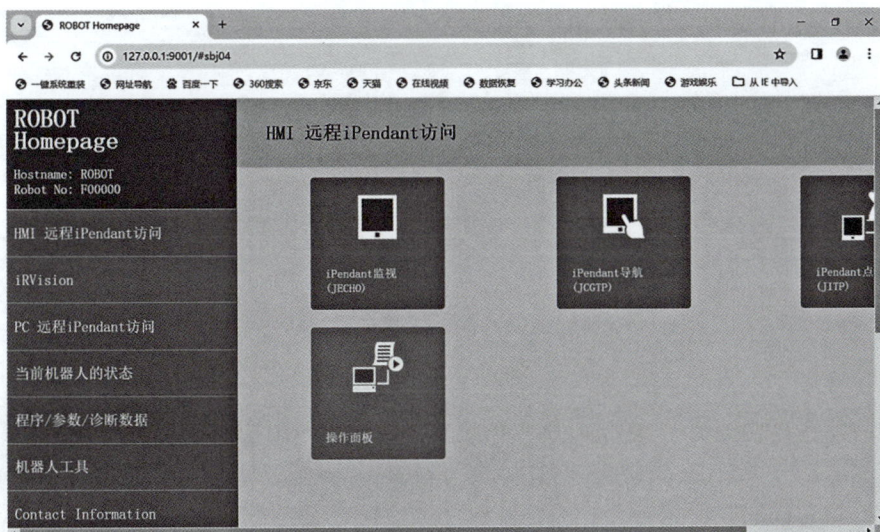

图 4-47　机器人 WEB 服务器界面

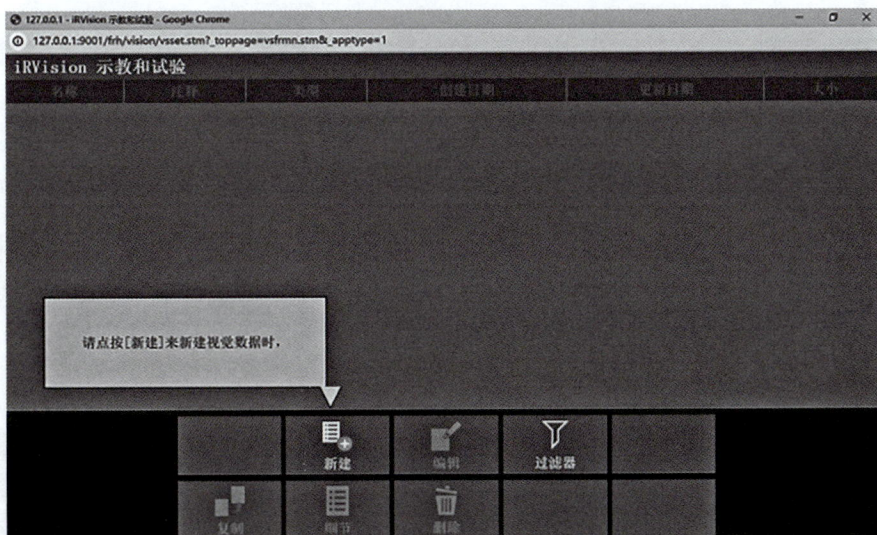

图 4-48　"iRVision 示教和试验"界面

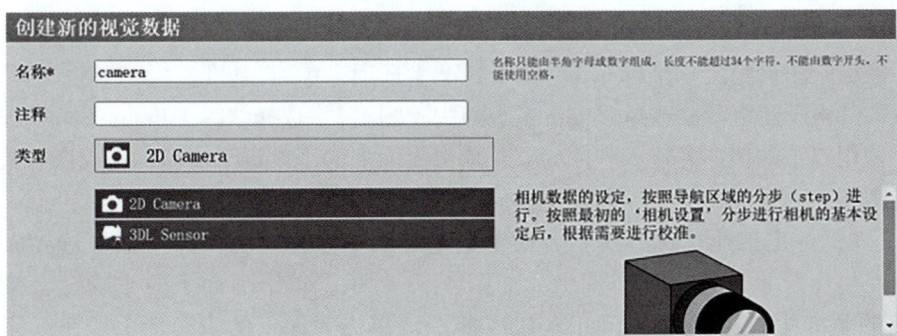

图 4-49　"创建新的视觉数据"界面

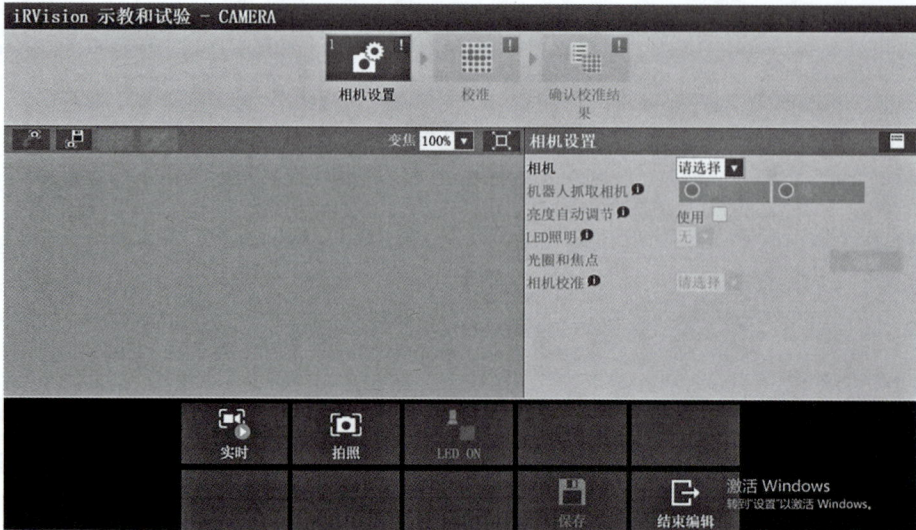

图 4-50 "iRVision 示教和试验—CAMERA"界面

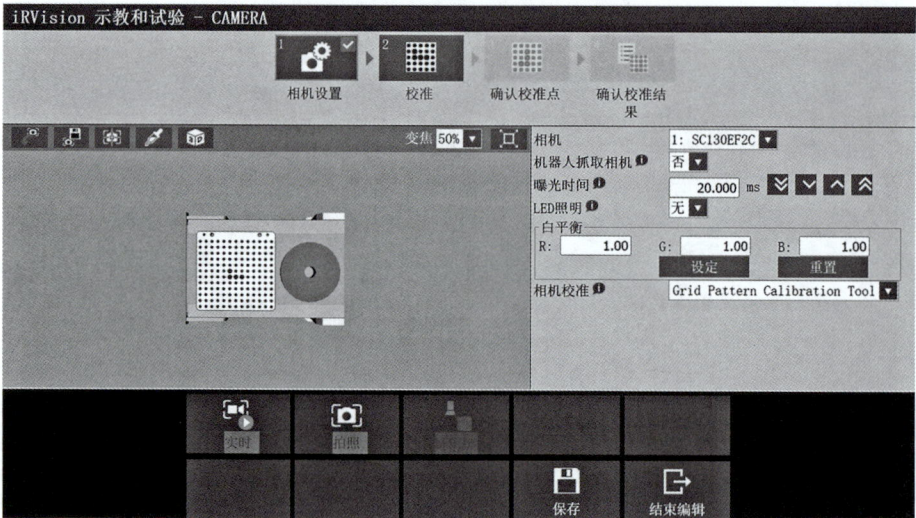

图 4-51 【相机设置】选项卡

② 设置基准和点阵板坐标系 利用点阵板上的原点、X方向点、Y方向点和X方向原点，用四点（接触）法标定用户坐标系 1。在【校准】选项卡中，"基准坐标系"栏选择"0：世界坐标系"，"格子间距"栏选择"7.5mm"，"用户坐标"栏选择"1：UFrame1""焦点距离"栏选择"使用以下的值"并输入"12mm"，单击界面上的【设定】按钮，完成点阵板的位置设定，如图 4-52 所示。

③ 点阵板标定工业相机 单击界面上的【检出】按钮，弹出点阵板框选界面，移动 9 个控制点将点阵板框选在方形框内，如图 4-53 所示。单击界面上的【确定】按钮，弹出计算出的基准距离提示界面，如图 4-54 所示。单击界面上的【确定】按钮，完成相机的校准。

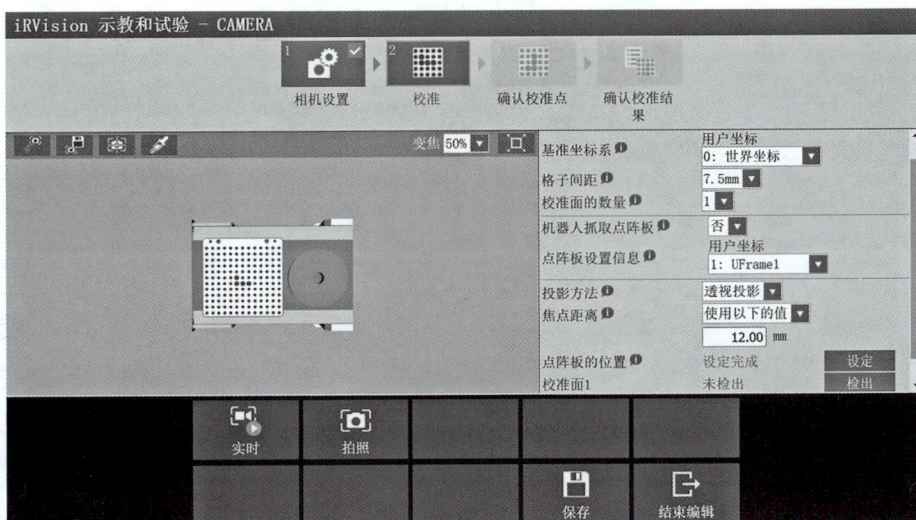

图 4-52　【校准】选项卡

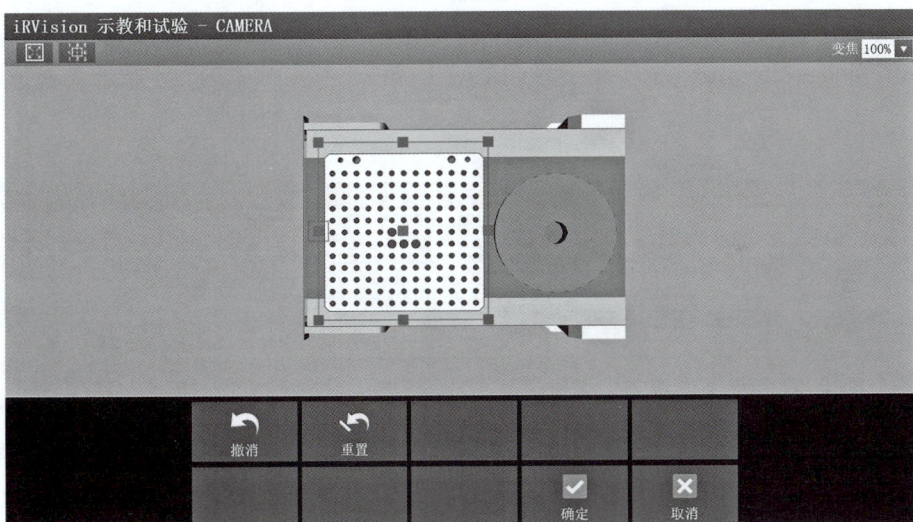

图 4-53　点阵板框选界面

计算出的基准距离为 356.2 mm.

图 4-54　基准距离提示界面

④ 自动计算生成相机内参和外参

a. 在【确认校准点】选项卡中，单击选中误差大于 0.05mm 的校准点，单击界面上的【删除】按钮，删除误差较大的校准点。如图 4-55 所示。

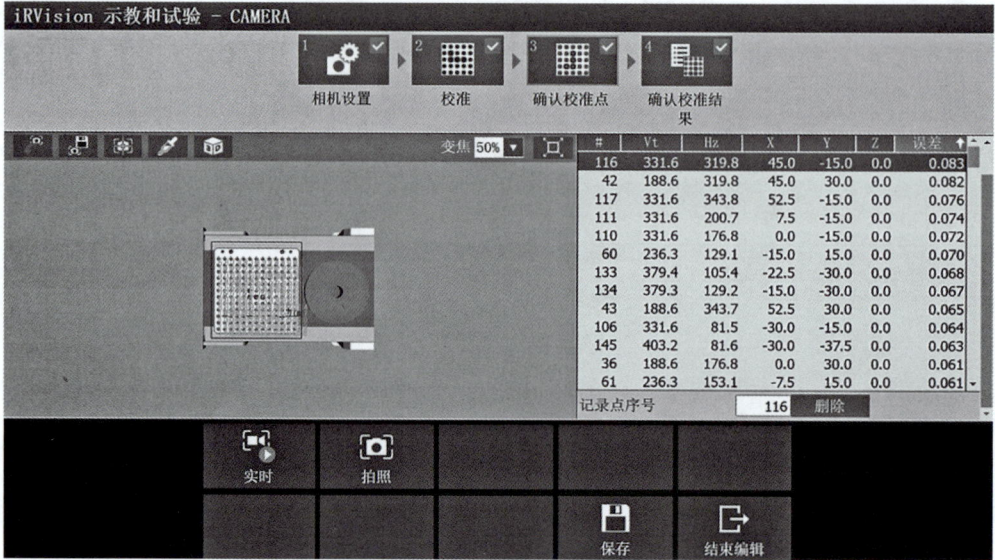

图 4-55 【确认校准点】选项卡

b. 在【确认校准结果】选项卡中，查看校准结果信息，确保校准误差能满足气动手爪抓取任务，如图 4-56 所示。依次单击界面上的【保存】和【结束编辑】按钮，完成相机的设置。

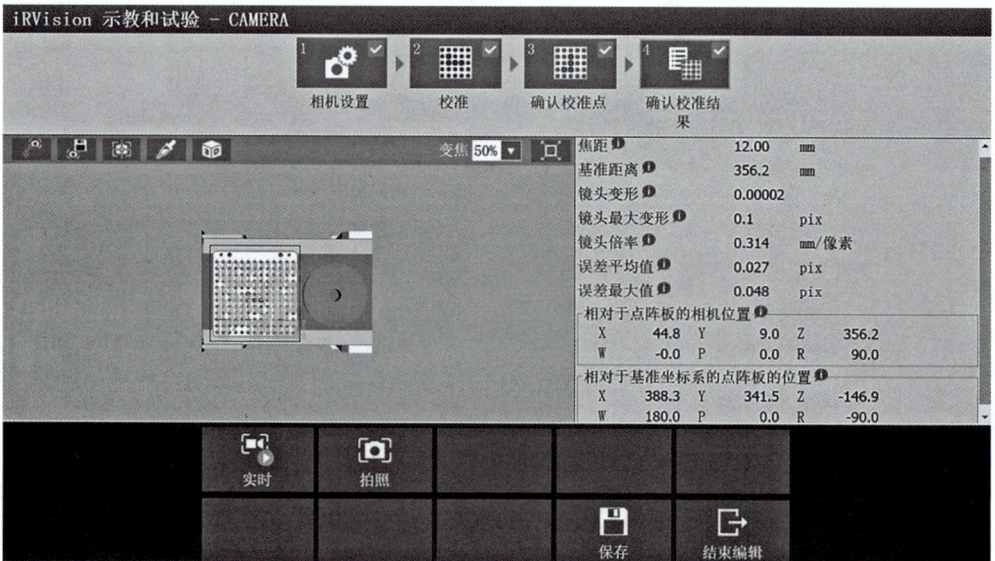

图 4-56 【确认校准结果】选项卡

（3）特征提取与识别定位

① 2D 单视图视觉处理参数设置

a. 在"iRVision 示教和试验"界面，单击【新建】按钮，弹出"创建新的视觉数据"界面，在"名称 *"栏输入名称"VisionProcess""类型"栏选择" 2-D Single-View Vision

Process"，如图 4-57 所示。单击界面上的【确定】按钮，完成视觉处理程序的添加。

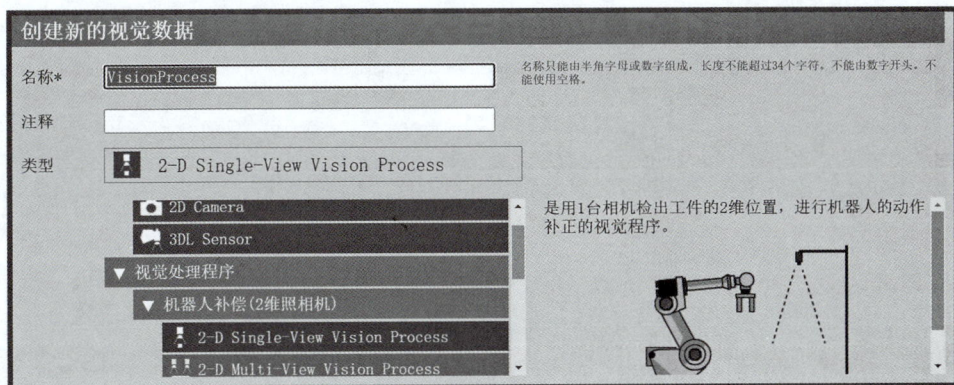

图 4-57　"创建新的视觉数据"界面

b. 在"iRVision 示教和试验"界面下，单击【编辑】按钮，弹出"iRVision 示教和试验—VISIONPROCESS"界面。单击界面右侧目录树【2-D Single-View Vision Process】，弹出【2-D Single-View Vision Process】选项卡。"相机"栏选择"camera"，"补正方法"栏选择"位置补正"，"补正用坐标系"栏选择"用户坐标 1：UFrame1""检出面 Z 向高度"栏输入"25mm"，如图 4-58 所示。

图 4-58　【2-D Single-View Vision Process】选项卡

② 图像特征提取

a. 单击界面右侧目录树【2-D Single-View Vision Process】→【GPM Locator Tool 1】，弹出【GPM Locator Tool 1】选项卡界面。单击界面中的【模型示教】按钮，弹出工件框选界面，移动 9 个控制点将工件框选在方形框内，如图 4-59 所示。单击界面上的【确定】按钮，完成模型示教。

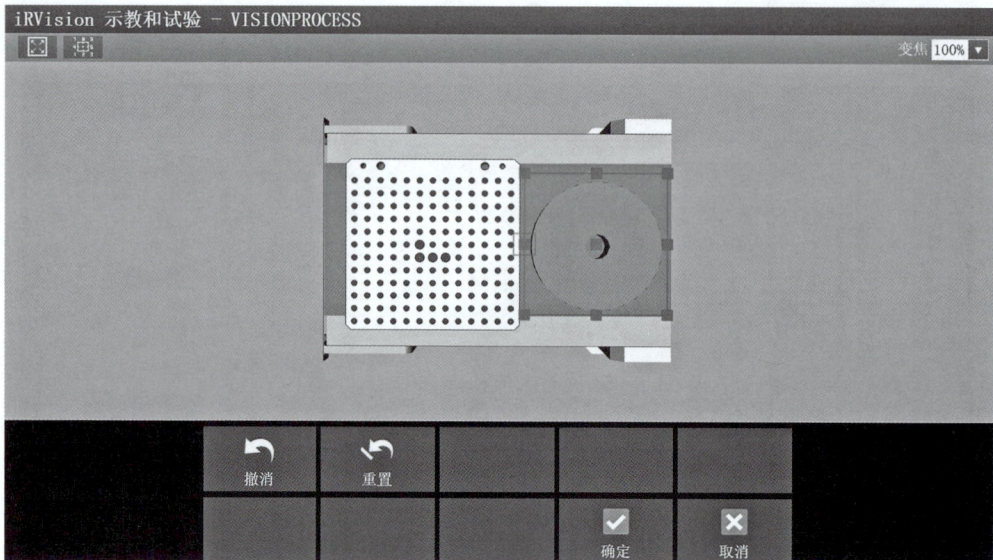

图 4-59 工件框选界面

b.单击界面上"遮蔽"栏的【编辑】按钮,弹出遮蔽编辑界面,利用画笔遮蔽工件中间无效特征,如图 4-60 所示。单击界面上的【确定】按钮,完成遮蔽编辑。

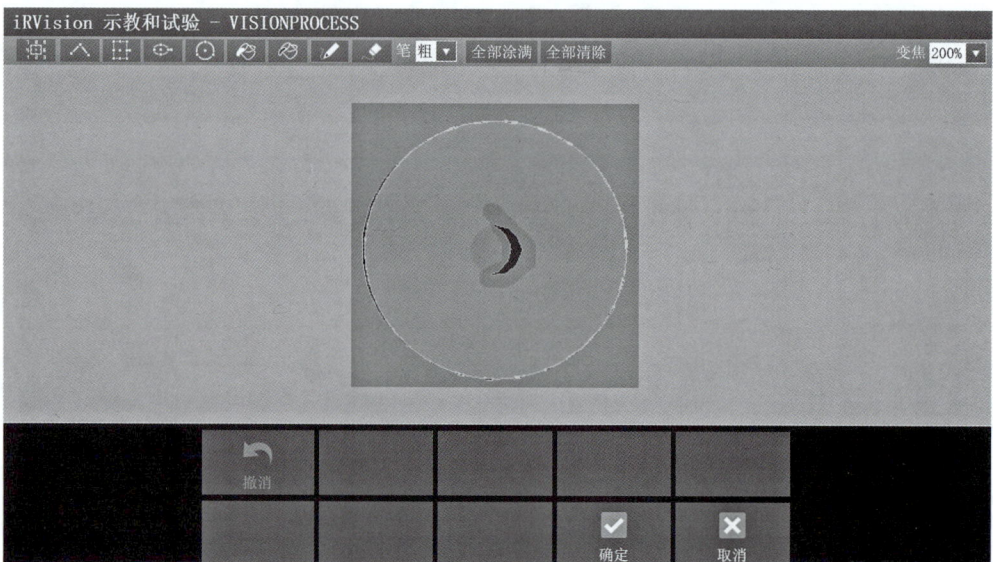

图 4-60 遮蔽编辑界面

c.取消勾选"角度"有效选项,勾选"大小"有效选项,如图 4-61 所示。

③ 图像识别与基准定位 单击界面右侧目录树【2-D Single-View Vision Process】,弹出【2-D Single-View Vision Process】选项卡界面。单击界面上的【拍照检出】按钮,识别出传送带上的工件。单击界面上的【设定】按钮,完成基准位置设定,如图 4-62 所示。依次单击界面上的【保存】和【结束编辑】按钮,完成视觉处理程序的设置。

图 4-61 【GPM Locator Tool 1】选项卡界面

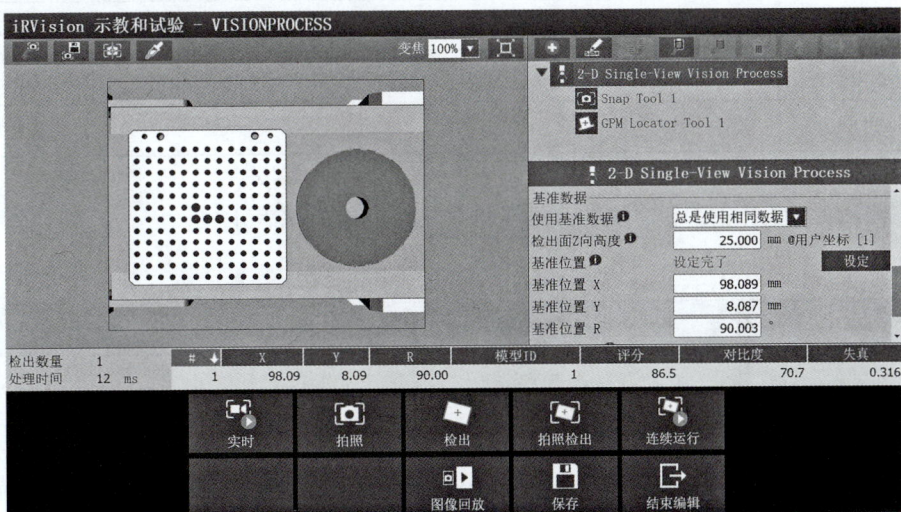

机器人自适应
上料任务编程

图 4-62 基准位置设定画面

（4）机器人程序编制

① 运动轨迹编程（保持传送带上的工件不动）

a. 右键单击主界面左侧目录树【HandingPRO Workcell】→【机器人控制器】→【C：1-Robot Controller】→【程序】，选中快捷菜单上【创建 TP 程序】，弹出创建程序界面，在程序名称栏输入"SHIJUE"。单击界面上的【确定】按钮，弹出示教器的程序编辑界面。

b. 运动轨迹示教。针对任务的运动路径和夹爪姿态规划，点动机器人依次通过机器人原点 P[1]、抓取参考 P[2]、抓取点 P[3]、过渡点 P[4]、上料参考点 P[5]、上料点 P[6] 六个目标位置点，并记忆示教点的位姿信息。其中，机器人原点 P[1] 应设置在远离作业对象（待加工工件）的可动区域的安全位置；抓取参考点和上料参考点 P[2]、P[5] 应设置在邻近搬运作业区间、便于调整夹爪姿态的安全位置。具体示教步骤可参考项目 2 任务 2 机器人上下料的表 2-15。编制完成的任务程序见表 4-11。

表 4-11　工件搬运的任务程序

行号码	指令语句	备 注
1：	UTOOL_NUM= 1	工具坐标系（夹爪）选择
2：	UTOOL_NUM= 1	用户坐标系（点阵板）选择
3：	J P[1]　80%　FINE	机器人原点（HOME）
4：	J P[2]　80%　FINE	抓取参考点
5：	L P[3]　50cm/min　FINE	抓取点
6：	L P[2]　50cm/min　FINE	抓取参考点
7：	J P[4]　80%　FINE	过渡点
8：	L P[5]　50cm/min　FINE	上料参考点
9：	L P[6]　50cm/min FINE	上料点
10：	L P[5]　50cm/min　FINE	上料参考点
11：	J P[4]　80%　FINE	过渡点
12：	J P[1]　80%　FINE	机器人原点（HOME）
[End]		程序结束

② 视觉补正编程　机器人视觉处理指令的示教见表 4-12。

表 4-12　机器人视觉处理指令的示教

示教内容	示教方法
添加进行检出指令	1）加载任务程序。点按 [SELECT]【一览键】，弹出程序一览画面，选择并打开新创建的"SHIJUE"程序，移动光标至第一个抓取参考点 P[2] 所在行的下一行 2）切换编辑至插入状态。依次选择功能菜单【下页】→【编辑】→【插入】，切换程序编辑至插入状态，使用【数字键】输入插入行数（如 2），点按 [ENTER]【回车键】确认 3）插入进行检出指令。依次选择功能菜单【指令】→【视觉】，弹出视觉指令菜单，选择"进行检出"指令，点按 [ENTER]【回车键】，指令语句被插入到第一个原点 P[1] 所在行的下一行，点按 F4【功能菜单】(选择)，弹出视觉程序名菜单，选择"VISIONPROCESS"视觉处理程序，如图 4-63 所示，点按 [ENTER]【回车键】，完成进行检出指令的添加
添加取得补偿数据指令	1）插入取得补偿数据指令。在程序详细画面下，移动光标至进行检出指令所在行的下一行，依次选择功能菜单【指令】→【视觉】，弹出视觉指令菜单，选择"取得补偿数据"指令，点按 [ENTER]【回车键】，指令语句被插入到进行检出指令所在行的下一行，点按 F4【功能菜单】(选择)，弹出视觉程序名菜单，选择"VISIONPROCESS"视觉处理程序，如图 4-64 所示，根据视觉寄存器和标签使用情况输入视觉寄存器和标签序号，完成"VISION GET_OFFSET 'VISIONPROCESS' VR[1] JMP LBL[1]"取得补偿数据指令语句输入 2）插入 LBL 标签指令。移动光标至第一个原点 P[1] 所在行的下一行，插入 1 行空白行，依次选择功能菜单【指令】→【JMP/LBL】，弹出 JMP 指令菜单，选择"LBL[ ]"指令，点按 [ENTER]【回车键】，指令语句被插入到第一个原点 P[1] 所在行的下一行，根据取得补偿数据指令中的标签序号输入该行指令的标签序号，完成"LBL[1]"LBL 标签指令语句输入

续表

示教内容	示教方法
添加视觉寄存器补偿指令	1）添加抓取参考点视觉寄存器补偿指令。在程序详细画面下，移动光标至抓取参考点 P[2] 所在行的最右侧，点按 F4【功能菜单】（选择），弹出动作修改菜单，选择"视觉补偿，视觉寄存器"视觉处理程序，点按 ENTER【回车键】，指令语句被插入到抓取参考点 P[2] 所在行的右侧，根据取得补偿数据指令中的视觉寄存器序号输入该行指令的视觉寄存器序号，完成"VOFFSET，VR[1]"视觉寄存器补偿指令语句输入，如图 4-65 所示 2）添加抓取点视觉寄存器补偿指令。在程序详细画面下，移动光标至抓取点 P[3] 所在行的最右侧，点按 F4【功能菜单】（选择），弹出动作修改菜单，选择"视觉补偿，视觉寄存器"视觉处理程序，点按 ENTER【回车键】，指令语句被插入到抓取点 P[2] 所在行的右侧，根据取得补偿数据指令中的视觉寄存器序号输入该行指令的视觉寄存器序号，完成"VOFFSET，VR[1]"视觉寄存器补偿指令语句输入 3）添加抓取参考点视觉寄存器补偿指令。在程序详细画面下，移动光标至抓取参考点 P[2] 所在行的最右侧，点按 F4【功能菜单】（选择），弹出动作修改菜单，选择"视觉补偿，视觉寄存器"视觉处理程序，点按 ENTER【回车键】，指令语句被插入到抓取参考点 P[2] 所在行的右侧，根据取得补偿数据指令中的视觉寄存器序号输入该行指令的视觉寄存器序号，完成"VOFFSET，VR[1]"视觉寄存器补偿指令语句输入

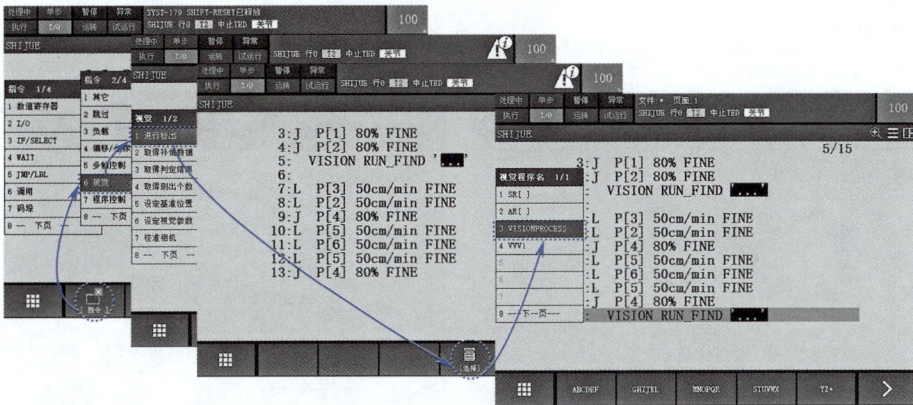

图 4-63　添加进行检出指令

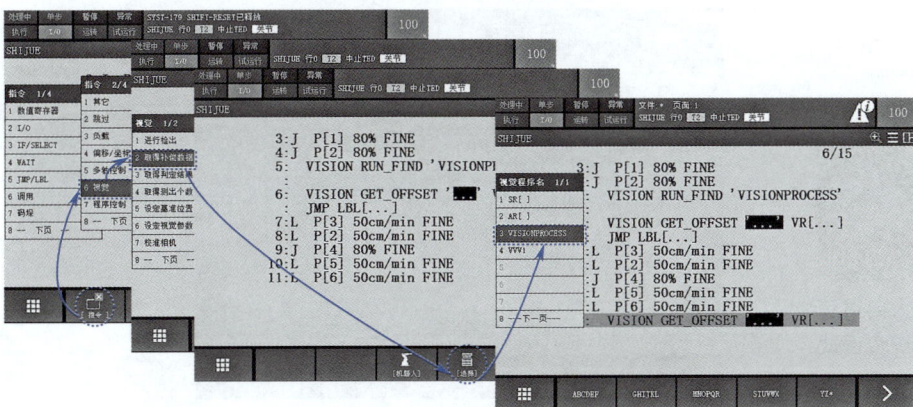

图 4-64　添加取得补偿数据指令

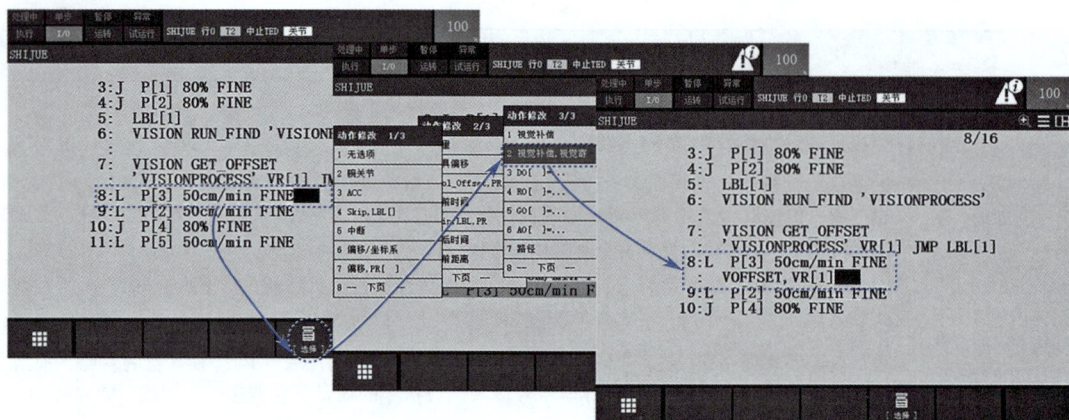

图 4-65 添加视觉寄存器补偿指令

③ 动作次序编程 根据任务要求，机器人自动启停传送带、末端执行器动作均需要由机器人控制器直接控制，即利用机器人信号处理指令、流程控制指令和抓放仿真程序实现搬运机器人与传送带和末端执行器的动作次序控制。其中动作次序示教要领可参考上下料实验任务，抓放仿真程序可参考离线编程的码垛实验任务，完整程序示例如图 4-66 所示。

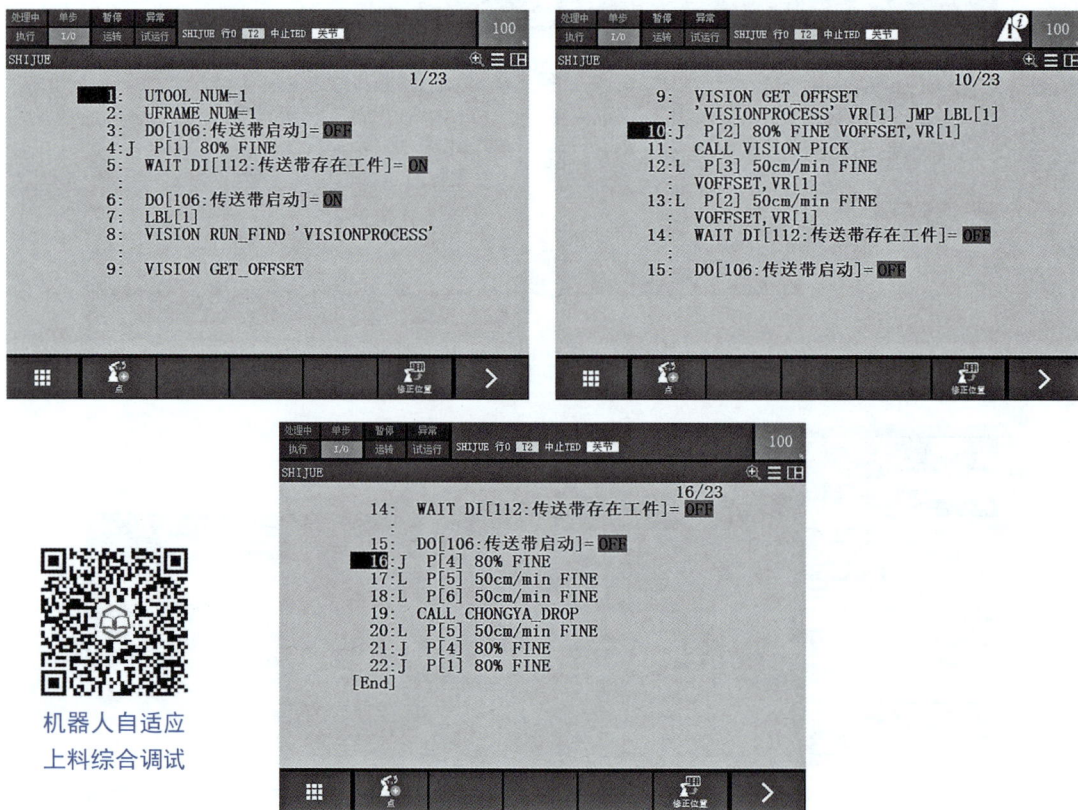

机器人自适应
上料综合调试

图 4-66 FANUC 机器人视觉位置补正任务程序示例

（5）开始仿真

单击主界面工具栏的【运行面板】按钮，弹出"运行面板"界面，如图 4-67 所示。单击主界面左侧目录树【HandingPRO Workcell】→【机器人控制器】→【C：1-Robot Controller】→【程序】→【SHIJUE】，激活执行程序为"SHIJUE"。单击"运行面板"界面的【执行】按钮，仿真程序"MADUO"被执行，此时可确认视觉位置补正的取料和上料动作。

（6）程序分析

依次选择主界面菜单中的【试运行】→【分析器】，弹出"分析器"界面。勾选"运行面板"画面中的"信息收集"→"收集分析器数据"选项，如图 4-68 所示。单击"运行面板"界面的【执行】按钮，"分析器"界面中会显示程序执行信息，如图 4-69 所示。备注：可通过勾选"运行面板"画面中"信息收集"下的各个选项使分析器收集显示相应信息。

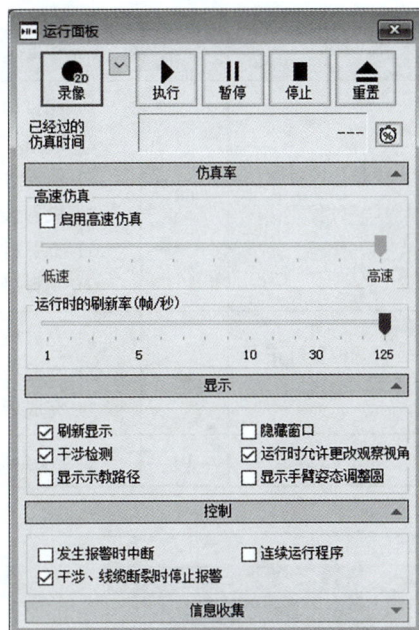

图 4-67　"运行面板"界面

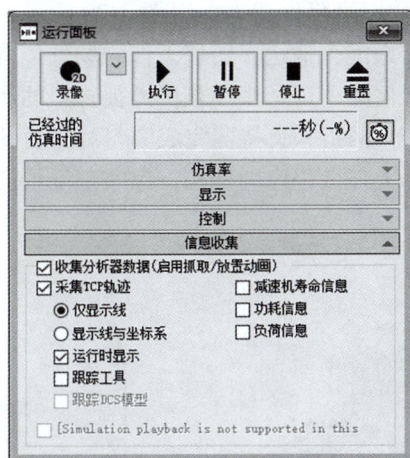

图 4-68　"运行面板—信息收集"界面

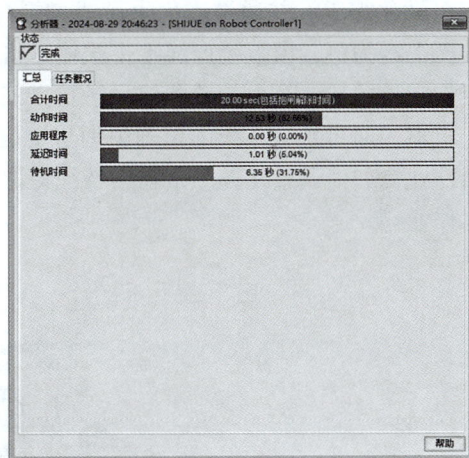

图 4-69　"分析器"界面

任务评价

任务评价见表 4-13。

表 4-13　任务评价表

评价内容	配分	评分标准	得分
视觉位置补正前初始化	15	1）作业开始前，机器人工具坐标系设置正确 2）作业开始前，机器人用户坐标系设置正确 3）作业开始前，机器人、输送机和冲压台的布局情况合理	

评价内容	配分	评分标准	得分
视觉位置补正过程	60	1）能自动定时上料 2）能自动对任意位置工件进行纠偏 3）能通过仿真程序仿真末端执行器张开闭合 4）机器人运行过程平稳，有物料时慢，无物料时快 5）上下料时不要碰撞其他物料 6）物料抓取摆放位置精准	
视觉位置补正完成	15	1）完成后机器人能自动回到安全位置 2）完成后传送带处于停止状态 3）完成后末端夹爪处于打开状态	
安全意识	10	遵守安全操作规范要求	

任务拓展

在线混型生产是一种先进的生产模式，其核心特点是在同一生产线上根据市场需求和产品订单，混合生产不同型号、规格或颜色的产品。这种生产模式旨在快速响应市场变化、满足客户个性化需求，并通过优化生产线和提高生产效率来降低成本。以图 4-70 所示圆料和方料冲压上料为例，模拟生产线上带式输送机与机器人配合输送、转移工件的场景，待物料运转至指定位置后，经由传感器信号触发带式输送机停运，以及工业相机捕捉物料的形状和位置，机器人通过视觉系统的精确识别与定位，携带（两指）夹持器完成圆料和方料的自适应上料作业。如何调整任务 2 中物料特征提取和机器人任务程序的架构，以实现混料的自适应上料作业？

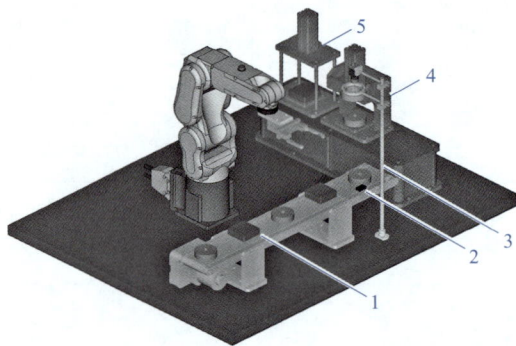

图 4-70　机器人自适应混料上料作业示意

1—带式输送机；2—红外光电传感器；3—成像系统；4—（模拟）圆料冲压机；5—（模拟）方料冲压机

实践报告——机器人自适应上下料

院系		课程名称		日期	
姓名		学号		班级	
任务名称			成绩		

一、任务描述

二、任务要求

三、任务实施

四、任务评价

五、任务心得

参考文献

［1］兰虎，邵金均，张璞乐. 工业机器人系统与编程详解［M］. 北京：化学工业出版社，2024.

［2］兰虎，王冬云. 工业机器人基础［M］. 北京：机械工业出版社，2020.

［3］兰虎，邵金均，温建明. 工业机器人编程［M］. 北京：机械工业出版社，2022.

［4］兰虎，张璞乐，孔祥霞. 焊接机器人编程及应用［M］. 2版. 北京：机械工业出版社，2022.

［5］崔海，兰虎，樊俊. 机器人焊接［M］. 北京：机械工业出版社，2024.